What is Science

什么是科学

吴国盛 —— 著

SPM
南方出版传媒
广东人民出版社
· 广州 ·

博集天卷
CS-BOOKY

目录
Contents

序 一

　　本书既从西方语境，又从中国人对科学认识的实际出发，思考与解释科学的本性与本源，具有自己独到的见解，并且深入浅出，易于理解和接受，是我见过的最好、最适合当前国人阅读的科学哲学著作。

韩启德

（中国科协主席、中国科学院院士、全国政协副主席）

序　二

要回答"什么是科学"，既困难又容易，既简单又复杂。

这个问题，可以是一般知识性问题，也可以有很深刻的含义。

中小学就开始学习的，是科学。科学工作者每天研究的，也是科学。

科学的概念如何提出？人类历史何时有科学？如何判断什么是科学？

科学可以很有创造性，也可以是日常工作，应该是后者多于前者；科学家可能因为很聪明而有所成就，也可能因为很刻苦认真取得成绩，而且后者可能比例高于前者。

这是从事具体科学研究的人可以马上想到的。

北京大学的吴国盛教授长期关注和研究科学的起源和科学的历史，在本书中再度提问并尝试回答"什么是科学"，对于过于讲求实用主义的当下，很有意义。

本书从现代中国人的"科学"概念及其由来讲起，然后追根溯源进入西方语境，以帮助我们理解希腊理性传统与现代数理实验框架之下"科学"的真实内涵、边界和独特性，最后又回过头来落脚于"传统中国的科学"。

作者如此安排论述逻辑和书写结构，透露出这本著述对"中国科学"的关注。换句话说，吴国盛先生不一定是想通过这本书对"什么是科学"给出一种自洽而完备的哲学定论，而是回到历史深处，还原并呈现出科学最为本源的面貌，以此引发中国人反思并纠正自己对科学的长期误解。

作为科学哲学家，吴国盛教授并不囿于从各种讳莫如深的哲学理论中寻找"科学与非科学的边界"。在他看来，科学的指称一直都是清晰而明确的，只不过，"什么是科学"这个问题的提出背后，有着更为复杂的文化传统和社会心态等问题。

除了所谓"李约瑟难题"引发"中国古代到底有无科学"这一旷日持久的争论，中国人对科学的误解其实更多体现于一种功利主义取向。很多人不了解科学是人类探索、研究、感悟宇宙万物变化规律的知识体系的总称，是对真理的追求，对自然的好奇。还有些人，希望中国"不打好地基就建楼"，急切要求将研究转化为应用，甚至讥笑和抨击基础科学研究。

在此背景下，科学精神一直未能进入我们的文化内核，未来必定还有很长的路要走。而科学探索所要求的诚实、怀疑、开放、宽容、求真、合作等等，也都是中国社会文化建设所急需的内容。哪怕是在科学界内部，至今也没有解决科学创新所需要的"冒尖文化"与我国传统"中庸文化"的冲突。

另一方面，如今在国内，科学和科学家的地位已被提升到了前所未有的高度，生活中，科学也已经像空气和水一样平常而普通，但中国公众的科学意识依然薄弱。

可以说，吴国盛先生再度发问"什么是科学"可谓恰逢其时。我们希望有越来越多的人能够真正理解科学的来处、发展的历程，跟随作者的思考重新审视我们对科学的理解和认知。

饶毅

（北京大学讲席教授、理学部主任）

自 序

什么是科学？这是一个问题。任何问题都呼唤一个解答，但恰当的解答却取决于问题的性质：谁在提出问题？为什么提出问题？发问者期望回答者从哪些方面、以什么方式来回答？而这，是问题背后的问题。真正的问题都是有结构的。

上世纪 80 年代初，当我还是科学哲学专业硕士研究生的时候，英国科学哲学家查尔默斯（A.F.chalmers，1939—   ）的《科学究竟是什么》（*What is this Thing Called Science*）一书流传很广。许多爱好科学哲学的学生正是通过这本书开始了解西方科学哲学。然而，作为一个中国读者，我一直觉得这本书没有回答书名所提出的问题。我了解到，许多读者有和我同样的感受。为什么呢？原因大概是，这本书所预设的东西在我们心目中恰恰是可疑的、有待澄清的，是我们想要继续追问的。这本书名为"科学究竟是什么"，实际上只是通俗地介绍了 20 世纪从逻辑经验主义、波普尔到库恩、费耶阿本德（Paul Feyerabend，1924—1994）等科学哲学家的观点，可以看成是一本西方科学哲学的简明导论。可是，对西方科学哲学家来说，"科学"的指称是清楚的，就是在近代欧洲诞生的以牛顿力学为代表的自然知识类型，不清楚的只是，为什么这种知识类型如此有效、可靠，如此权威和成功。用康德的话说就是，先天综合知识（科学知识）是否可能，这是没有疑问的，因为牛顿力学就是这样的"科学知识"；有疑问的是，它何以可能，亦即它得以可能的条件是什么。对他们来说，牛顿力学作为"科学"是一个给定的事实。可是对我们来说，牛顿力学为什么当然就是科学呢？如果回答说，牛顿力学符合科学之为科学的全部标准，我们会问科学之为科学的标准是什么，这通常导向科学哲学；如果回答说，科学就是按照牛顿力学来定义的，我们会问牛顿力学是怎么来的，这通常导向科学史。

是以科学哲学的方式来回答"什么是科学"这个问题，还是以科学史的方式来回答，这仍然取决于你发问的背景和动机。

过去这三十多年，有两件事情影响了中国人提出"什么是科学"这个问题。第一件事情是反"伪科学"的需要。上世纪 80 年代，气功、人体特异功能一度十分活跃，包括钱学森这样的著名科学家都为之背书，但后来风向转了，说这些东西是伪科学。就字面意思上讲，所谓伪科学是指本来不是科学而冒充科学者，但问题是如何判断它本来是不是科学，这就提出了科学的标准问题。于是，很长一段时间，国人希望科学哲学家能给出一个权威的标准答案。不幸的是，西方的科学哲学大家并没有就此给出一个权威的答案，相反，每一个科学哲学家的答案都受到同行们无穷无尽的诟病，让人莫衷一是。

早先的逻辑经验主义者说，科学之为科学就在于它能够得到经验的证实，可是波普尔（Karl Popper，1902—1994）反驳说，我们的经验都是单称陈述，单称陈述经过归纳并不能确凿可靠地推导出全称陈述。我即便看见一万只天鹅是白的，要得出"天鹅皆白"这样的理论也是很有风险的，事实上，的确有黑天鹅存在。于是，波普尔别出心裁地提出证伪理论，认为科学之为科学不在于可证实，而在于可证伪，即它总是包含着可以诉诸经验检验的预测。比如，爱因斯坦的广义相对论预言了光线在经过太阳这样的大引力场时会发生弯曲，因此是可证伪的，而像占星术这样的理论总是把预言说得含含糊糊，无法证伪，因而不是科学。波普尔之后的科学哲学家提出"观察渗透理论"，认为没有什么经验观察是中性的，任何经验观察都预设了某种理论。如果 A 观察证实了 B 理论，很有可能是 A 观察之中渗透的理论支持了 B 理论。由于观察渗透理论，不仅观察与理论之间的证实关系出现了问题，证伪关系也同样存在问题。

A 观察证伪了 B 理论，也有可能是该观察背后的理论与 B 理论相冲突所致。到了库恩（Thomas Kuhn，1922—1996）这里，科学之为科学的标准这个问题的性质发生了改变。逻辑经验主义者和波普尔所说的科学指的是科学"理论"，"科学之为科学的标准"指的就是科学理论的成真标准。对他们而言，科学划界问题本质上是一个理论与观察之间的逻辑关系问题。库恩不再关心这个问题。他在研究科学史的过程中发现，实际发生的科学理论的更替并不是由理论与观察之间的逻辑关系决定的，而是由科学家共同体决定的。在常规科学时期，科学家根本不会问"什么是科学"这样的问题，因为一旦经过艰苦的训练进入了科学共同体，科学家已经就许多信念达成了共识，对这些信念通常不再追究。换句话说，你要是非要问什么是科学，库恩的答案很简单："科学家们做的事情就是科学。"只有在传统范式出现了大量反常情况的科学革命时期，科学家们才被迫思考"什么问题是真正的科学问题""什么样的解决办法是真正科学的解决办法"，但最终的裁决方案也不是一个可以通过逻辑和理性来解决的方案，更多地是一种非理性的历史裁决，就像德国物理学家普朗克（Max Planck，1858—1947）在他的自传里所说："一个新的科学真理并不是通过说服对手让他们开悟而取得胜利的，往往是因为它的反对者最终死去，熟悉它的新一代成长起来。"库恩之后，费耶阿本德更是主张，没有什么科学方法论，如果有的话，那就是"怎么都行"。他雄辩地表明，科学划界问题完全是一个无聊的问题。在科学史上，科学与非科学的界限从来就是模糊不清的，而且这个模糊不清的界限会随着历史的变迁而变迁。明确划定科学的界限，只会窒息科学的自由和创造精神。

　　西方科学哲学家的观点令许多中国读者感到失望。那些对伪科学深恶痛绝、急于赶尽杀绝的人，甚至对库恩和费耶阿本德这样的科学哲学家破口大骂。如果非要援引科学哲学的话，他们往往还是喜欢波普尔，毕竟波普尔明确提出了划界问题，给出了划界方案。

　　本书不是为这些读者写的。我并不认为划界问题是一个很重要的问题。只要伪科学不是一顶政治上让人恐惧的意识形态大帽子，只要反伪科学不是一项迫切的政治任务，人们完全可以根据具体的情况和要求来辨别科学和非科学，并不需要一个绝对正确、普遍适用的可当作尚方宝剑的科学标准。如果想区别科学与常识，你可以强调科学的精确性和逻辑连贯性；如果想区别科学与宗教，你可以强调科学的怀疑和批判精神；如果想区别科学与人文学科，你可以强调科学的数学和实验特征。当科学事业出现内部问题时，我们可以讲讲科学的规范，以平息纷争，重建共识，或者清理门户，严肃纪律；当科学事业遭遇公众误解和攻击时，我们可以讲讲科学的价值，讲讲科学追求真善美的统一，热爱和平，重视协作等，以重修科学的形象；当别的社会事业羡慕科学所取得的进步，向科学取经时，我们可以讲讲科学的方法，以帮助那些非科学的事业也取得像科学那样的成功。再说，生活中也不是处处都需要科学，有时候像占星术这样的伪科学也可以用来娱乐，为何一定要斩尽杀绝？绘画原作固然宝贵，复制品也可以有它的地位。

影响中国人提出"什么是科学"这个问题的第二件事情是李约瑟难题以及传统文化的评价问题。在近代中国走向现代化的过程中，传统文化的评价问题一直是一个极为引人注目的问题。五四时期的启蒙思想家普遍认为，传统文化基本上一无是处，是阻碍我们走向现代文明的拦路虎、绊脚石，应予以彻底否定，而传统文化之所以一无是处，是因为它没有科学。民国时期的学者讨论的都是"中国古代为什么没有科学"这样的问题。到了50年代，爱国主义成为时代的新需求。英国生物化学家李约瑟站出来发问，中国古代有发达的科学技术，为什么近代科学没有在中国诞生呢？这一问让深受西方列强封锁的国人听得很舒服，因为这一问的前提是中国古代有科学，而且很发达，只是近代落后了。到了90年代，新一代的科学史家和科学哲学家开始质疑"李约瑟问题"，特别是追问"中国古代究竟有没有科学"，引发了热烈的争论。然而，问题的实质仍然在于：这里的"科学"是什么意思？只要调整科学的定义，就可以使"中国古代有科学"和"中国古代无科学"都成立，但科学的定义并不是随意指定的，而是历史地形成的。要准确理解科学，必须回到历史之中。

本书针对的就是这个背景，因此将主要采纳科学史的方式来回答"什么是科学"

这个问题。牛顿力学之所以天生就是科学，而我们的阴阳五行天生就不是科学，这是历史形成的。就好比比萨是西方人发明的，天生就是比萨，而我们的馅饼天生就不是比萨。我们当然可以说馅饼也能吃，而且比比萨更好吃，但你还是不能说馅饼就是比萨。今天我们称之为科学的东西本来就来自西方，要理解什么是科学，必须回到西方的语境中。

我认为，在理解科学方面，我们中国人最大的误解是没有真正意识到科学的独特性。我们通常认为科学是一种全人类普遍具有的能力——技术能力，或者高智力。正因为没有认识到科学的独特性，所以很容易误认为中国古代其实也是有科学的——中国人既然是人，当然有技术，有智力，因而有科学。这种错误的科学观妨碍了我们反思自己的文化。事实上，正如本书第二章所说，科学是一种十分稀罕的人类文化现象，起源于对自由人性的追求和涵养。中国古代没有科学，根本不是偶然的错失，而是存在的命运。

一百年来，本着我们一向熟悉的实用态度来学习西方的科学，中国的科学也取得了巨大的成就，基本实现了"科学救国"的理想。但是，今天我们面临新的历史使命。中国人在解决了落后挨打、贫穷挨饿的急难之后，要复兴中华文化，成为引领人类文明之未来的力量。在这个新的形势下，仍然用实用的态度来对待科学和科学家，就无法真正完成这个新的历史使命。今天，我们的科学事业面临基础科学薄弱、原始创新乏力这样的严峻挑战。如果不能深入思考科学的本性、科学的本源，我们的科技政策和科研管理就可能违背科学的内在逻辑和规律，人为制造发展的障碍。这正是本书写作的深层动机。

除了回到西方的历史语境中，追溯希腊科学和近代科学的历史由来，本书也希望为重新评估中国古代的科学开辟一个新的思路。我认为，现代科学的主流是数理实验科学，它起源于希腊理性科学与基督教唯名论运动的某种结合，但是，数理实验科学并不是现代科学的全部，最终酝酿出达尔文进化论的近代博物学（自然志）也是不可忽视的科学类型。技术、博物学（自然志）、理性科学三者构成了一个科学谱系。中国古代的科学更多地属于博物学的范畴，以现代数理实验科学的框架去整理重建，往往得到的只是历史的碎片。因此，建立中国科技史研究的博物学编史纲领，是未来值得尝试的一个方案。

什么是科学？这个问题在今天显得格外紧迫。近十年来，我在各种场合无数次发表以此为题的讲演，听众既有政府高级官员、院士科学家、IT 精英，也有普通学生、学者、民众。他们对这个话题的深切关注让我感觉到这是我们民族今天不能不认真反省的问题。我希望这些初步的思考能够唤起更多人的认同，凝聚更多人的共识。

本书是国家社会科学基金重大项目"世界科学技术通史研究"（项目批准号 14ZDB017）的阶段性成果，受国家社科基金资助。

吴国盛

2016 年 5 月 1 日

第一章

现代中国人的"科学"概念及其由来

要真正理解"科学",我们需要进入西方的语境,
因为"科学"本来就来自西方,是西方人所特有
的东西。

两种基本用法

"科学"在今天是一个国人耳熟能详、妇孺皆知的词汇，但它的含义却相当模糊。在不同的语境下，它指称非常不一样的东西。大体说来，在现代汉语的日常用法中，它有两种基本用法。一种用法是指某种社会事业，指一个人群以及他们所从事的工作，这个人群就是科学家或者科技工作者，这项事业就是"科学"。中国目前实行"科教兴国"的国家战略，这里的"科"字，也是在这个意义上使用的，意思是说，要依靠科学技术专家以及他们所从事的科学技术事业来振兴国家。

另一种用法是指某种价值判断。"科学"经常指对的、正确的、真的、合理的、有道理的、好的、高级的。比如，我们说"你这样做不科学"，是说这样做不对、不正确、不应该。我们说"决策科学化"，是指决策要合理化，不能主观蛮干。我们讲"科学发展观"，是指某种合理均衡的发展观，纠正那种唯GDP主义、竭泽而渔、导致两极分化的发展观。

简而言之，对于"什么是科学"这个问题，第一种用法回答说"科学就是科学家们做的事情"，第二种用法回答说"科学是好东西"。

为什么指称某种事业的用语同时拥有某种正面价值判断功能呢？

为什么"科学家们做的事情"就是"好东西"呢？为什么指称某种事业的用语同时拥有某种正面价值判断功能呢？这是因为这项事业给中国人民留下了深刻的正面印象。要讲清楚这件事情，需要回到中国现代史的大背景中来。

科学：

夷之长技

　　一部中国近现代史是"启蒙与救亡的双重变奏"（李泽厚语）。所谓"救亡"，是说自 1840 年鸦片战争以来，中国屡受西方列强欺凌，中国人随时面临亡国灭种之危机，因此，争取国家独立、民族富强成为中国现代史的重大主题。所谓"启蒙"是说，中国现代史是中国告别传统社会、走向现代社会的历史，在这个过程中，自由、平等、人权等观念需要引入，理性的思维方式和民主的政治体制需要建立，人的现代化是"启蒙"的核心内容。就"救亡"而言，人们很快就找到了西方的"科学"。

　　1840 年鸦片战争爆发时，中国仍然是世界上首屈一指的大国。据英国著名经济史家和经济统计学家安格斯·麦迪森（Angus Maddison，1926—2010）的研究，1820 年的时候，中国的 GDP 占全世界的 32.9%，这一优势直到 1895 年才被美国超过。麦迪森的数据测算存在一些争议，但即使将这些争议考虑在内，我们也可以肯定地说，在西方与中国交手的头半个世纪，中国一直是一个经济强国。然而，这样一个经济强国为何总是败于列强之手呢？原因在于，中国的军事不行，国富而兵不强。兵不强有两个原因，一个是军事制度落后，另一个则是军事技术落后。第一次鸦片战争之后，先进的中国人马上意识到了后者，认识到西方的"坚船利炮"是他们克敌制胜的法宝，而"坚船利炮"的背后是强大的工业以及现代化的科学与技术体系。所以，从1861年开始，清政府中的开明势力在全国掀起了"师夷长技以制夷"的社会改良运动，史称"洋务运动"。

林则徐在1842年的一封信中谈到西人之所以战胜的原因是兵器先进："彼之大炮远及十里以外，若我炮不能及彼，彼炮先已及我，是器不良也。彼之放炮如内地之放排炮，连声不断，我放一炮之后，须辗转移时再放一炮，是技不熟也。"魏源于1844年出版《海国图志》，书中说："是书何以作？曰：为以夷攻夷而作，为以夷款夷而作，为师夷长技以制夷而作。""夷之长技有三：一战舰，二火器，三养兵练兵之法。"正式提出了"师夷长技以制夷"的口号，并且把夷之长技规定为"船坚炮利"以及军队建设管理之技。

对夷之长技的深信贯穿着全部近现代史。这也是中国人民从血的教训中总结出的真理：落后就要挨打。而所谓落后，就是军事技术上的落后。对军事技术的推崇，直到今天仍然支配着中国人的强国梦和潜意识。对航母、对宇宙飞船的渴望，几乎是今天的全民共识。一个半世纪以来，中国人民饱受欺凌、屈辱，对西方军事科技及其背后的现代科技体系推崇有加。这是中国人"科学"观念背后不可忽视的背景。

一个突出的表现就是，在中国人心目中科技不分。普通中国人谈科学会不由自主地使用"科技"一词，而他们口中的"科技"其实指的是"技术"。政府也一样。事实上，中国政府并没有"科学部"，只有"科技部"，而科技部主要是技术部或

对夷之长技的深信贯穿着全部的近现代史。这也是中国人民从血的教训中总结出的真理：落后就要挨打。而所谓落后，就是军事技术上的落后。对军事技术的推崇，直到今天仍然支配着中国人的强国梦和潜意识。

者技术经济部。如果做一个民众认知调查的话，我们会发现，当代中国人所认可的最标准的科学家应该是钱学森，因为他代表着强大的军事能力。人们都喜欢传播这样的说法，一个钱学森抵得上五个师的兵力。

科学：

来自日本的西方词汇

　　"科学"并不是汉语固有的一个术语，爬梳古文献或许偶尔会遇见"科学"字样，但意思一定是"科举之学"，而且极为罕见。在现代汉语中广泛使用的"科学"一词，实则来自日本，来自日本人对西文 science 一词的翻译。

　　日本文字中大量采用汉字，但发音与汉语不同，意思也相去甚远。中国现代向西方学习不是直接向西方学习，而是经由日本这个二传手。原因大致有三。一来中国缺乏西方语言的翻译人才，大量西文著作不能立即直接译成中文出版发行。传统中国对文字过于讲究，虽然有西来的传教士，但他们的中文写作水平还不足以独自担当翻译工作，所以，西学东渐早期的西方著作翻译都是传教士与中国文人合作进行，这样就极大地限制了西文著作的汉译规模和进度。第二个原因是，日本引进西学较早，而且日语吸收外来语的能力较强，西学日化工作动作迅速且规模大，加上日本离中国近，留学生多，现代中国人多经由日本向西方学习。第三个原因，也可能是最重要的原因，中国人阅读日本文献非常容易，哪怕是根本不懂日文的人，读日本的书也能明白个大概。1898 年戊戌变法失败后，梁启超亡命日本，在船上读到一本日本小说，发现居然满纸汉字，也知道其意思不会差太多，于是在基本不通日文的情况下开始翻译日本小说。说是翻译，其实只不过是把日本人采用的汉字基本照搬过来而已。就这样，从 19 世纪末期开始，在中国掀起了一场向日本学习西学的热潮。的确，通过日本学习西学上手容易，见效快。

大量向日本学习的后果是，现代汉语受到日语的巨大影响，一大批西方学术术语均从日本转道而来。有人甚至认为，现代汉语中的人文社会科学术语有 70% 来自日本。这些术语充斥在我们的日常语言之中，一定已经深刻地影响了我们的思维方式。日本这个民族在文化底蕴和思维深度方面有非常大的局限性，现代中国的文化以这样大的规模和强度建基于日本文化，实在值得各行各业的有识之士一再反思。

已经有不少人从多个角度提出了一些学科的译名存在的缺陷。比如，用"哲学"译西文的 philosophia，没有译出西文"爱"（philo）"智慧"（sophia）的意思来，相反，"哲"是"聪明"，"哲学"实则是"聪明之学"，这降低了西文 philosophia 的高度。如果选一个更合适的词，也许"大学"更接近 philosophia 的高度和境界。《大学》开篇就说："大学之道，在明明德，在亲民，在止于至善。""止于至善"颇有西人"爱"智慧的意思。

严复当年就对大量采用日译词汇提出了严厉的批评，这些批评均着眼于日译词汇完全偏离了汉语本来的意思。他反对把 economics 译成"经济"，主张译成"计学"，因为"经济"本来是"经世济用""治国平天下"的意思，而 economics 只是指理财经商，把原来的语义缩小了；他反对把 society 译成"社会"

大量向日本学习的后果是，现代汉语受到日本语言的巨大影响，一大批西方的学术术语均从日本转道而来。

而主张译成"群"，反对把 sociology 译成"社会学"而主张译成"群学"，因为"社会"本来是"乡村社区祭神集会"的意思，而 society 意思要更加广泛和抽象；他还反对把 philosophy 译成"哲学"，主张译成"理学"，反对把 metaphysics 译成"形而上学"，主张译成"玄学"，反对把 evolution 译成"进化"，主张译成"天演"。但很可惜，这些更为精到和地道的严译术语最后都遭到了否弃。

让我们回到"科学"。自明末清初传教士带来西方的学问以来，中国人一直把来自西方的自然知识诸如 natural philosophy、physics 等译成"格致""格致学"，或为了区别起见，译成"西学格致"。徐光启当年就用了"格物穷理之学""格致""格物""格致学""格物学""格致之学"等术语来称呼来自西方的自然知识体系。格致者，格物致知也，是《大学》里面最先提出的士人功课，所谓"格物、致知、诚意、正心、修身、齐家、治国、平天下"。后人多用朱熹的解读，认为它是指"通过研究事物的原理从而获得知识"。用中国文人比较熟悉的词汇去翻译西方的词汇，难免打上太深的中国印记，而且也容易混淆。20 世纪头二十年，西学术语的翻译大体有三种方式，一种是中国人自己提出的译名，以严复为代表，第二种是直取日文译名，第三种是音译。五四时期流传的德先生和赛先生就是音译，其中德先生指的是 Democracy（民主）的音译"德谟克拉西"，赛先生指的是 Science（科学）的音译"赛因思"。最后淘汰的结果，日译名词大获全胜。今日的科学、民主、自由、哲学、形而上学、技术、自然等词全都采纳了日译。1897 年，康有为在《日本书目志》中列出了《科学入门》和《科学之原理》两书，大概是"科学"这个词作为英文 science 一词的汉译首次出现在中文文献之中。梁启超、王国维、杜亚泉等人开始频繁使用"科学"一词，起到了示范作用。特别是杜亚泉，他于 1900 年创办并主编了在当时影响非常大的科学杂志《亚泉杂志》，"科学"一词从杂志创刊开始就成为 science 的定译。另外，严复在 1900 年之后也开始用"科学"来译 science，影响自然非常显著。20 世纪头十年，"科学"与"格致"并存，但前者逐步取代后者。1912 年，时任中华民国教育总长的蔡元培下令全国取消"格致科"。1915 年，美国康奈尔大学的中国留学生任鸿隽（1886—1961）等人创办了影响深远的杂志《科学》。从这一年开始，"格致"退出历史舞台，"科学"成为 science 的定译。1959 年中国科学社被迫解散，机关刊物《科学》杂志于次年停刊。1985《科学》杂志复刊，今天仍然由上海科学技术出版社出版，周光召院士和白春礼院士先后任主编。

把 science 译成"科学"明显没有切中这个词的本义，相反，用"格致"倒是更贴切一些。science 本来没有分科的意思，代表"分科之学"的是另一个词 discipline（学科）。不过，日本人倒是抓住了西方科学的一个时代性特征，那就是，自 19 世纪前叶开始，科学进入了专门化、专业化、职业化时代，数、理、化、天、地、生，开始走上了各自独立发展的道路。反观日本人比较熟悉的中国的学问，都是文史哲不分、天地人不分的通才之学、通人之学，所以，他们用"科学"这种区分度比较高的术语来翻译西方的 science，显示了日本人精明的一面。

日译"科学"一词基本沿袭了英语 science 自 19 世纪以来的用法和意思，默认是指"自然科学"（natural science）。我现代中国人通过日本人这个二传手，接受了19世纪以来以英语世界为基调的西方科学观念：第一，它是分科性的。第二，它首先指自然科学。如果加上前述的"夷之长技"，现代中国人的科学观念还可以加上第三条：它一定能够转化为技术力量，从而首先提升军事能力。

们的"中国科学院"并不叫"中国自然科学院"，相反，其他的科学院则要加限定词，如"社会科学院""农业科学院""医学科学院"等。这也是自19世纪以来西方科学与人文学科分手、并且愈行愈远最终走向"两种文化"的实情。这样一来，现代中国人通过日本人这个二传手，接受了19世纪以来以英语世界为基调的西方科学观念：第一，它是分科性的。第二，它首先指自然科学。如果加上前述的"夷之长技"，现代中国人的科学观念还可以加上第三条：它一定能够转化为技术力量，从而首先提升军事能力。

毫无疑问，这样的"科学"观念只是西方历史悠久的"科学"传统的"末"而不是"本"，要由这个"末"回溯到西方科学之"本"，需要费很大的力气，本书余下几章就要做这个工作。

科学：

替 代 性 的 意 识 形 态

前面提到，一部中国近现代史是启蒙与救亡的双重变奏。在救亡运动中，科学作为"夷之长技"被引进，被尊崇。在启蒙运动中，科学则进一步上升为替代性的意识形态。只有认识到作为一种意识形态的科学，才能理解我们在本章一开始提出的问题：何以某个人群（科学家）所从事的事业（科学）能够直接作为正面价值判断的术语。

一部现代西学东渐史，也是一部科学由"技"转化为"道"、由"用"转化为"体"的历史。

即使在急迫的救亡时期，要想大规模地引进科学这种"夷之长技"，也需要一个合适的理由，因为科学这种本质上属于外来文化的东西，与本地文化实则格格不入。中国传统文化尊道而鄙技，往往把新技术贬称为"奇技淫巧"。所以，洋务派提出了"中学为体，西学为用"的思想，以为大规模引进西方科技的理论基础。所谓"中学为体，西学为用"是说，维护中国传统的伦理道德、纲常名教、社会制度，同时引进西方的科学技术以发展经济、富国强兵，解决民生问题。或者说精神文明取中国传统的，物质文明取西方现代的。又或者说，中学主内，西学主外；中学治身心，西学应世事。但是，在学习和引进西方军事技术的过程中，人们认识到光是学

只有认识到作为一种意识形态的科学，才能理解我们在本章一开始提出的问题：何以某个人群所从事的事业能够直接作为正面价值判断的术语。

习军事技术是不够的，也学不好，必须首先学习包括数学、天文、物理学、化学等在内的西方科学理论；要想学习西方的科学理论，就必须掌握西方的科学方法和思维方式，而西方的科学方法和思维方式必然会挑战中国传统的思维方式和文化传统。

洋务运动近四十年中，上述逻辑充分发挥了作用。等到1895年甲午海战一败涂地，洋务运动宣告破产之时，人们终于认识到，中国的落后不只是"技不如人"，而是全方位的落后，包括政治制度、人民素质、思想传统，都需要来一场革命性的转变。这个时期，对传统文化的痛恨成为有志之士的共识。文化虚无主义逐渐笼罩中国的思想界。这个时候，"西体西用"的思想开始占上风，要代替从前的"中体西用"。而在这个"西体西用"中，科学始终处在核心位置。这里的"西用"指的是建立在现代科学之上的西方技术，"西体"指的则是科学世界观和科学方法论。自严复以来的启蒙思想家们一方面猛烈抨击中国传统文化之弊，另一方面开始以科学为基础建构自己的救亡图强的理论体系。从严复、康有为、梁启超到陈独秀、胡适，这些启蒙思想家都不是职业科学家，他们的目标都是为了创建一个有别于中国传统的新的人文和社会思想体系，但他们偏偏都把他们并不熟悉的"科学"作为他们的立论基础。何以故？

中国传统文化价值体系全盘破产之后，留下一个巨大的价值真空，客观上要求一个新的价值体系作为替代。科学作为西学中国人最为钦佩也相对最容易接受的部分，就由"用"转为"体"、由"器"进为"道"。这里当然也还有中国传统的"致用"思想在起作用，因为与西学中的其他东西比起来，科学似乎是最能解决问题的。胡适说过："西洋近代文明的精神方面的第一特色是

从严复、康有为、梁启超到陈独秀、胡适，这些启蒙思想家都不是职业科学家，他们的目标都是为了创建一个有别于中国传统的新的人文和社会思想体系，但他们偏偏都把他们并不熟悉的"科学"作为他们的立论基础。何以故？

科学……我们也许不轻易信仰上帝的万能了，我们却信仰科学的
方法是万能的。"（《我们对于西洋近代文明的态度》）科学脱
离了具体的研究事业，上升为一种信仰，从此，作为影响了20世
纪中国社会进程的强大意识形态的科学主义登上了历史的舞台。
1923年，胡适在为《科学与人生观》一书写的序中这样说：

我们也许不轻易信
仰上帝的万能了，
我们却信仰科学的
方法是万能的。

> 这三十年来，有一个名词在国内几乎做到了无上尊严
> 的地位；无论懂与不懂的人，无论守旧和维新的人，都不
> 敢公然对他表示轻视或戏侮的态度。那个名词就是"科学"。
> 这样几乎全国一致的崇信，究竟有无价值，那是另一问题。
> 我们至少可以说，自从中国讲变法维新以来，没有一个自
> 命为新人物的人敢公然毁谤"科学"的。

《科学与人生观》是一本论文集，收集的是当年那场著
名的科学与人生观大论战（历史上也称为"科玄论战"）中发
表的文章。这场论战以科学派大获全胜告终，也宣告了科学主
义意识形态地位的牢固确立。实际上，科学主义的意识形态在
五四时期的新文化运动中就已经十分鲜明和突出。在新学与旧
学、文化开明派与文化保守派、政治革命派与政治反动派之间，
"科学"成了前者当然的旗帜。

陈独秀在《新青年》创刊号上这样热情讴歌科学，抨击中
国传统文化：

> 士不知科学，故袭阴阳家符瑞五行之说……农不知科
> 学，故无择种去虫之术。工不知科学，故货弃于地。战斗

生事之所需，一一仰给于异国。商不知科学，故惟识闾取近利……医不知科学，既不解人身之构造，复不事药性之分析。菌毒传染，更无闻焉……凡此无常识之思维，无理由之信仰，欲根治之，厥维科学。

新文化运动的另一思想领袖胡适，尽管与陈独秀政治观点大不相同，也高举科学之大旗："我们观察我们这个时代要求，不能不承认人类今日的最大责任与最大需要是把科学方法应用到人生问题上去。"（《五十年来之世界哲学》）

1934 年，蒋介石发起"新生活"运动，要求国民党党员们读中国古籍。他说："我也以为这《大学》一书，不仅是中国正统哲学，而且是科学思想的先驱，无异是开中国科学的先河！如将这《大学》与《中庸》合订成本，乃是一部哲学与科学相互参证，以及心与物并重合一的最完备的教本，所以我乃称之为'科学的学庸'。"（《科学的学庸》）

毛泽东在 1940 年的《新民主主义论》中说："这种新民主主义的文化是科学的。它是反对一切封建思想和迷信思想，主张实事求是，主张客观真理，主张理论和实践一致的。在这点上，中国无产阶级的科学思想能够和中国还有进步性的资产阶级的唯物论者和自然科学家，建立反帝反封建反迷信的统一战线；但是决不能和任何反动的唯心论建立统一战线……"

影响着中国 20 世纪历史进程的历史人物们都把科学默认为好东西。

我们看到，不论政治立场有何不同，不论他们实际上掌握了多少现代西方的科学知识，影响着中国 20 世纪历史进程的历史人物们都把科学默认为好东西。这就是当代汉语里"科学"一词第二种用法的历史由来。

小 结

今天国人耳熟能详的"科学"一词，实际上来自日本学者对于英文 science 的翻译。这个译名体现了现代西方学术与传统中国学术的一个重要区分，但并没有切中 science 的基本意思以及它所代表的西方思想传统（进一步的分析见下一章）。如果按照汉语"望文生义"的阅读习惯来理解这个词，肯定会走偏——可能会过分强调"分科"的概念。

今天中国人的科学概念中有两个突出的特点。第一个特点是，把"科学"作为任何领域（无论是政治领域还是日常生活领域）里正面价值评判的标准，这是 20 世纪科学主义意识形态长期起作用的结果；第二个特点是，倾向于从实用、应用的角度理解"科学"，倾向于把"科学"混同于"科技"，"科技"混同于"技术"，对"科学"本身缺乏理解，这既与中国现代接受西方文化特定的历史遭遇有关，也与中国实用主义的文化传统有关。

要真正理解"科学"，我们需要进入西方的语境，因为"科学"本来就来自西方，是西方人所特有的东西。

要真正理解"科学"，我们需要进入西方的语境，因为"科学"本来就来自西方，是西方人所特有的东西。

第二章

西方科学溯源：

希腊理性科学

科学精神是一种特别属于希腊文明的思维方式。它不考虑知识的实用性和功利性，只关注知识本身的确定性，关注真理的自主自足和内在推演。科学精神源于希腊自由的人性理想。科学精神就是理性精神，就是自由的精神。

Science
的辞源及其演变

　　中文"科学"一词是对英语单词 science 的翻译，用法也基本接近；在英文中，science 首先默认指 natural science，中文的"科学"也默认指"自然科学"。这个用法与法语的 science 比较接近，但与德语的 Wissenschaft 不太一样：德语的这个词虽然也译成"科学"，但并不优先、默认指称"自然科学"。所以，相比德语，英语的 science 含义比较狭窄。中文的"科学"继承了这个特点。中国科学社的创始人任鸿隽早就认识到这一点："科学的定义，既已人人言殊，科学的范围，也是各国不同。德国的 Wissenschaft，包括得有自然、人为各种学问，如天算、物理、化学、心理、生理以及政治、哲学、语言，各种在内。英文的 science，却偏重于自然科学一方面，如政治学、哲学、语言等平常是不算在科学以内的。"①

　　如果我们追溯"科学"一词的来源只到英文 science 这里，那就太不够了。事实上，虽然早在中世纪晚期英语里就有了词形上源自拉丁文 scientia 的 science 这个单词，但人们一般并不怎么使用它。科学史上的英国大科学家，从哈维（1578—1657）、波义耳（1627—1691）、牛顿（1643—1727）、卡文

---

① 任鸿隽："科学方法讲义"，《科学》1919年第四卷。

迪许（1731—1810），直到 19 世纪的道尔顿（1766—1844），都没有自称也没有被认为是从事 science 研究的，更没有自认为或被称为 scientist（科学家）。这些后世被尊为伟大科学家的人当时被称为"自然哲学家"（natural philosopher）或"哲学家"（philosopher），从事的是哲学（philosophy）工作。比如，牛顿的伟大著作标题是"自然哲学的数学原理"（*Mathematical Principles of Natural Philosophy*，1687），道尔顿的著作标题是"化学哲学的新体系"（*New System of Chemical Philosophy*，1808）。英国皇家学会的会刊名字就叫《皇家学会哲学学报》（*Philosophical Transactions of the Royal Society*，1665 年创刊出版）。

从 19 世纪开始，science 一词在英语世界被广泛采用。1831 年英国科学促进会（British Association for the Advancement of Science）成立，就是一个标志。这一方面可能与法国思想的影响有关。英国历史学家梅尔茨(John Theodore Merz，1840—1922)说："只是在大陆的思想和影响在我国占有地盘之后，科学这词才逐渐取代惯常所称的自然哲学或哲学。"① 众所周知，科学史上的 18 世纪后期至 19 世纪前期是法国人独领风骚的时期，法国的科学名家层出不穷，星光灿烂。梅尔茨认为，法语的 science 一词从 17 世纪中期就开始获得像今天一样的用法，即特指"自然科学"。1666 年巴黎科学院（Académie des Sciences）创建，其名称中的 science 跟今天英文和法文中的 science 意义相同，均默认是"自然科学"。借着法国科学的巨大影响，法语"科学"（science）一词的使用日益普及，英语世界于是逐渐启用 science 一词以取

---

① 梅尔茨：《十九世纪欧洲思想史》第一卷，周昌忠译，商务印书馆 1999 年版，第 80~81 页。

代 natural philosophy（自然哲学），这是完全可能的。

　　Science 一词在英语世界开始被广泛采用，另一方面可能与英文 scientist（科学家）一词的发明和日益普及有关。1833 年，在英国科学促进会于剑桥召开的会议上，英国科学史家和科学哲学家休厄尔（William Whewell，1794—1866）仿照 artist（艺术家）发明了 scientist 一词，用来指称新兴的像法拉第这样的职业科学家。他在 1840 年出版的《归纳科学的哲学》第 2 卷后面的格言 16 中写道："由于我们不能把 physician（医生）用于物理学的耕作者，我就把后者称作 physicist（物理学家）。我们非常需要一个名称来一般地描述一个科学的耕作者。我倾向于把他叫作 scientist（科学家）。这样一来，我们就可以说，正如 artist（艺术家）指的是音乐家、画家或诗人，scientist（科学家）则是指数学家、物理学家或博物学家。"虽然法拉第本人不喜欢这个词的狭隘含义，而更愿意像他的前辈们那样自称"自然哲学家"，虽然直到 19 世纪后期还有像开尔文、赫胥黎这样的大科学家不愿意被称为"科学家"，但是，19 世纪后半叶自然科学的专业化、职业化已成定局，自然科学从哲学母体中脱离出来独自前行，已成为不可抗拒的历史潮流。这个单词的诞生恰逢其时，因此最终还是被人们接受了。正是随着 scientist 一词被接受，science 开始被广泛采用，替代了从前的 natural philosophy。

19 世纪后半叶自然科学的专业化、职业化已成定局，自然科学从哲学母体中脱离出来独自前行，已成为不可抗拒的历史潮流。

　　如此看来，即使在英语世界，science 的广泛使用到今天也就一百五十年左右的时间。这一百五十年，正是"现代科学"完成建制化从而独立发展的一百五十年。这里所谓"现代科学"，是指相对于希腊理性科学而言的现代实验科学、经验科学，相对于古代纯粹科学而言的现代应用科学、技术科学（techno-science），相对于"哲学"而言的狭义"科学"。Science 一词所指的，恰恰就是分科化的、职业化的、实验的并且有着潜在技术应用前景的科学。中文中源于日文的"科学"一词，默认指"自然科学"，隐含着"分科"的意思，似乎也具有相当的历史正当性。

但是，如果我们的溯源只追到 science 这里，那也就只追溯到了一百五十年前，而没有考虑这种相对于理性科学、相对于哲学的经验科学、实验科学、技术科学是在何种背景下诞生的。事实上，语词的变迁总是滞后于观念的变迁，语词只是固定了先前业已发生的观念变革。从哲学中独立出来的科学，恰恰是从科学和哲学不分的那种思想传统中孕育出来的。这是一种什么样的思想传统呢？

我们或许可以把这种思想传统称为理知传统（Rational-Intellectual tradition）。从用语上说，代表这个理知传统的是希腊文的 episteme 和拉丁文的 scientia。拉丁文 scientia 是对希腊文 episteme 的直接翻译，如果译成中文，"知识"一词还算差强人意。但在现代汉语里，除了"知识分子"这个词还有点高度外，"知识"这个词已经被严重泛化、淡化了。包括日常经验知识在内，不管程度高低，均可称为知识。但是，episteme 或 scientia 指的不是一般的"知识"，而是那种系统的、具有确定性和可靠性的知识。这个意义上的知识，用现代汉语来说，就是高端知识、典范知识，正好就是我们今天在广义使用中归于"科学"的那些东西（比如称某种哲学为科学）。这样一来，希腊文的 episteme 和拉丁文的 scientia 译成"科学"仿佛更合适一些。

语词的变迁总是滞后于观念的变迁，语词只是固定了先前业已发生的观念变革。从哲学中独立出来的科学，恰恰是从科学和哲学不分的那种思想传统中孕育出来的。

　　"科学"一词在现代汉语里的确有广义和狭义两种用法。广义的用法，大略相当于高端知识、典范知识，与 episteme 或 scientia 相当；狭义的科学，大略相当于英文的 science，即优先指现代科学（经验科学、实验科学、技术科学）。

　　广义的科学与狭义的科学不能等同，尽管有些人认为现代科学就是唯一的知识典范。然而，西方思想史的实情是，即使现代科学可以看成是现代的知识典范，它也肯定不是历史上唯一的知识典范，更不要说在许多哲学家看来，它根本就不是现代的知识典范。从这个意义上讲，把 episteme 和 scientia 译成"科学"容易引起混乱。

　　根源在于，现代汉语中"知识"和"科学"两个词并存，而"科学"一词优先指现代科学。这个麻烦实际上来自英语。跟现代汉语一样，英语里既有一个对应"科学"的词 science，也有一个对应"知识"的词 knowledge。它们其实都来自拉丁文 scientia。我们中国人耳熟能详的弗朗西斯·培根的名言"知识就是力量"，其拉丁文是 scientia potentia est，英文译成 knowledge is power。这里的 scientia 经由英文被译成了中文"知识"。按照中文的字面意思来理解，"知识就是力量"仿佛是在表达中国式的"知识有用"的实用主义思想，但在西方语境下，这个短语应被理解为，自希腊以来西方学人孜孜以求的那种高端知识，本身就是一种改造世界的物质力量和政治权力。

　　所幸的是，德文 Wissenschaft 保留了 episteme 和 scientia 的完整意义，是这两个古典术语在现代的忠实翻译。它并不优先指向"自然科学"，但也没有像汉语的"知识"那样被泛化、淡化到包括普通经验。相反，在德语学术语境中，经常会有"哲

如果按照中文的字面意思来理解，"知识就是力量"仿佛是在表达中国式的"知识有用"的实用主义思想，但是，在西方语境下，这个短语的意思应该理解为，自希腊以来西方学人孜孜以求的那种高端知识，本身就是一种改造世界的物质力量和政治权力。

学何以成为严格意义上的科学""化学还不是严格意义上的科学"之类的说法。Episteme、Scientia、Wissenschaft 表达的是对事物系统的理性探究，是确定性、可靠性知识的体系。这是西方思想传统中历史最悠久、影响最深远的"科学"传统。这个意义上的"科学"，在古代希腊，包括数学和哲学两大科目；在中世纪，加上了神学；在现代，又加上了现代科学，即英语和法语 science 所指的东西。现代科学吸纳了数学，剔除了神学，取代了自然哲学，成为"科学"家族中的新兴大户，但它仍然属于整个西方的广义科学传统，即理知传统。

我们通过辞源考辨给出了西方科学的两个传统，一个是历史悠久的理知传统，一个是现代出现的数理实验科学、精确科学的传统。很显然，前一个是大传统，后一个是小传统；前一个是西方之所以是西方，是西方区别于非西方文化的大传统，后一个是西方现代区别于西方古代的小传统。毫无问题，后一个小传统仍然属于前一个大传统。为了理解来自西方的科学，我们需要理解这两个传统。本章就先从理解大传统开始。

> 我们通过辞源考辨给出了西方科学的两个传统，一个是历史悠久的理知传统，一个是现代出现的数理实验科学、精确科学的传统。

西方"科学"词汇、科目变迁简表

时代	词汇	主要分支科目
希腊	Episteme	数学 + 哲学
中世纪	Scientia	神学 + 数学 + 哲学
现代	Wissenschaft（德）	科学 ★+ 哲学

注 ★: 表中现代一栏中出现的"科学"，在法国被称为 science，在德国称为 exacte Wissenschaft(精确科学)，在英国先是称为 natural philosophy，后来，差不多到了 19 世纪，改称 science。由于语言习惯的这些差异，讲英语的人往往会说，科学过去是哲学的一部分，但后来从哲学中独立出来了；而讲德语的人往往会说，哲学是科学的一个组成部分，有些德国哲学家还会说，哲学是最接近真正科学、严格科学的那一部分。

"仁爱"与"自由"：

东 西 方 不 同 的 人 性 理 想

　　西方科学的大传统，也就是西方之所以为西方、西方区别于非西方的传统，在东西方文化传统的比较之中最能看得清楚。没有西方就谈不上东方，反之亦然。在西方文明进来之前，中国人对自己的文明缺乏一个反思的角度，无从获得对本民族文化传统的深刻认知。同样，在了解非西方文明之前，西方人对自己的传统也不甚了了。自我总是在与他者的对话中确立自己的。我们要了解西方的科学"大"传统，最好的办法是从中西文化对比的角度来切入。

　　说西方"科学"的大传统就是知识传统、理知传统，似乎太平淡无奇了，并未说出点什么来。难道说我们中国就没有这种知识传统吗？我们中国人不是一样推崇学问、学术？的确，中国人也认为知识很重要，但是，"知"向来不被放在人生最重要的位置。《大学》中提出的儒者求学八阶段依次是：格物、致知、正心、诚意、修身、齐家、治国、平天下，格物致知只是初级的、原始的阶段，并不是最终的和最高的目标。孔子说"知之为知之，不知为不知，是知也"的时候，的确谈到了知，但谈的不是知本身，而是指向一种正确的人生态度和伦理要求，谈的是修身。我们今天的教育方针强调要培养德智体全面发展

自我总是在与他者的对话中确立自己的。

中国人也认为知识很重要，但是，"知"向来不被放在人生最重要的位置。

的人，这里"德"是放在"智"前面的。过去讲又红又专，"红"放在"专"前面；今天讲德艺双馨，"德"放在"艺"前面。在中国文化里，知识当然是重要的，但不是最重要的，最重要的是道德、品行、做人。中国传统文化中最重要的学问和学术是伦理学，而不是知识论。换而言之，西方的理知传统与中国的伦理传统是完全不同的两种传统。

为什么会有这两种完全不同的传统呢？为了理解文化传统的不同，最终需要追溯到不同文化所预设的不同的人性理想。任何一种文化都有多种多样的表现形式。就其有形的方面而言，有饮食、服饰、建筑等；就其无形的方面讲，有语言、体制、观念、信仰，林林总总。借着这些东西，我们可以分辨出一个人属于哪种文化。但是，在文化的所有这些表现形式中，最核心、最本质的是关于"人性"的认同。不同的人性认同与人性规定，决定了文化的根本不同。

为什么人性认同和人性规定会成为文化的根本标志呢？其根本的哲学原因在于，人是一种有待规定的存在者，而"文化"就是对人性的"规定"。"人性"是从文"化"而来的，而非生物学上遗传得来的。

说人是一种有待规定的存在者包含两方面的意思。第一，人是先天缺失者；第二，人是有死者。人是先天缺失者是指，与其他生物不同，人并无固定的本质、本能，其后天教养在人性养成过程中占有绝对的优势。从生物学角度看，人的这种后天养成与人的普遍早产有关。在人类进化过程中，大脑的快速发育与人类女性的直立行走是相互冲突的。直立行走要求人类女性的骨盆不能太宽，而人类进化使得大脑越来越

> 人是一种有待规定的存在者，而"文化"就是对人性的"规定"。"人性"是从文"化"而来的，而非生物学上遗传得来的。

大。哺乳动物的孕育期与脑量有一个线性相关关系。按照人类的脑量，这个孕育期应该是 21 个月，但是，孕育至 21 个月的人类胎儿脑量将达到 675 毫升，是成人脑量的一半。达到成体脑量的一半，是哺乳动物胎儿娩出时合适的脑量。然而，孕育至 21 个月的人类胎儿太大了，人类的母亲无法娩出这样大的胎儿。人类女性为了直立行走，其盆骨的最大宽度只能容纳 300 毫升脑量的胎儿娩出，因此，进化无情地宣判，人类必须早产。这种生物学意义上的早产，使得人类的婴儿有漫长的后天学习时间。正是先天缺失，使得人类必须通过后天的努力自己创造自己，因此，人性并不是先天的，而是后天习得的，特别是，通过文化被构成的。作为先天缺失者，人类可以有多种发展的可能性，因此，对人来说，先天缺失不是缺点，而是优点。

正是先天缺失，使得人类必须通过后天的努力自己创造自己，因此，人性并不是先天的，而是后天习得的，特别是，通过文化被构成的。作为先天缺失者，人类可以有多种发展的可能性，因此，对人来说，先天缺失不是缺点，而是优点。

　　作为有死者，人需要为自己的生提供意义辩护。人生在世，终有一死。但是，只有人这个物种是在活着的时候就知道死是不可逃避的。这种对死的预知，引发了一个严重的哲学难题：既然早晚必死，何必有生？生命意义何在？明白自己必死的人类何以能够如此坚定执着地活着，哪怕吃尽苦头、受尽屈辱？这一方面固然有动物的求生本能在起作用，更重要的是，每个人生下来就已经生活在某种文化之中，在其中习得了一个重要的东西，那就是"人生的意义"或者"何为有意义的人生"。这个"人生的意义"通常并不是以概念命题的方式出现的，而是渗透在你的日常生活之中，在生活实践之中被领悟到。人们通常也不会反省人生的意义，只有在一生中某些关键的时候，比如青春反叛期，比如特别困难的时候，才会有这样的反省。

正是这个"人生的意义"，让人们尽管吃尽千辛万苦，仍然能够坚强、乐观地活着。

"人生的意义"或者"何为有意义的人生"的核心是对人之为人的认同和体悟。什么是"人"？什么是"理想的人"，如何达成这样的理想人性？这是任何一种文化最核心的问题。人生因为有死，所以根本上是一种无本质的存在：人可以是任何东西，甚至可以不是"人"。正因为人可以不是人，因此骂一个人不是人才是有意义的。我们从不骂一头猪不是猪，因为这是一种没有意义的说法。人的无本质特征，决定了人可以有多种规定性。不同的文化就给出了关于"人"的不同规定。

我们汉语里经常讲到的"人文"一词，其实说了两个东西，一个是"人"，一个是"文"。前者指的是理想人性。后者"文"古代通"纹"，是一个动词，表示划道道、留下痕迹，基本意思是"纹饰"，之后发展为达成理想人性所采纳的教化、培养、塑造的方式。所谓"文而化之"，指的就是这种培养理想人性的过程。中国和西方文化的根本差异在于它们各自有着很不一样的"人文"。不同的人文，标志着不同的文化。在文化的各个层面，都可以体会到这种人文的不同。要深入理解中西文化的差异，最好的办法是看看它们各自有什么样的人性理想和教化方式，一句话，有什么样的"人"和"文"。

中华文明本质上是农耕文明。在这片相对封闭、适合农耕的土地上，我们的先人发展出了成熟而又稳定的农耕文明。这在世界各民族中都是独特的。诚然，人类进化的一般历史都是从旧石器时代走进新石器时代，而新石器时代的根本特征就是定居和粮食生产，也就是所谓农耕文明，但不同的民族进入农耕文明的时间和程度是不一样的。中华农耕文明特别典型、特别成熟，以至压抑了其他文明类型的发育。比如，中国有漫长的海岸线，但没有发达的海洋文化，这是农耕文化有意抑制的结果。比如，中国的万里长城，表达的是典型农耕社会的防御思想。比如中国传统社会人分四等，"士农工商"，手工业者和商人地位低于农民，也反映了农耕主导的思想。

　　农耕文明的一个基本特点是安于一地、少有迁徙，定居、安居意识很强。那些离开家乡的人被描述为"流离失所、背井离乡"，被认为是很不幸的。人与土地绑在一起，"父母在，不远游"，"树高千丈，叶落归根"，"离乡不离土"。费孝通称之为"乡土中国"。中国人特有的"籍贯"概念就是对这种情况的一种反映。如果像美国人那样平均六年搬一次家，频繁迁徙，籍贯是没有多大意义的，所以他们的护照上只有"出生地"而没有"籍贯"。对于基本不迁徙的民族来说，籍贯就是出生地，籍贯的概念才有意义。本书作者的家族大约在一千八百年前由江苏无锡迁居江西，大约在八百年前由江西迁到现在的湖北武穴地区，所以我的籍贯很清楚。但是，从20世纪中国开始向现代社会转型以来，中国人开始频繁迁徙，籍贯慢慢会丧失意义。

　　对于有籍贯概念的人群来说，地缘即是血缘：住在一起的人都是熟人，拐弯抹角差不多都是亲戚，都有或近或远的血缘关系。因此，中国的文化是一种典型的熟人文化。中国人在与熟人打交道方面有丰富的经验，但不知道如何与生人打交道。对待生人只有两个办法，要么把生人变成熟人，所谓"一回生、二回熟"，要是生人变不成熟人，就只有持敌对态度，"非我

中华农耕文明特别典型、特别成熟，以至压抑了其他文明类型的发育。

对于有籍贯概念的人群来说，地缘即是血缘。

族类、其心必异"。这种熟人文化延续到今天，仍然为国人所熟悉。

人们群居在一起，需要建立秩序，依照这个秩序分配各式各样的资源，处理各式各样的社会关系。这种秩序就是文化秩序。对于农耕文明而言，地缘人群实际上就是血缘人群，因此，农耕社会很自然地建立了以血缘关系为主要依据的文化秩序，即血缘秩序。我们注意到，汉语中的血缘术语非常发达。比如，对与父亲同辈的男性成员的称呼有伯父、叔父、舅父、姑父、姨父、表叔等等，英语里就一个 uncle 全部包括在内。洋人刚来中国的时候，中国人觉得他们是野蛮人，连姑父和舅父都分不清楚。其实英国人当然也能分清楚，只是不觉得有必要分那么清楚。可是中国人讲究内外有别、长幼有序，称呼里面包含着伦理的考虑。如果未分清楚长幼内外，那就是不礼貌，不文明，没文化。

血缘秩序成为其他一切社会秩序的基础和范本，许多重要的社会关系都被看成是某种准血缘关系。比如"君君臣臣父父子子"，把皇帝与臣子的关系看成是父子关系；比如"爱民如子""父母官"，把政府官员与老百姓的关系看成是父子关系；比如"一日为师，终身为父"，把师生关系看成是父子关系。总之，虽然在"天地君亲师"中，"亲"排名第四，但是"亲"是最容易被理解的，是最基本的。天人关系、人地关系、君臣关系、师生关系最终都要通过亲子关系来理解。直到今天，在陌生场合，中国人为了把生人变成熟人，都会不由自主地攀老乡，"套近乎"，称呼陌生男性大哥、大爷，称呼陌生女性大姐、大妈。初次见面的一小群陌生人要一起玩或者一起做事情，也

血缘秩序成为其他一切社会秩序的基础和范本，许多重要的社会关系都被看成是某种准血缘关系。

会首先按照年龄排序确立称呼，并且通常会选"老大"当领队，以此建立一种临时有效的秩序。这都是血缘文化的基因在起作用。

血缘文化的核心是亲情。所谓"亲"就是"近"，而所谓"近"并不是物理意义上的近，而是血缘谱系中的近。比如亲兄弟比堂兄弟要近，堂兄弟比表兄弟要近。最亲近的是直系亲属，所以亲情首先是亲子之情。孟子说"老吾老以及人之老，幼吾幼以及人之幼"，把血缘亲情文化的逻辑出发点定为亲子之情。一切亲情都是亲子之情的扩展和外推。不孝敬自己的父母而孝敬别人的父母，那一定是别有用心，比方图谋人家的房产。不爱自己的孩子而去爱别人的孩子，很可能那个别人家的孩子其实就是他自己的孩子。亲子之情是古代中国人关于"爱"的最纯粹和最基本的理解，其他一切"爱"都是亲子之爱的某种外推和变种。男女两性之爱并不被中国文化所看重，相反，最终都通过婚姻关系转化为亲情之爱。夫妻之间"举案齐眉""相敬如宾"，明显不是现代人所理解的两性之爱，而是被礼仪规制的血缘亲情。

血缘文化因而就是亲情文化。中国是一个人情社会，这是亲情文化的表现。在亲情文化中，情最重要，理次之，法再次之。我们中国人最明白这个重要性的排序。法通常只是手段，是表面文章。"理"也不是我们行为的最后根据，因为"公说公有理，婆说婆有理"，讲理不能讲绝，因为理是相对的。有一个俗语叫"别得理不让人"，说的就是"理"是某种根据，但绝不是最后的、最高的依据，相反，在许多情况下，你就是有"理"，也要让"人"。为什么呢？因为人情因素往往要起

血缘文化因而就是亲情文化。中国是一个人情社会，这是亲情文化的表现。在亲情文化中，情最重要，理次之，法再次之。

更大作用。我们中国人并非"无法无天",并非"蛮不讲理",但是我们讲法讲理都有一定的限度。比如"法不责众",所以,法和理总是相对的,不是绝对的,而"情"反而是最终的根据,居于某种绝对的位置。

农耕文化、血缘文化和亲情文化在"人性"的认同方面有自己的独特性。在漫长的历史时期中,占据中国文化主体地位的儒家,把"情"作为人性的根本,以"仁"概而言之,具有高度的概括性和深厚的阐释空间。孟子说"仁也者,人也",把"仁"作为人性的根本。什么是"仁"?简而言之就是"爱","仁者爱人"。古代中国人认为动物无情无义无爱,因此总是把人与动物相比较来凸显人性。孟子说"无父无君是禽兽"。今人骂丧失人性者为"禽兽""衣冠禽兽",或有认识到动物其实也有情有爱者,骂人则改用"禽兽不如"。"人"的反义词是"禽兽"。但需要特别指出的是,所谓"仁"之"爱",是建立在血缘亲情之上的差等之爱,不是"一视同仁"的平等之爱,因为所谓血缘秩序本就是亲疏有别的等级秩序。

建立在亲子感情基础之上的"仁"是人的天性,"人之初,性本善"。但是随着年岁渐长,社会活动面扩大,人所面对的人群越来越多样化,所处的情境也越来越复杂,那种出自天性中的亲子之爱的"仁爱"需要扩大其外延。中国文化基本上是按照血缘文化准则对一切非血缘的社会关系进行血缘化处理。不仅比较重要的君臣关系、长官与下属关系、师生关系如此,一切人际关系都做血缘化处理。中国人称地方行政长官为"父母官",要求他们"爱民如子";中国人

中国文化基本上是按照血缘文化准则对一切非血缘的社会关系进行血缘化处理。

还讲"一日为师，终身为父"，都是对重要的社会关系进行血缘化处理。

既然一切人际关系都按照血缘亲情关系的准则来处理，而血缘亲情关系又是一种差序（差等有序）关系，那么，如何以一种差等有序的方式处理在同一场合出现的不同社会关系，就成为一个重大的文化难题。中国人经常说"做人难"，说的就是处理各式各样的人际关系时遇到的困难和麻烦。在待人接物方面，对于特定的人，你既不能不够亲近，也不能过于亲近。对于同一个人，在不同场合，态度上的亲疏远近也是不一样的。因此，要处理好这些关系，首先要分清楚"亲"和"疏"，然后才能做到"亲亲疏疏"。过去有一句话，"谁是我们的朋友，谁是我们的敌人，这个问题是革命的首要问题"①，实际上，这也是一个传统中国人做人做事的首要问题。这里的困难在于，大量非血缘关系在被比拟成血缘关系的过程中，存在相当大的不确定性。当不同的准血缘关系并置在一起的时候，如何不偏不倚、准确恰当地实现差等之爱，的确是一件相当困难的事情。

消除或减轻这种困难的唯一办法是发展出一套培养方案、教育模式，使人们在后天教育中习得这种理想的人性，这就是"人"之"文"。儒家的"人"之"文"是什么？一个字，"礼"。《礼记》说："是故圣人作礼以教人，使人以有礼，知自别于禽兽。"（《礼记·曲礼》）礼使人成为人。"克己复礼为仁。"礼是典章制度和道德规范，用以规范个人和群体的行为方式，也是通达"仁"这种理想人性的意识形态。说白了，礼就是让人意识到自己的

① 见《毛泽东选集》第一卷第一篇《中国社会各阶级的分析》。

身份，从而采取相应的恰当的行为方式。在礼节、礼仪、典礼中，每个人体会到自己在等级社会生活中的地位和角色，认识到谁亲谁疏，从而恰当地传达"仁爱"。《论语》讲得好，"不学礼，无以立"。所谓"做人难"，无非是礼没有学好，没有学到家，所以要"活到老，学到老"。每个人正是在丰富复杂的社会交往过程中，在后天学习"礼"的过程中，巩固和丰富了"仁"的内涵。

"礼"无处不在，体现在个人生活和社会生活的每个方面。从某种意义上讲，中国文化的主流就是礼文化。无论四书五经、唐诗宋词、琴棋书画，还是天文地理、农桑耕织，都属于礼文化的范畴。但礼并不是教条，并不只是明文规则。礼一方面服务于仁，让人习得仁人之心；但另一方面，礼的本质是在具体生动的生活实践中训练人的适度感，因为所谓仁人之心，不过就是明白自己的身份、地位和处境，从而以恰当的方式待人接物，既不能过分，又不能不及。学礼就是学习恰到好处地做人。

"仁 - 礼"就是中国主流的"人 - 文"。当然，中国文化博大精深，儒释道三家并立，但儒家是主体、主流。"仁 - 礼"表现了农耕文化、血缘文化和亲情文化的人文内涵。在仁爱的旗帜下，中国精英文化的表现形式更多的是礼学、伦理学，是实践智慧，而不是科学，不是纯粹理论的智慧。

西方文明经常被称作两希文明：希腊文明加希伯来文明，它们之间有相当大的差异，但与中国文明放在一起看，它们有着明显的共同点，因此可以做一个总的概括。与中国典型和成熟的农耕文明不同，西方文明受狩猎、游牧、航海、商业等生

"仁 - 礼"表现了农耕文化、血缘文化和亲情文化的人文内涵。在仁爱的旗帜下，中国精英文化的表现形式更多的是礼学、伦理学，是实践智慧，而不是科学，不是纯粹理论的智慧。

产生活方式的影响，其农业文明既非典型也不成熟。希伯来人是游牧民族，而希腊人则是航海民族，他们都没有发展出成熟而典型的农耕文明。[①]

　　希腊半岛土地贫瘠，粮食产量不高。主要产出是葡萄和橄榄，以及葡萄酒和橄榄油。为了获得足够的粮食，需要与近东地区进行贸易。爱琴海又极为适合航海。海面上岛屿星罗棋布，在目力所及的范围内总能看到一两个，因此，即使在航海技术水平很低的远古时期，人们也可以克服对大海的恐惧往来其上。此外，希腊人是来自北方的游牧民族的后代，有游牧民族的文化基因。

　　无论游牧、航海还是经商的民族和人群，他们与农耕人群最大的不同在于，频繁的迁徙而非安居是他们生活的常态。无

希腊半岛土地贫瘠[①]

---

① 本书中的插图均为本书作者吴国盛拍摄。

论《圣经》还是《荷马史诗》，都是讲漂泊的故事。漂泊的人群经常遇到生人，与生人打交道成为他们日常生活的一部分。因此，与中华民族的熟人文化不同，西方文明总的来看是一种生人文化。

由陌生人组成的人群，不可能以血缘关系为基础来组织。相反，血缘纽带必然被淡化、边缘化，一种崭新的社会秩序的构成机制在起作用，这就是"契约"。

西方文明的契约特征在希伯来文化中可以看得非常清楚，犹太教和基督教的经典《圣经》被认为是上帝与人订立的契约，具有神圣性、强制性。人类因为违约而受到惩罚。"约"在这里是规则，是共同承诺的规则，具有平等性和普遍主义的特征，不因具体的人和具体的情境而轻易改变。这一点与中国文化截然不同。中国人固然也讲诚信，讲道德自律，但是其依据并不是外在的规则约束，而是内心的良善。规则是末，良心是本，本末不可倒置。事实上，中国人通常比较轻视规则的神圣性，喜欢灵活机动、见机行事，过于依赖规则被认为是死脑筋、呆板、一根筋。中国人并不相信什么固定不变的规则，认为变化是宇宙的基本现象，因此要把事情办好，就得因地制宜、与时俱进，一切依时间和空间的变化而变化。这是东方特有的智慧，但容易导致契约精神的缺失。中国社会是人治而不是法治，有着深厚的文化根源。轻易打破规则，嘲笑死守规则，不可能建成一个法治社会。

契约文化要求一种什么样的人性理想呢？契约文化要求每个人都是独立自主的个体，要求每个人都能负起责任来，从而能够制定有效的契约并严格遵守。能够制定并遵守契约的人，

犹太教和基督教的经典《圣经》被认为是上帝与人订立的契约，具有神圣性、强制性。人类因为违约而受到惩罚。"约"在这里是规则，是共同承诺的规则，具有平等性和普遍主义的特征，不因具体的人和具体的情境而轻易改变。

必须是一个独立自主的个体。战争罪犯一定是高级军官，下层士兵当不了战争罪犯，因为在发动战争这件事情上，下层士兵不是责任主体，不是自己说了算的独立自主的个体。被"抓壮丁"的士兵怎么可能为战争负责呢？同样，让没有责任能力的幼儿签订商业合同也是荒谬的。契约文化要求每个人成为一个独立自主的个体，这促成了一种别样的人性理想，即把"自由"作为人之为人的根本标志。

契约文化要求每个人成为一个独立自主的个体，这促成了一种别样的人性理想，即把"自由"作为人之为人的根本标志。

对现代中国人而言，"自由"是一个相当陌生的东西。它本来不是一个汉语词汇，而是日本人对英语词汇 freedom 或 liberty 的翻译，跟"自然""科学"一样，是一个地道的日译汉语词汇。按照《现代汉语词典》的说法，"自由"有三种义项：第一，是指法律范围内的一种权利；第二，是指哲学意义上通过认识事物而获得的一种自觉；第三，是指不受约束。第二种义项比较高深，通常人想不到这一层。在一般中国人心目中，就第一种义项而言，可以认为人是没有什么"自由"可言的。中国传统上并不是一个法治社会，人民并没有"权利"的概念，因此也没有"自由"的概念。就第三种义项而言，"自由"根本就是一个坏东西，因为如果所有人都不受约束，那肯定会天下大乱。因此，综合来讲，在中国人眼里，自由要么是不存在的，要么就是一个要不得的坏东西。的确，在现代中国的语境中，"自由"许多时候是一个贬义词，一个令人担惊受怕的词。

对西方人来说完全不是这样。我们都能背下来匈牙利诗人裴多菲（Petőfi Sándor，1823—1849）的名诗《自由与爱情》："生命诚可贵，爱情价更高；若为自由故，二者皆可抛。"也可以脱口而出美国人帕特里克·亨利（Patrick Henry，1736—1799）1775 年 3 月 23 日在弗吉尼亚议会演讲中说出的那句名言"不自由，毋宁死！"，但我们中国人却不大能理解这些名句名诗的内涵。自由作为西方文化的核心价值充斥在西方社会和西方历史的每一个宏大叙事中，充斥在无数的文学艺术经典中。纽约哈德逊河口由法国人民赠送的自由女神像成为美国的重要象征，希腊国歌的名字是"自由颂"，法国画家德拉克洛瓦（Eugène Delacroix，1798—1863）收藏于卢浮宫的名画叫"自由引导人民"，电影《勇敢的心》结尾主人公用尽全力高喊"自由"。实际上，不理解自由的真谛，就不理解西方文化。

不理解自由的真谛，就不理解西方文化。

半个多世纪之前的朝鲜战争某种意义上是中国与西方的战争，一方是中国军队，一方是以美国为首的联合国军。交战双方都会树起自己意识形态的旗帜，以显示自己的正义和合法性，以激励士兵浴血奋战。中国方面的口号是我们都耳熟能详的"抗美援朝，保家卫国"，这句中共历史上最著名的口号之一，因为切中了中国人的文化心理而深入人心。"保家卫国"明显诉诸的是中国人熟悉的血缘文化精神。捍卫家的安全、国的尊严，是参战的最高理由。美国加入朝鲜战争的意识形态理由又是什么呢？当时的美国总统杜鲁门在 1950 年 7 月 19 日检阅入朝参战的美国空军和海军官兵时说："这个自由的民族正在受到威胁，我们应该参战，为他们争取自由与和平。"在同日的群众集会上，杜鲁门接着说，"自由的人民遍布世界，自由是人类长期以来坚持不懈的追求"，以"自由受到威胁""为保卫自由而战"来动员美国公众支持参战。战后美国在首都华盛顿建立了韩战纪念园，纪念墙上刻着一行字："自由不是免费的。"

纽约自由女神像

（Freedom is not Free.）一方是"保家卫国"，一方是"为自由而战"，可以看出鲜明的文化差异。

　　然而，什么是自由？如何塑造自由的人性理想呢？为了塑造一颗"仁人之心"，古代中国人都要学"礼"，礼就是仁的人文形式，仁和礼构成了古代中国人的人文结构，那么，为了塑造一颗自由的心灵，需要一种什么样的人文形式呢？希腊人的答案是：科学。

为了塑造一颗自由的心灵，需要一种什么样的人文形式呢？希腊人的答案是：科学。

韩战纪念园的纪念墙上刻着"自由不是免费的"。

"科学"作为希腊的"人文"

希腊是一个城邦民主制的奴隶社会，自由民享受充分的政治权利，是城邦的主人。希腊人经常自豪地说："我们的国家没有统治者，每一个城邦公民都是统治者。"希腊人一向为自己是自由的人民而自豪。对希腊人而言，奴隶是一种不幸的存在者，他们没有自由，尽管长得跟人一样，也会讲话，但他们不算真正的人，因为在希腊人看来，人的基本规定就是自由。所以，在希腊人这里，人的反义词是奴隶。正像中国人骂某些无情无义之人为禽兽，希腊人乃至现代西方人骂某些不懂自由的人为奴隶，都是相当严厉的指责。

然而，要真正理解、领悟自由并不是容易的事情。我们中国人常常把自由简单理解成不守规矩、不受约束、任意胡来，这当然是对自由的误解。实际上，在西方历史上的不同时期，"自由"也有不完全一样的内涵。西方的普通人也容易把自由简单理解成为所欲为，这跟中国的普通人容易把"仁爱"理解成比如溺爱、愚忠是一样的。高扬自由之大旗的希腊人是如何理解自由的呢？

希腊人着眼于"知识"。对我们中国人来讲，这特别令人意外和不解。斯宾诺莎曾说"自由是对必然的认识"，说的基

在希腊人看来，人的基本规定就是自由。

本上是希腊人的意思，即把"自由"落实到"知识"上。但是，我们通常是这样理解斯宾诺莎的：我们认识了必然，从而获得了征服必然的力量，我们因此自由了。英国哲学家波普尔所说的"通过知识获得解放"也基本上是这个意思。正因为有这样的理解，我们常常把斯宾诺莎的说法改成"自由是对必然的认识和改造"。在这样的理解中，自由被看成是一种征服的能力，是一种"解放"。

　　然而，这个理解并不是希腊人的，而是现代人的。现代人信奉"知识就是力量"，或者"知识服务于力量"，因此并不把"知识"本身看成是最高的目标，而只是达成"力量""解放"的手段。希腊人不一样。希腊人认为知识本身就是最高的目标，获得知识就是获得自由。

　　如何理解获得知识即获得自由呢？这涉及希腊人对"知识"的看法。在现代汉语里，"知识"一词已经变得很平庸了，对任何东西有点了解的人都可以被说成是有知识的。但是，希腊人的"知识"（episteme）包含了更多独特的意思。总的来讲，希腊人所谓知识，是确定性知识、内在性知识，不是一般的经验知识。

　　让我们从德尔斐神庙那个著名的神谕"认识你自己"开始，探讨一下希腊人独特的知识论传统。这个神谕讲了两件事，一个是"自己"，一个是"认识"。"自己""自身"其实就是"自由"，但希腊人对"自己"的把握是通过"认识"获得的。不是通过"顿悟"，也不是通过实践，而是通过"认识"。这样一来，希腊人所说的"认识"也被打上了"自己"的印记，即认识是追随知识"自己"、知识"自身"的，因而本质上是一种内在性认识。

现代人信奉"知识就是力量"，或者"知识服务于力量"，因此并不把"知识"本身看成是最高的目标，而只是达成"力量""解放"的手段。

　　历史上，德尔斐神庙的这个神谕被认为是苏格拉底提出来的，或者至少是他将其发扬光大的。人们都说，苏格拉底在西方思想史上的地位相当于孔子在中国思想史上的地位。确实如此。苏格拉底的旷世贡献是把一种知识论传统确立为西方的正宗传统，也就是说，他是我们之前讲到的西方大传统的开山宗师。

　　苏格拉底始终不渝地把追求知识、追求真理作为最高的"善"，甚至为了追求真理而牺牲了自己的生命。对中国人而言，德性是一回事，知识是另一回事，德性总是高于知识，而苏格拉底却把知识与美德等同，"有知即有德"，"无知即缺德"。知识是最高的善，因此实际上是任何道

德尔斐的阿波罗神庙遗址

德的基础。

知识为什么是最高的善？知识何以能够充当一切道德的正当基础？秘密在于苏格拉底所说的"知识"不是一般的知道、懂得、了解点什么，而是通往"永恒"的唯一途径。苏格拉底反复使用为他所特有的那些方法——辩证法、助产术、下定义等，只为了表明一件事情：知识并不只是接近"事实"，而是接近事实之中含有"永恒"要素的东西。这些要素即使在事实消失之后仍然存在，比事实更坚硬。这才是知识之所以成为最高追求的根本原因。

苏格拉底的这个思想当然不是空穴来风，而是由来有自。从泰勒斯开始，希腊思想家一直在把握世界的统一性上做文章，并且在此过程中突出了变化与不变之间的尖锐矛盾。如果世界真的充满了变化，那么同一性如何保证？如果没有同一性，如何把握世界的统一性？巴门尼德突出了"变化"的不可理喻，从而断然否定了"变"，声称世界是一，是永恒不变的。黑格尔据此认为，巴门尼德才是开辟希腊理性主义的第一人，是希腊哲学的真正开端。然而，不容否定的是，我们的经验世界的确充满了变化。在苏格拉底之前，在（经验的）"变"与（理性的）"不变"之间已经出现了好几种调和方案。一种是恩培多克勒的"四根说"，一种是阿那克萨哥拉的"种子说"，再就是"原子论"。所有这些调和方案，都是把大千世界多种多样的变化化解、还原为某种不变的东西的少数几种样态变化。"四根说"中四根是不变的，但它们可以以多种方式进行结合；"原子论"中原子是不变的，但原子可以有多种排列和组合的可能。追究变化背后不变的东西，是希腊思想的一个基本原则。

　　苏格拉底把这个"尊崇不变"的原则进一步深化，用定义的方法得出"一般本质"的概念。他的学生柏拉图又进一步把这个"一般本质"提升为"理念"。理念之为理念就在于它永恒不变，完整无缺，它是事物的理想状态，是事物能被认识和理解的根据。怀特海说过，一部西方哲学史不过就是柏拉图的注释史，意思是说整个后来的西方思想一直活跃在这个思想脉络里。西方理性主义传统本质在于寻求确定性，而知识、科学的本质就在于确定性。

　　永恒不变的东西为什么这么值得追求呢？因为它独立不依、自主自足，它是"自由"的终极保证。只有永恒不变，才有"自己"。持守"自己"就是"自由"。"认识你自己"就是追求自由的最后根基。

　　中国文化缺乏一个明确的"自己"的概念。对中国人而言，整个社会是一个有机的整体，每个人都是这个有机体的一部分，不能独自存在，只有在整个有机体中才能发挥自己恰当的作用。进而言之，整个宇宙是一道生命之流，宇宙间的万事万物都只是这道生命之流溅起的一个浪花。任何事物之所"是"，不是因着事物"自身"，而是生命之流的"势""时""史"共同造就的。因此，严格说来，事物并无一个"自己"，都是因时因地而变化的。因此，在中国文化中，"自己"不是一个原初的、基本的东西，而是派生的，可有可无的。强调"自己"往往是有害的，对社会和个人而言都是如此，因此，"自己"往往是一个负面词汇。许多带"自"的成语都是贬义的，比如自私自利、自作自受、自取灭亡、自以为是、自暴自弃、自不量力、自高

追究变化背后不变的东西，是希腊思想的一个基本原则。

永恒不变的东西为什么这么值得追求呢？因为它独立不依、自主自足，它是"自由"的终极保证。只有永恒不变，才有"自己"。持守"自己"就是"自由"。

自大、自鸣得意、自命不凡、自欺欺人等等。中国人对究竟什么是"自己"其实并不太在意。

西方思想着眼于"自己"。任何事物都有一个"本性"（nature），"本性"是属于事物自己的。追求事物的"本质""本性"，就是追究事物的"自己"，这是理性的内在性原则，即从事物自身中为它的存在寻求根据。

为了理解"自己"，我们考虑一下中西方对于"身份"的规定。对中国人而言，所谓"身份"即社会地位，它处在变化之中。你出身贫民，可以刻苦读书，最终考取功名，改变自己的社会地位；你是富贵人家子弟，但富不过三代；"王侯将相，宁有种乎"，讲的也是这个意思。当我们讲"身份"的时候，并不是对个体的一种确定性的识别，而是对当下社会地位的一种认同。这就是中国网民们经常自嘲的，"你不要以为自己有身份证，就是个有身份的人"。

西方人讲身份用的是 identity 一词。这个词还有两个意思，一个是认同、识别，一个是同一性、恒等性。这几个意思共同附着在同一个 identity 上，可以帮助我们理解西方人所谓"身份"的含义：就是可以帮助识别一个人之为那个人的那些稳定同一的东西。不论是在生物学还是在社会学意义上，人始终处在持续的变化之中。可是，当我们说一个人在变化的时候，我们预先设定了是"同一个"人在变化，如果不是"同一个"人，就谈不上变化。因此，在我们谈论变化的时候，我们已经预设了"同一性"。西方人讲"身份"讲的就是这种预设的"同一性"。在现实中，这种同一性通常通过相貌来确认，因此，身份证一般是有照片的。尽管人的相貌每天都有变化，但还是能够通过

追求事物的"本质""本性"，就是追究事物的"自己"，这是理性的内在性原则，即从事物自身中为它的存在寻求根据。

照片将他或她的"同一性"即"身份"辨认出来。

从西方人的身份概念可以看出，所谓"自己""自身"根植于"同一性"和"确定性"，因此，以确定性、内在性为根本特征的希腊科学（知识）是通往"自由"的必经之路。获得知识即获得自由的意思是，通达了永恒的理念，就通达了任何事物包括认识者本人的"自己""自身"，因而也就通达了"自由"。"自由－科学"构成了希腊人的"人－文"。在希腊人眼里，科学既非生产力也非智商，而是通往自由人性的基本教化方式。没有对科学的追求之心，你就不配做一个自由人。

在希腊人眼里，科学既非生产力也非智商，而是通往自由人性的基本教化方式。

自由的学术：

希腊科学的非实用性与演绎特征

科学之所以是希腊人的人文，原因就在于，希腊人的科学本质上就是自由的学术。这种自由的学术有两个基本特征：其一，希腊科学纯粹为"自身"而存在，缺乏功利和实用的目的；其二，希腊科学不借助外部经验，纯粹依靠内在演绎来发展"自身"。我们要深入理解希腊科学，应该在这两个方面做更多的考察和分析。

亚里士多德《形而上学》开篇第一句，"求知是人类的本性"，把"知"的问题摆在了最为突出的地位。他在这部著作的第一卷区分了经验、技艺和科学（episteme，在希腊文里，"知识"和"科学"是同一个词）。他认为，低等动物有感觉，高等动物除了感觉还有记忆。从记忆可以积累经验，经验可以造就技艺（techne）。经验是关于个别事物的知识，技艺是关于普遍事物的知识。技艺高于经验，因为有经验者知其然而不知其所以然，而有技艺者知其所以然，故有技艺者比有经验者更有智慧。但是技艺还不是最高的"知"，最高的"知"是"科学"（episteme）。技艺固然因为超越了经验而令人惊奇赞叹，但是多数技艺只是为了生活之必需，还不是最高的知，只有那些为了消磨时间、既不提供快乐也不以满足日常所需为目

这种自由的学术有两个基本特征：其一，希腊科学纯粹为"自身"而存在，缺乏功利和实用的目的；其二，希腊科学不借助外部经验，纯粹依靠内在演绎来发展"自身"。

的的技艺，才是科学。我们中国人常常把知识分成经验知识和理论知识两大类，亚里士多德却给出了知识的三个阶段。他的经验知识大体相当于我们今天所说的经验知识，技艺这种追究原因、知其所以然的普遍知识，大体相当于我们今天所说的理论知识，但是我们的分类中却没有亚里士多德所说的"科学"的位置。这反映了希腊科学精神在相当大的程度上被我们忽视和遗忘了。

什么是"认识"？认识即是追求"科学"。什么是"科学"？为什么在"技艺"这种理论性知识之外还要增加"科学"这样一个纯粹知识的阶段？这是特别值得我们中国人思考的地方。亚里士多德说得很明白："在各门科学中，那为着自身，为知识而求取的科学比那为后果而求取的科学，更加是智慧。"（《形而上学》982A15~18）"如若人们为了摆脱无知而进行哲学思考，那么，很显然他们是为了知而追求知识，并不以某种实用为目的。"（《形而上学》982B21~23）在《形而上学》中，亚里士多德多次强调科学是一种自由的探求。他提到"既不提供快乐也不以满足必需为目的的科学"（981B25），提到"为知识自身而求取知识"（982B1），最后他说："显然，我们追求它并不是为了其他效用，正如我们把一个为自己、并不为他人而存在的人称为自由人一样，在各种科学中唯有这种科学才是自由的，只有它才仅是为了自身而存在。"（982B26~28）纯粹的科学必须是为着求知本身而不是其他任何目的而存在，这种指向"自己"的"知"才是纯粹的科学。这样的科学才是"自由"的科学。

这里所说的当然是哲学，亚里士多德把哲学看成是一切科

纯粹的科学必须是为着求知本身而不是其他任何目的而存在,这种指向"自己"的"知"才是纯粹的科学。这样的科学才是"自由"的科学。

学（知识）中最高级、最理想的形态。这种科学理想，不只在亚里士多德那里能找到，在他之前的柏拉图、苏格拉底那里同样能找到。这种科学理想，既体现在亚里士多德开创的第一哲学（形而上学）中，也体现在希腊人特有的科学——数学那里。在《理想国》里，柏拉图借苏格拉底之口特别强调了数学的非功利性、纯粹性，以及它对于追求真理的必要性，因为学习算术和几何不是为了做买卖，而是"迫使灵魂使用纯粹理性通向真理本身"（526B），研究这门科学的真正目的纯粹是为了知识。希腊人开辟了演绎和推理的数学传统，这首先是由于他们把数学这门科学看成是培养自由民所必需的"自由"的学问，这种学问纯粹为着自身而存在，不受实利所制约。

希腊数学的集大成者是欧几里得的《原本》。《原本》是西方思想最重要的经典之一（也许仅次于《圣经》），但其作者欧几里得的生平几乎不可考。流传下来的只有两则故事。第一则故事说，有国王师从欧几里得学习几何学，欲求捷径，欧氏回答说："在几何学的王国里没有为国王单独铺就的康庄大道。"第二则故事说的是，一位年轻人师从欧几里得学习几何学，问及几何学的用处，欧氏勃然大怒："给他两个钱，赶紧让他走，居然想跟我学有用之学，谁不知道我的学问是完全无用的。"

为什么希腊学者那么强调自己的知识的非实用性呢？因为任何知识若是成为实现他者的手段和工具，就不是纯粹为着"自己"的知识，因而也就不是自由的知识；学习这样的知识，不能起到教化自由人性的作用。希腊人强调为学术而学术，为知识而知识，其背景是，他们的学术本来就是自由的学术。

我们中国文化有很强大的"学以致用"的传统，强调学术、知识本身并无内在价值，只有工具价值。"学成文武艺，货于帝王家。"读书本身不是目的，读书的价值在于"书中自有黄金屋，书中自有颜如玉"，而学问本身没有价值。在中国人看来，学问是敲门砖，是进身之阶，"学而优则仕"。总的来讲，中国的士人并不认为学术有着自身独立的价值，因而士人阶层从来不是一个独立存在的阶层，总是依附他人而存在。今天人们批评中国学者缺乏"独立之思想，自由之精神"，这个局面的深层原因是，中国文化中缺乏"为学术而学术，为知识而知识"的精神，学以致用的传统太过强大。我们嘲笑无用的学问是"屠龙之术"，我们的学生总是问老师我们学习的东西有什么用，而我们的教师、学者也总是苦口婆心地向学生、管理者、科研经费的拨发者强调他们从事的学术是有用的。这个学以致用的传统严重妨碍了我们理解科学精神的真谛。

希腊人所崇尚的无用的知识如何可能成为知识呢？我们中国人都知道"实践出真知""一切知识归根结底来源于人的生活实践、生产实践""实践是检验真理的唯一标准"，而一切从生活实践中产出的知识都是为了优化、指导进一步的实践，因而肯定是有用的。无用的知识何以是知识呢？希腊人的回答更加特别：一切真知识都必定是出自自身的内在性知识，来自外部经验的不算真知识（episteme），只能算意见（doxa）。什么是真知识，什么是内在性知识？这就要说到希腊科学的演绎特征。

我们知道，几个最古老的人类文明都积累了丰富的知识，

> 我们中国文化有很强大的"学以致用"的传统，强调学术、知识本身并无内在价值，只有工具价值。

并且产生了专职守护并传承这些知识的社会阶层（比如祭司、僧侣、文官等）。这些知识，有的事关国计，有的事关民生，但均是有用的知识，均是祖先生活智慧的结晶，均是经验知识。唯有希腊人一枝独秀，提出知识的本质是非经验的，从而发展出独具特色的演绎科学。

演绎科学注重内在推理，不注重解决具体应用的问题。什么是推理？百科全书说："推理是使用理智从某些前提产生结论。"人们通过经验学习都可以习得从某些前提得出结论的能力。看到天上风起云涌，我们得出结论"快要下雨了"；看到大街上的人都朝一个地方奔去，我们得出结论"那地方出事了"；房间里的灯突然熄灭了，我们得出结论"停电了"。这些都是经验推理。这些推理多半是正确的，但也不一定。风云突变，甚至电闪雷鸣，也有可能不下雨；人们都朝一个地方跑，也许是抢购什么东西；灯熄灭了，也可能是灯泡坏了。但是，有些推理却必然正确，比如，"单身汉是未婚的男人"，"屋子外面要么下雨要么不下雨"。如此看来，推理作为知识的重要表现形式有许多种。有些推理不是必然正确，有些推理必然正确。希腊人看重的推理是内在推理、演绎推理，必然正确的推理。

演绎推理的根本特征是保真推理，即只要前提正确，结论必定正确的一种推理形式。三段论是最基本的保真推理。它由大前提、小前提和结论组成。有个著名的三段论是：人皆有死；苏格拉底是人；苏格拉底会死。这个推理是由一般向个别过渡，结论所包含的判断已包含在前提中，因此，我们中国人容易把这看成是"废话"。是的，这确实是废话，因为只有这样的废话才"永恒正确"。希腊人为了寻求"永恒正确",不惜投入巨大的精力来研究"废话"。

"废话"何以能够构成"知识"?这是我们理解演绎科学的一个关键问题。熟悉"实践出真知""实践是检验真理的唯一标准"的中国人不容易明白知识如何按照自身的逻辑自行展开。希腊人的知识构建是通过推理、证明、演绎来进行的,而所谓推理、证明、演绎,只是顺从自身的内在逻辑而已。

我们可以举芝诺悖论为例,来考察一下希腊人的证明性知识如何独立于经验进行构建。芝诺是巴门尼德的学生。巴门尼德提出"存在者存在,不存在者不存在"(或可译成"是就是,不是就不是")作为他的基本立论,基于这个立论,他认为变化不可能,一切变化在根本上是假象。芝诺对于老师的立论给出了论证,他想证明"运动是不可能的",为此他一共提出了四个运动悖论。

第一个悖论叫作"二分法"。他认为,从 A 点到 B 点的运动是不可能的,因为,为了由 A 点到达 B 点,必先到达 AB 的中点 C;为了达到 C 点,必先到达 AC 的中点 D;为了达到 D 点,必先到达 AD 的中点 E……这样的中点有无穷多个,找不到最后一个,因此,从 A 点出发必须要迈出的第一步根本迈不出去。

第二个悖论叫作"阿基里斯追不上乌龟"。阿基里斯是荷马史诗中的勇士,迅跑如飞,芝诺现在要论证他追不上乌龟。芝诺说,阿基里斯为了追上乌龟,必须先到达乌龟起跑时的位置;可是,等他到达这个位置的时候,乌龟已经在前头了。他若继续追,总是要先到达乌龟先前所在的位置,而这个位置总是离乌龟现在的位置有一段距离。无论乌龟跑得多慢,阿基里

希腊人的知识构建是通过推理、证明、演绎来进行的,而所谓证明、演绎,只是顺从"自身"的内在逻辑而已。

斯跑得多快，他也只能逐步缩小这个距离，而不可能彻底消除这一距离，因此，阿基里斯永远追不上乌龟。

第三个悖论叫作"飞矢不动"。飞着的箭在每一瞬间肯定在某一个空间位置上，而在一个空间位置上，意味着在这一瞬间它是静止的。既然在每一瞬间都是静止的，而时间又是由这些瞬间所构成，那么总的来看它是静止的。

第四个悖论叫作"运动场"，说的是三列物体的相对运动。一列物体相对于静止的一列物体运动了 1 个单元的距离，相对于运动的一列物体却运动了 2 个单元的距离。如果我们承认有一个最小的空间间隔的话，那么就会出现 1 个空间等于 2 个空间这样的悖论。

芝诺悖论采用的是证明的方法，结论与我们的经验常识相左。我们中国人很容易认为，芝诺悖论背离生活常识，只是一种廉价无聊的诡辩，不值得重视。但是，西方思想却没有轻易放过它。希腊人认为，结论是否荒谬并不要紧，关键是论证是否符合逻辑，符合理性的推理规则。如果论证不合逻辑，推理有漏洞，那自然应当放弃；如果论证没有问题，那就不能轻易放弃，相反，要追究我们的常识是否出了问题。事实上，芝诺悖论提出两千多年，一直没有被忽视，一直被讨论。由于涉及非常深刻的无限问题，对它的讨论实际上推动了数学中无限概念的发展。

要深入理解芝诺悖论，需要考虑时间空间的连续性问题。在这四个悖论中，前两个是一组，后两个是另一组。前一组预设了时间空间是连续的，因而可以无限分割；后一组预设了时间空间是不连续的，因而存在着最小单元。只有考虑到这两个

希腊人认为，结论是否荒谬并不要紧，关键是论证是否符合逻辑、符合理性的推理规则。

预设，芝诺悖论才是合理的。他想说的是，时间空间要么是连续的，要么是不连续的，无论哪种情况，都显示出运动的荒谬性，因此，最合理的结论就是，运动不存在。喜欢"实践是检验真理的标准"的人会断然否定芝诺的论证，认为我们只需起身在屋子里走几步，举起手在空中挥舞几下，就证明了芝诺是错误的。然而，希腊人不这么看。希腊人认为，我们并不否认我们的经验中的确存在着运动这回事，但是，正如芝诺所说的，它不合理，不合逻辑。因此，我们宁可相信它不"真实"，是一个假象。要破解芝诺悖论，不能诉诸经验、常识，只能诉诸进一步的理性论证。

亚里士多德曾尝试破解芝诺悖论。针对"二分法"悖论，他说，我们固然不能在有限的时间里与数量上无限的事物相接触，但是，我们却可以以无限的时间点与数量上无限的事物相接触。只要时间和空间都可以无限分割，那么在有限的时间内经过无限数目的点是可能的。

我们暂且不去管亚里士多德的论证是否正确——这个论证当然有其合理之处也有其局限——我们着重看一下理性知识的建构过程。很显然，在理性论证的过程中，一方面，我们会运用三段论，从前提推导出结论，另一方面，我们可以分析一个命题、一个断言所包含的"预设"。前一方面是明面上的，是简单的，后一方面则是隐蔽的，是复杂的。正是后一方面使我们见识到所谓"废话"是如何能够自我构建为知识体系的。

芝诺的论证和亚里士多德的质疑，都是在理性规则的指导下拓宽一个问题的逻辑空间。这种拓宽有时候是顺着的，比如，芝诺说，两点之间总是有一个中点，于是在迈步者的前面就有无限多个中点需要经历；在有限时间内经历无限多个点是不可能的，因此，由一点运动到另一点是不可能的。亚里士多德的拓宽是逆着的：你说两点之间总是有一个中点，那就意味着你承认了空间的连续性；你承认了空间的连续性，最好也同时承认时间的连续性；你承认了时间的连续性，那么我们就可以有无限多个时间点；以无限多个时间点去接触无限多个空间点，是可能的。亚里士多德的质疑关键在第一步，即追究芝诺论证中的预设。对预设的追究，是演绎科学之所以能够提供"新知"的关键。

　　演绎推理貌似在重复一些废话，但希腊的演绎科学的确提供了"新知"。希腊数学和哲学的伟大成就就是明证。没有人敢说希腊哲学和数学只是一些人人皆知的废话。为什么从废话出发能够得出新知呢？演绎推理是由一般向个别推进，因而展示了多样性，就此而言是提供新知的。但是，你可以说这些"新知"其实并不"新"，实际上是"旧知"。是的，从根本上说是"旧知"，但这些"旧知"因为被掩盖和遮蔽，并不为我们所知。

　　智者们曾经讨论过一个非常著名的学习悖论：我们究竟对我们正在学习的东西是懂还是不懂呢？如果懂，那么学习是不必要的；如果不懂，那么学习就是不可能的。在《美诺篇》中，柏拉图对这个问题给出了一个著名的回答。他说，我们的确只能习得那些我们本来就懂的东西，但这样一来还有什么必要学习呢？原因在于，那些我们本来就懂的东西后来被我们给忘了，而学习不过就是把它们重新记起来，因此，学习就是回忆。为了证明"学习就是回忆"，苏格拉底喊来一个奴隶小孩，现场

58

让他计算二倍面积的正方形边长，在苏格拉底的循循善诱下，小孩得出了正确的结果。柏拉图以此表明，奴隶小孩本来就懂得几何学，但他并不知道自己拥有这些知识，经过苏格拉底的启发，他回忆起来了。

这个学习悖论的柏拉图式解决方案听起来不可思议。当然，我们若是从经验心理学的意义上来理解柏拉图所说的"学习即回忆"，肯定是不对的。但是，这个理论可以很好地帮助我们理解，演绎科学何以能够提供"新知"。"新知"本质上是"旧知"，但因为我们的"遗忘"，当它们被重新挖掘出来的时候，表现为"新知"。

希腊思想揭示了一个伟大的秘密，那就是，我们生活在遗忘和遮蔽之中，遗忘和遮蔽是我们生活的本质。这个说法可能有些深奥。通俗地说就是，我们的存在是一种条件性存在，这些条件决定了我们的存在状态，决定了我们之所是，但通常我们对这些条件并无意识。然而，只有通过追溯这些条件，我们才能够真正明白我们究竟是怎么回事，以及世界是怎么回事，因为世界的存在也是条件性的。

人们常说经验是一切知识的来源，这种说法听起来似乎没有什么大问题，可是，经验一定也是有条件的。是什么让经验成为可能？特定的经验基于何种特定的条件？我们相信"百闻不如一见""眼见为实、耳听为虚"，可是，我们的"看"并不是赤裸裸的，中性的。我们的"看"是有条件的，充满了各种各样的先决因素。同样一个东西，不同的人或者同一个人在不同的情境下，能"看成"不同的东西。因此，要真正理解经验，我们必须回到使经验成为可能的先验条

我们生活在遗忘和遮蔽之中，遗忘和遮蔽是我们生活的本质。

我们的"看"并不是赤裸裸的，中性的。我们的"看"是有条件的，充满了各种各样的先决因素。

件那里。正是这些先验条件使经验成为可能，成为它所是的样子。

我们的经验中有这样的说法：脑袋像一个圆球那样，可是脑袋并不是一个真的圆球。这里有一个先决条件在起作用，那就是，我们必须先有"圆球"的概念，才能说"脑袋像球"以及"脑袋不太圆"。可是，在现实生活中，我们根本找不到一个真正的圆球。我们能够找到的都是像脑袋这样有点圆但又绝对圆的东西。如果一切知识都来源于经验的话，那"圆球"的概念是从哪里来的呢？柏拉图明确指出，圆球的概念属于一个超验的领域，我们是通过概念的内在演绎获得圆球的知识的。何谓"圆"？"圆"是一个概念，这个概念是被定义出来的：圆是这样一条曲线，它上面的每一个点都与一个叫圆心的点保持相同的距离。我们在下这个定义的时候，不用真的用圆规画一个圆出来。事实上，圆规画出来的也不是真正的、绝对的"圆"。相反，圆规画出来的东西之所以被叫作"圆"，乃是因为"圆"这个概念事先已经被定义出来了。

不仅"圆"如此，我们经验世界中的一切东西无不如此。因此，要恰当理解我们的经验世界，我们需要进行先验追溯。在先验追溯之中，我们发展我们的知识体系。这样的知识，才是真正意义上的知识、科学。

作为先验追溯的演绎科学所提供的知识之所以显得是新的，根本原因在于我们一向对于自身所拥有的知识没有觉察。这些知识深藏在我们的灵魂内部，是一向属于我们"自己"的。正是因为一向属于我们自己，我们才能真正理解。正因为一向属于我们，学习这样的知识，也就是在认识我们"自己"。认

这些知识深藏在我们的灵魂内部，是一向属于我们"自己"的。正是因为一向属于我们自己，我们才能真正理解。正因为一向属于我们，学习这样的知识，也就是在认识我们"自己"。认识你自己，就是在追求自由。

识你自己，就是在追求自由。

爱因斯坦曾经说过："西方科学的发展是以两个伟大的成就为基础的：希腊哲学家发明的形式逻辑体系（在欧几里得几何学中），以及（在文艺复兴时期）发现通过系统的实验可能找出因果关系。"[1]当人们意识到现代科学出现在现代西方是因为它们继承了希腊演绎科学的基因之后，往往会提出这样的问题：为什么只有希腊人创造了演绎科学？我想，没有把"自由"作为理想人性进行不懈追求的民族，很难对演绎科学情有独钟、孜孜以求。我们的祖先没有充分重视演绎科学，不关乎智力水平，不关乎文字形态，不关乎统治者的好恶，而关乎人性理想的设置。我们的"仁爱"精神，使我们走上了与西方不同的人文发展道路。

没有把"自由"作为理想人性进行不懈追求的民族，很难对演绎科学情有独钟、孜孜以求。我们的祖先没有充分重视演绎科学，不关乎智力水平，不关乎文字形态，不关乎统治者的好恶，而关乎人性理想的设置。

---

[1] 爱因斯坦：《爱因斯坦文集》第一卷，许良英等译，商务印书馆1976年版，第574页。

希腊数学作为自由学术的典范

　　为了进一步理解希腊科学，除了它的一般特征外，还需要结合它的具体内容做一些解析。人文教化首先要落实到教育内容中。以雅典为例，自由民的子弟，七至十四岁要进初等学校，接受体育和音乐教育。所谓音乐教育，不只包含弹琴唱歌，也包含阅读、写作、诵诗、计算等缪斯传授下来的各种知识。十四至十七岁的少年接受中等教育，学习文法、修辞、几何等，满十八岁后进入国家设置的青年训练团，接受军事教育。雅典人认为教育的目的是培养全面发展的合格公民，因此在教育科目的设置中，不仅包括一般希腊城邦都设置的体育和音乐教育，还包括知识教育，即科学教育。在《理想国》里，柏拉图对知识教育的科目设置做了仔细的讨论。他认为，除了体育和音乐这些初等教育外，雅典的自由民子弟还应该学习算术、几何、天文学、和声学这四门功课。这四门功课后来成为欧洲博雅教育中的四艺（quadrivium），与文法、逻辑、修辞组成的文科三艺（trivium）合称自由七艺（seven liberal arts），是中世纪大学基础教育的主要科目。

　　为什么要选择这四门功课作为自由民教育的必修课呢？因为这四门功课典型地体现了希腊人自由的学术理想。柏拉图在

为什么要选择这四门功课作为自由民教育的必修课呢？因为这四门功课典型地体现了希腊人自由的学术理想。

　《理想国》第七卷中认真讨论了自由民教育的科目设置问题。在谈到音乐、体育和手工艺这些低等教育科目之后，柏拉图提出了纯粹为了将灵魂引向至善之境的高等教育问题。他谈判了算术："我们必须竭力奉劝我国未来的主人翁学习算术，不是像业余爱好者那样来学，而必须学到他们唯有靠心智才能认识数的性质那种程度；也不像商人和小贩那样，仅是为着做买卖去学，而是为了它的军事上的应用，为了灵魂本身去学的；而且又因为这是使灵魂从暂存过渡到真理和永存的捷径。"谈到几何时，他说："为满足军事方面的需要，一小部分几何学和算术知识也就够了。这里需要我们考虑的问题是，几何学中占大部分的较为高深的东西是否能够帮助人们较为容易地把握善的理念……事实上这门科学的真正目的是纯粹为了知识。"在谈到天文学时，格劳孔强调天文学的实际功用，他说："对年月四季有较敏锐的理解，不仅对于农事、航海有用，而且对于行军作战也一样是有用的。"苏格拉底批评他说："如果我们要真

柏拉图学园遗址

正研究天文学，并且正确地使用灵魂中的天赋理智的话，我们就也应该像研究几何学那样来研究天文学，提出问题解决问题，而不去管天空中的那些可见的事物。"柏拉图强调学习算术、几何、天文这些科目的目的不是实用，而是帮助把握善的理念。

四艺最早来自毕达哥拉斯学派。这个学派极大地发展了算术这个学科，使其一度成为希腊数学四科中的显学。"算术"是什么意思？从这个词的中文字面意思看，就是计算的技术、技巧、方法，这种理解与希腊人的"算术"概念完全错位。希腊人的算术（arithmetic）准确地说应该是"数论"（number theory），与计算毫不相干。与计算相关的是另一个学科，叫作 logistic，译成"算术"正合适。也就是说，希腊人有两个学科，一个是 arithmetic，研究"数"的理论，一个是 logistic，研究数的计算。这种区分一直持续到 15 世纪后期，最后 arithmetic 统一了这两个方面，既包括数论也包括计算。这个词在现代传到了中国，因为中国文化传统里只有计算这一块，便译成"算术"。这个译名对于理解希腊的"算术"（arithmetic）完全是灾难性的。

希腊算术研究什么东西呢？研究数的理论。毕达哥拉斯学派对数字有一种异乎寻常的尊崇，他们把"万物即数，数即万物"作为学派的基本教义，发展出一种引人注目的数字神秘主义（numerology）。毕氏学派对于数做了许多分类和命名，有些分类是我们比较熟知的，比如奇数和偶数、素数（质数）和合数等，还有些我们就比较陌生了，比如"完全数""亲和数""三角形数"等。任何一个合数都可以分解成几个真因数的乘积，如果这些真因数加起来正好等于这个数，这个数就被称为"完全数"（perfect number）。比如 6 就是一个完全数，

"算术"是什么意思？从这个词的中文字面意思看，就是计算的技术、技巧、方法，这种理解与希腊人的"算术"概念完全错位。

因为它等于 1+2+3。如果这个数大于它的真因数之和，称为"亏数"（deficient number），如果小于它的真因数之和，则称"盈数"（abundant numbers）。如果两个数互为对方的真因数之和，则称这两个数为"亲和数"（amicable number），比如毕达哥拉斯发现 284 和 220 就是一对亲和数。还有一种特别的分类命名方法是按照一定数目的点可以组成的几何形状命名。比如，3、6、10 是三角形数，4、9、16 是正方形数，5、12、22 是五边形数。可以很容易看出，正方形数都是前面两个三角形数之和，比如 4 是 1 和 3 之和，9 是 3 和 6 之和，16 是 6 和 10 之和。

毕达哥拉斯学派对数做这些处理看起来很无聊，这是因为我们今天的人把数弄得非常纯粹，才会觉得单纯摆弄这些数莫名其妙。对毕达哥拉斯学派来说，数的性质就是世界的性质。比如，他们认为一是本原，二是运动，三是宇宙；一是善，二是恶；奇数代表善、雄性、静止、光明、正方、有限，偶数则代表恶、雌性、运动、黑暗、长方、无限等。他们还认为，若是把一对亲和数分别放在两个人身上，这两个人就会永远保持亲密的关系。这些观点今天看起来当然很奇怪。但是，由于强化了数即万物的本原的思想，研究数就是研究宇宙的本原，数论因而获得了内在的意义和价值。这一点为希腊算术（数论）的发展提供了极为重要的原始动力。即使在人们已经不相信、不在乎毕达哥拉斯学派赋予数的那些额外含义之后，数学仍然可以沿着自己的逻辑继续发展。

中国上古时期也流行过与毕达哥拉斯学派类似的数字神秘主义，比如《易经》。但是《易经》在数自身的特性方面开发得比较少，比较简单，而在数的含义的解说和演绎方面着力甚

由于强化了数即万物的本原的思想，研究数就是研究宇宙的本原，数论因而获得了内在的意义和价值。

多。换而言之，古代中国的数秘术与古希腊的数秘术的区别在于，前者侧重解象，后者侧重数术。中国的数秘术后来发展成了更具方法论意义的宇宙形而上学，与算术这种形而下的奇技淫巧渐行渐远。中国的数学（算术）没有本体论功能，中国的宇宙论不会因为数学理论的进展而得到刷新。与之相反，从毕达哥拉斯以来的希腊数学一直与宇宙论、形而上学相伴随，或隐或显地支配着西方人对世界的看法。

作为一种单纯的技术，中国算术一直具有极强的实用性。从《周髀算经》到《九章算术》，都是应用导向。为了提高解某一类应用题的效率，中国算术创造性地发展了算法技巧。但是，总的来看，对计算程序和计算过程"本身"很少关注，对算法是否正确都很少证明甚至说明。作为一种单纯的技术，中国算术在中国文化中没有多高的地位。上古时期，"数"还名列六艺之末：礼、乐、射、御、书、数，其中礼乐射御是大艺，贵族专有，书数是小艺，庶民习之。到了后来，数术慢慢边缘化，以至完全无人理会。琴棋书画是士大夫的风雅四艺，而算术不在其列。在金庸的武侠小说里，只有一个叫瑛姑的人算术比较好，人称"神算子"，但武功并不怎么高强。

毕达哥拉斯学派创始的希腊算术（数论）一开始就高调宣称"数即宇宙的本原"，起点很高。后人想降一降，但因为起点太高，也没有降下来多少。希腊古典时代，柏拉图是认同毕达哥拉斯学派的，所以特别重视数学；亚里士多德把数学的地位降了一点，认为逻辑高于数学，但也降得不多。一个主要原因是，毕达哥拉斯学派的数本主义中包含的数的"内在性"思想被后人进一步发扬光大；数学不一定就是唯一的内在性领域，

中国的数秘术后来发展成了更具方法论意义的宇宙形而上学，与算术这种形而下的奇技淫巧渐行渐远。中国的数学（算术）没有本体论功能，中国的宇宙论不会因为数学理论的进展而得到刷新。

但至少是内在性的一个好的范本。人们通过学习数学诸科，可以更好地进入这个超越的内在性领域。柏拉图虽然认为辩证法才是最高级的科目，数学四科并不是，但他仍然推崇数学四科。因为辩证法只有极少数人学得了，而数学四科却是所有人都可以学习的。因为数学在希腊文中的意思本来就是，"能学能教的东西"。

在西方，毕达哥拉斯的名字与毕达哥拉斯定理紧密联系在一起。说起毕达哥拉斯定理，许多中国人不太熟悉，因为我们的中小学课本里并不使用这个名字。我们用的是勾股定理，但是，把毕达哥拉斯定理直接换成勾股定理并不合适。《周髀算经》里虽然提到了勾三股四弦五这样的特定关系，但并没有给出一个普遍的证明，即任何一个直角三角形，其直角边的平方和等于斜边的平方。根据历史记载，最早证明这个定理的中国人是东汉末年至三国时期的赵爽，他利用后人称为"出入相补"的方法对这个定理做了很漂亮的证明。可是，根据西方的历史记载，毕达哥拉斯学派早在公元前6世纪或者至少在公元前4世纪就给出了证明。希腊数学一开始就强调证明，这点与中国算术完全不同。

希腊数学一开始就强调证明，这点与中国算术完全不同。

毕达哥拉斯定理的发现促使毕达哥拉斯学派搞出了所谓的三元数组，又称毕达哥拉斯三数，即满足直角三角形三边关系的数，比如3、4、5是一组，6、8、10也是一组，但更重要的是，让他们发现了不可公度性。我们首先要知道，数和量是不同的概念。大致说来，数是对量的一种测度。量，比如长度、重量、时间，都有大小，把大小说出来就是数。为了说出大小，我们需要先指定一个单位，测度一个量不过就是把这个量分解还原为这个单位的倍数。这个倍数可以是整数，也可以是整数之比即分数。一个量能够完成这样的测度，被称为可公度的（commeasurable）。毕达哥拉斯学派曾经认为一切量都是可以公度的，都可以还原为整数或者整数的比例，因此对"万物皆数，数即万物"的教条信心满满。不幸的是，正是他们自己首先发现了一个等腰直角三角形的斜边是不可公度的。如果让等腰直角三角形的腰为 1，按照毕达哥拉斯定理，其斜边就应该是 $\sqrt{2}$，可是，他们发现 $\sqrt{2}$ 不可能等于任何整数之比。这个发现对毕达哥拉斯学派来说是致命的，以至于有传说，发现这一事实的希帕索斯被他的同伴们扔到海里去了。$\sqrt{2}$ 的发现被认为是西方历史上的第一次数学危机。

希腊人这样认死理，一项纯粹的数学发现竟能让他们动了杀机，置人于死地，这让我们中国人感到不可思议。其实，任何一种文化都有它不可动摇的核心约束和规范，只是规范的具体内容不同，在核心约束面前不近人情这一点往往是一样的。中国人不也有"饿死事小，失节事大"这样的说法吗？"郭巨埋儿"的故事似乎更加残忍，却被中国传统文化欣然接受。希帕索斯的死与郭巨之子的死，表现的是"仁－礼"文化与"自由－科学"文化的深刻差异。

第一次数学危机之后，算术（数论）的地位开始下降，几何的地位开始上升，并最终成为希腊数学的主力学科。几何学更鲜明地体现了希腊数学的独一无二，代表了希腊科学的精神。它把演绎和证明的精神发挥得淋漓尽致，成为西方理性精神和理性思维的代言人。柏拉图学园门口写着："不懂几何学者不得入内"。今天，有许多人在研究

任何一种文化都有它不可动摇的核心约束和规范，只是规范的具体内容不同，在核心约束面前不近人情这一点往往是一样的。

柏拉图的哲学，不知道他们中有多少人接受过严格的几何学训练？

与希腊算术不同，希腊几何学有自己的集大成之作，即欧几里得的《原本》。《原本》是一部奇书，它不仅是集合希腊古典时代几何学成就的巅峰之作，而且是流传欧洲一千多年的几何学入门教科书，不仅影响了几何学家，也影响了西方的普通人，影响了整个欧洲文化。据统计，在有了印刷术之后，欧洲印刷量最大的著作，第一是《圣经》，第二就是《原本》。这个排名也是实至名归，反映了现代欧洲文明就是两希文明的融合，《原本》和《圣经》正是两希文明的两大经典。

如果说希腊算术（数论）还有中国算术勉强作为对应的话，希腊几何学则完全找不到与之相应的中国学科，这种一头扎进去专门搞推理、证明的套路，在中国文化中闻所未闻。明朝末年，耶稣会士利玛窦来华传教，带来了《原本》一书。徐光启读到此书后大为赞叹，与利玛窦合作译出了此书的前6卷。用"几何"一词来译 Geometry 就是由他确立的，今天我们广泛采用的点、线、面、平面、曲线、曲面、直角、钝角、锐角、垂线、平行线、对角线、三角形、四边形、圆、圆心、相似、切线等名词，都是他首先采用的。他在《几何原本》中文译本的序言中说："此书为益，能令学理者祛其浮气，练其精心；学事者资其定法，发其巧思，故举世无一人不当学。"还说，"窃意百年之后必人人习之，即又以为习之晚也"。很可惜，此"无一人不当学"之学问，并未受到中国知识分子的欢迎，直至三百年后，中华民族面临三千年未有之大变局时，才成为"人人习之"的

这种一头扎进去专门搞推理、证明的套路，在中国文化中闻所未闻。

必修科目。"几何"一词也不是一开始就通用，另一个更为常用的译名是"形学"。直到1910年，"几何学"才取代"形学"成为通用译名。

如今几何已经成为中学法定必修科目，因此，按照九年义务教育法，理论上，全国人民都应该受过几何学训练，但实际上，我们中国人在相当程度上对几何学一头雾水。我们比较熟悉的是应用题，比如《九章算术》中"方田章"计算田地面积，"商功章"计算土石体积，对于专事利用定义、定理、公理、公设进行推导、证明的几何学，我们是完全陌生的。先秦诸子中，墨家讲过一些概念定义，名家讲过一些逻辑推理，但最后都边缘化了。长期以来，中国人的思维方式中概念模糊，比附式推理盛行，严密推理不足。在中医里面，"取类比象"使用得尤其广泛。比如，花朵生于植物顶端，故多用于治疗头部疾病；鸽子喜欢升腾，故食之可以补人阳气。民间流行吃什么补什么，相信孕妇吃了兔子则胎儿易生兔唇之类，不一而足。此类比附

利玛窦墓，现北京市委党校内

式推理基本上停留在经验式的或然推理水平，达不到严格的必然性。而那种严格的推理本身，因为过分形式化，看不到实际的功用，为中国文化所排斥。徐光启赞扬《原本》时，仍然是着眼于用："《几何原本》者，度数之宗，所以穷方圆平直之情，尽规矩准绳之用也……盖不用为用，众用所基。"没有意识到《原本》所独创的是系统性的演绎推理，更没有意识到《原本》所蕴含的是一种西方文化所独有的理性精神。

也许由于《几何原本》过于伟大，使得被它整理过的那些数学著作全都在历史的风尘中蒸发湮没了，我们无法找到确凿的文本根据来说明，演绎几何究竟是在谁的手里成型，推理方法究竟从何时开始被普遍采用。但是，一个多世纪来数学史的研究表明，毕达哥拉斯及其学派和柏拉图及其学派对于塑造这种唯理的数学精神起了决定性的作用。希腊数学和希腊哲学是亲密无间的姊妹学科。柏拉图本人并没有任何一项数学发现留传于世，但他的哲学思想对希腊数学的发展影响巨大。这种影响一方面当然是强化了公理化方法的运用,强化了演绎证明才是真正数学的观念。

徐光启墓，上海
徐家汇区

另一方面，由于柏拉图非常厌恶在数学研究中运用机械工具，所以希腊几何学形成了只用直尺和圆规两种工具的成规。需要强调的是，和我们今天的尺规不完全一样，古希腊人的直尺是没有刻度的，他们的圆规也不同于现代圆规。欧几里得圆规的两个脚不能同时离开纸面，一旦同时离开纸面，原有的半径就不能保持住。希腊数学留下了三个著名的难题，即化圆为方、倍立方、三等分任意角。这三个难题之所以是难题，就在于它限定必须是通过希腊式尺规作出来，如果放松这个限制，难题也就不成为难题了。欧几里得关于圆规的限制实际上基于某种空间哲学，即我们不能预设空间处处均匀。如果空间不是处处均匀，那么圆规的两只脚都离开纸面后，就不能保证它还代表相同的半径距离。事实上，空间处处不均匀，正是亚里士多德的物理学所要求的。

几何学固然是关于形的知识，但其要义却是严密的逻辑推理、完整的公理体系以及数学世界的内在秩序和确定性，因此，一千多年来，几何学被认为是理性科学的典范。牛顿创建新物理学的革命性著作《自然哲学的数学原理》采用的就是《原本》的写法，即从定义、公理、公设开始，不断推导出新的定理。斯宾诺莎的《伦理学》也采用了《原本》的写法。科学革命时期，那些有抱负的伟大著作，为了显示自己的科学身份，纷纷以《原本》为榜样，以公理化的方式来构思和写作。在启蒙运动时期，法国科学院常任秘书丰特涅尔（Bernard le Bovier de Fontenelle，1657—1757）说："几何学精神并不只是与几何学结缘，它也可以脱离几何学而转移到别的知识方面去。一部道德的或者政治学的或者批评的著作，别的条件全都一样，如果能按照几何学者的风格来写，就会写得好些。"

几何学固然是关于形的知识，但其要义却是严密的逻辑推理、完整的公理体系以及数学世界的内在秩序和确定性。

　　数学四艺中的前两项算术和几何是"纯粹数学"，后两项音乐（和声学）和天文学则可以看成是"应用数学"——和声学（harmonics）是应用算术（数论），天文学是应用几何。希腊化时期的普罗克洛（412—485）提供了另外一种划分方法：数学分两类四种，一类研究"数"（quantity）或"多少"，是不连续的，一类研究"量"（magnitude）或"大小"，是连续的。其中算术研究数，音乐研究数之间的关系；几何学研究静止的量，球面学（天文学）研究运动的量。所谓音乐研究数之间的关系，就是研究数与数之间的比例，以及这些比例之中蕴含的种种规律和宇宙论意义。一般中国人想不到，音乐（和声学）会成为数学学科，其实，音的和谐问题曾经是激励毕达哥拉斯创立其数本主义哲学的重要动力。据说，他路过铁匠铺，听到不同重量的铁块发出不同声调的音，受到启发，回家后便在琴弦上做实验，结果发现，相同的弦，在不同的负重或者说压力下，会发出不同的音高，而且，如果两者负重之比是 2∶1，音高则相差正好八度，两者负重之比是 3∶2 时，音高则相差五度，负重之比是 4∶3 时，音高相差四度。这个发现揭示了声音和谐背后的数学本质。对毕达哥拉斯来说，和谐（harmony）乃宇宙（cosmos）之本质，而一切和谐归根结底是数的特定比例。因此，小到七弦琴，大至整个宇宙，都可以做和声学（音乐）的研究。两个世纪后，开普勒苦苦谱写天体之音乐，终于发现了行星运动三定律。他的著作《宇宙的和谐》一书中满是五线谱，他的三定律是被谱出来的。这是一个毕达哥拉斯主义者的正宗做派。今天的音乐家与数学家已经是隔行如隔山了，人们根本想不到在希腊时期，音乐居然是数学四科目之一。

科学与礼学：

希 腊 与 中 国 的 天 文 学

希腊天文学也是数学学科，天文学家自称数学家。这个状况一直延续到现代早期。哥白尼就自认为是数学家。他在他的《天球运行论》一书序言中写道："数学的内容是为数学家写的。"他自称数学家，把自己的著作看成是一本数学专著。天文学在什么意义上是应用数学呢？我们可以注意一下普罗克洛的说法，他在说到那门应用几何学或者运动几何学的时候，并没有使用"天文学"这个词，而是用的"球面学"或者"球面几何学"（spherics）一词。当我们谈到希腊天文学的时候，一定要记住"球面"这个词，因为希腊天文学本质上是一门关于"球面"的几何学。

"天文学"何以是"球面几何学"？关键要理解"天球"的概念。根据直觉，人们很容易相信天是一个有形的圆顶，而大地及大地上的人类就居于这个圆的中心位置。比如，中国古代诗歌里就有"天似穹庐，笼盖四野"的说法。但是，从直观的圆顶得出整个天是一个圆球的结论，这是想象力的一次大爆发。从现有文献看，第一个产生天球这种想法的，大概是泰勒斯的学生阿那克西曼德。阿氏认为地球是静止的，因为它居于宇宙的中心。地球居于宇宙的中心，所以与宇宙边缘各处距离

当我们谈到希腊天文学的时候，一定要记住"球面"这个词，因为希腊天文学本质上是一门关于"球面"的几何学。

相等；地球若运动就会打破这种存在状态，不再处于宇宙中心；既然永远处在宇宙中心，那它就是静止的。在这个论证中，地心思想是关键，而地心思想已经蕴含了宇宙是一个圆球面的思想。明确说出天球概念的是毕达哥拉斯及其学派。虽然有文献表明他们中有些人主张宇宙的中心是中心火而不是地球，但总的来看，地心思想在希腊时代是占支配地位的。

从逻辑上讲，天球概念是与地球概念相配套的。阿那克西曼德虽然有了天球的想法，但还没有地"球"的想法。他认为地球是柱状的，像鼓一样，上下两面是平的，腰是圆的。最早提出地"球"概念的是毕达哥拉斯学派。经验上的理由有许多。比如，航海的民族都知道海面其实是不平的，人们目送航船远去时，在视野中最先消失的是甲板，然后才是桅杆，这说明海平面其实是弯的；再比如，月偏食时，食的边缘明显是一段圆弧，如果月食就是地球的投影，那就说明地球的确是一个球体。除了经验上的理由，还有许多几何学上的理由。比如，圆和球极具对称性，很完美，是最适合宇宙的形状；再比如，球体是最具有包容性的几何体，同样的表面积，球体体积最大。不过，说地球是一个球体，这的确是想象力的又一次超级大爆发。要知道，除了希腊人，这个世界上同时代的所有民族都没有想到大地可能是一个球体。哪怕是到了19世纪后期，还有许多中国知识分子不相信这一点。事实上，两千多年后，麦哲伦的船队才真正证明大地的确是圆的，朝着西方一直往前走可以走回来；20世纪的宇航员从太空中拍到了地球的照片，这才从直观上证明了地球的确是一个球体。在公元前5世纪前后，毕达哥拉斯学派就敢于宣称大地是一个球体，让人不得不佩服，理性科学的确拥有某些异乎寻常的洞察力。

毕达哥拉斯学派获得了天球和地球的概念，发展出了两球模型的宇宙论，即宇宙是一个天球包地球的架构。所有的天体都镶嵌在天球上随天球运动，因此，所有天体运动都只能通过天球运动来理解。说宇宙由天球和地球组成，其实天球和地球还是不一样的球：天球是一个空心的"球层"或球壳，只有地球才是一个实心的球体。天球因为只是球层或球壳，才可以是多重的，多重天球才可以一个套一个。

一个地球加一个天球不是很完美吗？为什么需要多个天球呢？这是因为天体的运动并不是单调一致的，而是有多种不同的运动。一个天球只能带着镶嵌于其上的一个或多个天体做一种步调一致的运动，如果有多种不同的运动，就需要不同的天球来实现。发现天体有不同的运动形式，设法解释这种种不同的运动，是希腊天文学的根本目标。

发现天体有不同的运动形式，设法解释这种种不同的运动，是希腊天文学的根本目标。

按照亚里士多德后来的总结，希腊人一直有天尊地卑的思想，而且天之尊就体现在天体都是不运动的，地之卑则相应地表现在地上的事物时刻处在运动变化之中。可是，我们明明见到日月交替、斗转星移，怎能说天体是不动的呢？这就是引入天球的妙处。所有的天体都是镶嵌在天球上的，或者说钉在天球上（英文中所谓恒星，就是 fixed star，被固定的星），它们在天球上是不运动的，之所以看起来在运动，是因为随着天球运动而已。天球的运动，总归是围绕着球心的圆周运动，而圆周运动，特别是匀速圆周运动，乃是一切运动中最完美的：物体在根本上并没有移动自己的位置，只是原地转动，而且是匀速转动，因此，它是最不像运动的运动。天体是神圣的，这种神圣就体现在它是

76

最神圣者乃是永恒不变的理性秩序。不过，通过观测和研究天球运动这种次神圣的东西，有助于我们接近最神圣的理性秩序，这就是柏拉图给出的学习天文学的理由。

英文气象学一词是meteorology，其词根 meteor 却是流星的意思。为什么"流星学"竟然是气象学？原因就在于希腊人一直相信流星根本上属于大气现象。

不动的；但因为它加入了天球运动，它就不是最神圣的，而是次神圣的。最神圣者乃是永恒不变的理性秩序。不过，通过观测和研究天球运动这种次神圣的东西，有助于我们接近最神圣的理性秩序，这就是柏拉图给出的学习天文学的理由。

根据这种神圣的理念，希腊人把天际搞得很纯粹，很干净。天体的数目不增不减，永恒如此，因此希腊人以及受其影响的欧洲人从未想过恒星还会变化。天体个个冰心玉洁，白璧无瑕。那些表面看来是瑕疵的东西都以这样那样的理由给解释过去了。比如，月亮表面似乎不太干净，希腊人认为是云层造成的；太阳黑子从未出现在希腊人甚至欧洲现代的天象记载中，也是因为他们相信太阳不可能出现黑子这样的"噪声"，因此视而不见，或怀疑视觉出了问题；彗星这种最明显的异常天象是不可能归罪于视觉的，因此，希腊人称彗星、流星之类为大气现象，不算天际现象。英文气象学一词是 meteorology，其词根 meteor 却是流星的意思。为什么"流星学"竟然是气象学？原因就在于希腊人一直相信流星根本上属于大气现象。亚里士多德有一本书就叫 *Meteorology*，里面讲了许多关于银河、彗星的事情，中文译者无论是吴寿彭还是苗力田老先生，都把它译成《天象论》，以求名副其实。其实，译成"天象学"反而曲解了亚里士多德本人的意思。包括亚里士多德在内的希腊人都相信天际单纯、干净，那些乱七八糟的东西都属于地界的大气现象。

虽然通过这样那样的措施把除天球运动之外的任何变化现象都从天际剔除了，但希腊人很清楚，天际绝不只有一种单调运动。从埃及和美索不达米亚学习和继承过来的天文观测数据表明，天体有两类截然不同的运动。一类是诸恒星的运动，它们步调一致，一天绕地球旋转一圈。这类恒星运动通过一个天球就可以实现，这个天球被称为恒星天球。另一类运动是行星的运动。什么是行星？希腊文的行星是 planētēs，意思是"漫游者"，指的是那些虽然也参与恒星一日一圈的西向运动，但还有自己额外运动的天体。希腊人认为行星有七个：太阳、月亮、水星、金星、火星、木星、土星。这七个行星，都在黄道带上东向运动，周期各不相同。其中太阳的周期是 1 年，月亮的周期是 1 月，水星和金星跟在太阳附近晃动，在黄道上的平均循环周期也是 1 年，火星的周期是 687 天，木星和土星分别是 12 年和 29 年。

　　由于诸行星的东向黄道运动周期各不相同，因此只能给每个行星单独安排一个天球，这样一来，到柏拉图时，希腊天文学就形成了"8 天球 + 地球"的层层相套的宇宙结构。其中最外层是恒星天，内层依次是土星天、木星天、火星天，再往内次序有点不太好定，因为太阳、金星和水星的黄道平均周期相同，所以有不同版本的排序。最后是月亮天。月亮天球层是天地的分界，月上天是天界，月下天是地界。行星天球既有自己的东向运动，也参与恒星天球的周日西向运动。

　　这样就完美了吗？远远没有。宇宙的大局就这样定了，但细节问题才刚刚开始。只要稍微认真观察一下诸行星的运动就会发现，它们的东向周期运动并不均匀。不同的季节，太阳在黄道上的运动速度是不一样的。月亮也是如此。更麻烦的是其他五个行星，它们不仅运动速度不均匀，而且运动方向经常发生改变，即本来是东向运动，可是有时会先停下来，然后改为西向运动，天文学上称为逆行。逆行一段，然后又回归顺行的轨道。

按照希腊人对于天体的设想，它们应该被镶嵌在天球上做匀速圆周运动，这才是天际唯一应该具有的高贵的运动形式。现在观察到的天际运动如此混乱，叫希腊人情何以堪？虽然天际作为可观察的世界只是理念世界的模仿者，不是理念世界本身，但希腊人坚信它应该是最完美的模仿者，即天球应该以匀速圆周运动的方式运动。现在发现行星如此颠三倒四地漫游，引发了一场堪与发现无理数相比的宇宙学危机。柏拉图痛心疾首地向学园弟子们发出了"拯救现象"的指令："假定行星做什么样的均匀而有序的运动，才能说明它们的视运动？"肉眼观察到的行星运动与行星内在的品质不符，因而是一个问题，解决这个问题就是"拯救现象"。

幸运的是，这场危机很快被化解，并且把希腊天文学引向了一条康庄大道，最后结出了丰硕的果实。化解这场宇宙学危机的是柏拉图派弟子欧多克斯（Eudoxus，公元前408—前355）。欧多克斯的基本方案被称为同心球模型。他让行星同

虽然天际作为可观察的世界只是理念世界的模仿者，不是理念世界本身，但希腊人坚信它应该是最完美的模仿者，即天球应该以匀速圆周运动的方式运动。

意大利佛罗伦萨伽利略博物馆的同心球模型

时参与两个同心但不同轴的天球的运动，这两种运动可以叠加
出一个环形的轨迹，这就能解释行星的逆行了。行星还可以参
与更多的同心球运动，这些附加的同心球通过调整其轴向和转
动速度，可以模拟出速度不均匀以及轨迹偏离黄道等反常现象。
欧多克斯为太阳和月亮各使用了 3 个同心球，为其余五大行星
各使用了 4 个，这样加上恒星天球，一共是 27 个球。

　　同心球模型的确非常天才。它把行星的"不规则"运动"分
解"成"规则"运动的"叠加"，这几乎就是后世一切数学化
的标准动作。伽利略的运动分解，牛顿的力分解，以及后来的
傅里叶变换，本质上都是如此。"分解"加"叠加"就是"拯
救现象"。这种还原论模式，一直统治着西方科学。不懂得以
这种方法来"拯救现象"，就不配谈什么科学研究。

"分解"加"叠
加"就是"拯救现
象"。这种还原论
模式，一直统治着
西方科学。不懂得
以这种方法来"拯
救现象"，就不配
谈什么科学研究。

　　然而，同心球模型虽然开科学方法论之先河，但并没有持
续多久，因为它有一个致命的缺陷。这个缺陷就是，它让行星
与地球始终保持距离不变，因而不能解释行星亮度的变化。之
后阿波罗尼（Apollonius of Tyana）提出的本轮 – 均轮模型解决
了这一问题。这个模型让行星位于本轮上，让本轮的中心位于
均轮上，让均轮的中心位于地球上。当本轮和均轮同时运动时，
既可以产生逆行，也可以产生行星 – 地球距离的变化。经过几
代人的努力，本轮 – 均轮技术得到进一步优化和扩展，终于在
2 世纪的托勒密那里修成正果。他的集大成之作《数学汇编》
（ *Mathematical Syntaxis* ）是希腊数理天文学的一座丰碑。这本
书运用包括本轮 – 均轮、偏心圆、偏心匀速圆等天球层叠的几
何技巧，模拟行星复杂多变的不规则运动，为精确预测行星路
径奠定了方法论基础，建立了一个基于数学理性的宇宙体系。

几百年后这本书流传到阿拉伯世界，阿拉伯天文学家深为其博大精深而叹服，称其为"伟大之至"（Almagest），后世遂把书名改为《至大论》。明朝末年，传教士来华也带来了这部著作。由于运用托勒密的理论常常能够精确预言日月食等重要的天文现象，中国天文学家们对此非常佩服。托勒密天文学因而成为少数很快被中国文化吸纳的西方理论之一。近半个多世纪，由于地心体系和日心体系被不恰当地赋予了意识形态含义，极大地贬低了托勒密的理论在科学思想史上的伟大意义。在中文出版物里，经常出现"托勒密与反动的封建教会势力勾结，用地心谬说麻醉毒害人民"之类荒唐可笑的言论，让许多中国青年学生觉得托勒密根本上是一个坏人。的确，哥白尼对以托勒密体系为代表的希腊数理天文学做出了一个伟大的修正，但毕竟只是一个修正，他本人仍然活跃在以托勒密为杰出代表的希腊数理天文学传统之中。我们甚至不好说，在人类历史上，哥白尼和托勒密究竟哪个更伟大。

代表希腊古典时代科学精神的《几何原本》并不涉及经验观测，因此并不能预示现代以来数学演绎加实验观察的新科学范式，而托勒密的《至大论》则相反，本身就是数学演绎加现象观察的一个成功范本。现代科学革命自继承了托勒密的哥白尼那里开始算起，不是偶然的。《至大论》为古代科学和现代科学搭起了桥梁。

整个希腊天文学的根本问题是行星问题，因而本质上只是行星天文学，而且是行星方位天文学。恒星根本不是问题，行星本身除了天球的几何学外，本身也没有物理问题。对希腊人而言，行星为什么是一个问题呢？因为他们恪守一个根深蒂固

近半个多世纪，由于地心体系和日心体系被不恰当地赋予了意识形态含义，极大地贬低了托勒密的理论在科学思想史上的伟大意义。

的教条：天界永恒不变，只有天球匀速旋转。这个教条来自希腊人的理性世界观：世界是按照理念世界的永恒逻辑运作的，而天界，最生动最直观地呈现了这个逻辑。

天界永恒不变，只有天球匀速旋转。这个教条来自希腊人的理性世界观：世界是按照理念世界的永恒逻辑运作的，而天界，最生动最直观地呈现了这个逻辑。

希腊数学四科中，几何与天文成就最大，分别有巨作《原本》和《至大论》传世。几何学在中国传统文化中基本缺席，但中国天文学传统极为深厚，成就极为可观，足以和希腊天文学媲美，特别值得将二者进行比较。事实上，许多人正是通过强调我们有发达的天文学来强调中国古代也有科学，甚至遥遥领先。然而，中国天文学在什么意义上是科学？这个问题促使我们仔细比较希腊和中国传统的天文学，看看它们在研究动机、主要问题、研究方法上有些什么区别。经过比较，我们会发现，中国天文学根本不是希腊意义上的科学，而是特别属于中国文化的礼学；这个比较有助于我们更好地理解中西文化的差异，理解礼学与科学的差异。

中国天文学根本不是希腊意义上的科学，而是特别属于中国文化的礼学。

从远古时代开始，各民族都有观测和解释天象的活动。有实用的需要，比如辨别方位、确定农时等；也有面对浩瀚星空油然而生的那种原始的敬畏之情。这两个方面几乎是人类开化以来一切民族都具有的。但是，天文学的发展向来满足实用需要的少，满足原始敬畏之情的多，因为定时辨向实际上用不着太多天文学知识。伟大的文明都有发达的天文学，而促使他们发展天文学的动力更多的是一些文化意识形态的东西。随着文明成型，各民族走上了不同的文化发展道路，那种原始的敬畏之情也有了不同的文化表达方式。希腊人把天际诸象看成是理念世界的最好样本，因为尊崇理念世界而尊崇天界视象，结果是，那种原始敬畏之情转化为对理性的坚定信念。德国哲学家康德在他的《实践理性批判》一书中说过一句名言："有两样东西，我们越是持久和深沉地思考着，就越有新奇和强烈的赞叹与敬畏充溢我们的心灵：这就是我们头顶的星空和我们内心的道德律。"康德所说的这两样东西，一个是他的纯粹理性，一个是他的实践理性。其实，自希腊以来，西方人一向是把浩瀚星空作为理念世界的代表，把对星空的着迷视为对理性执着的一种标志。

同样，中国发达的天文学也不像通常教科书所说的那样，只是为了满足农业生产的需要。为了不误农时，农业生产所需要的不外乎确定二十四节气。可是，确定二十四节气完全可以依靠物候学，而不用天文学；农业生产所需要的节气精确到天就够了，天文学对太阳运动的细节孜孜以求，把节气定到几分几秒，对农业生产来说毫无意义。让中国的天文学家对日月星辰的运动细节如此在乎和着迷的动力又是什么呢？实际上，中国天文学最强大的研究动机来自天人合一的观念，以及由此衍生出来的种种文化观念和文化制度。天人合一的思想影响了中国的政治文化，也影响了中国普通人的日常生活。中国的天文学有浓郁的政治含义和文化含义。

中国天文学最强大的研究动机来自天人合一的观念，以及由此衍生出来的种种文化观念和文化制度。

就政治层面而言，中国天文学获得了在西方不曾有过的高尚地位。历朝历代，朝廷都很重视设置皇家天文机构，国家天文台从未中断运行。从秦汉的太史令、唐代的太史局和司天台、宋元的司天监到明清两代的钦天监，天文台一直享有很高的地位。首席皇家天文学家的官职可以达到三品，相当于今天的副部级。李约瑟在他的《中国科学技术史》一书中的"天文学"一章开篇就说："希腊的天文学家是纯粹的私人，是哲学家，是真理的热爱者（托勒密即如此称呼希帕克斯），他们和本地的祭司一般没有固定的关系。与之相反，中国的天文学家和至尊的天子有密切的关系，在政府机关的一个部门供职，依照礼仪供养在皇宫高墙之内。"① 在同一页，他还提到 19 世纪维也纳一个名叫弗兰茨·屈纳特的人深有感触地说："中国人竟敢把他们的天文学家——西方人眼中最没用的小人物——放在部长和国务卿一级的职位上。这该是多么可怕的野蛮人啊！"这自然是正话反说，但中西天文学家社会地位之悬殊可见一斑。

中国的统治者为什么这么重视天文学家？原因很简单，因为天文学家通天。中国的政治文化中有一个非常吊诡的潜规则：一方面，皇帝是天下至尊，一言九鼎，但另一方面，皇帝的地位并不是不可挑战的。按照天人相感、天人相通的思想，皇帝作为人间主宰之所以是人主，是因为天授皇权，因为他顺应天

登封古观象台，河南

① Joseph Needham，*Science and Civilisation in China*，Vol. 3，Cambridge University Press，1959，p.171.

84

在中国历史上，像地震、洪水、干旱、蝗灾这些今天被认为是"自然灾害"的现象，都被认为有强烈的政治含义，都是对皇帝的严重警告。因此，历朝历代的政府或多或少都有隐瞒自然灾害的倾向。

道。如若不然，无道昏君，人人都可以讨伐，可以取而代之，这么做是替天行道，是正当的。因此，做皇帝并不是那么舒服容易，也需要时刻警醒。皇帝自称天子，下诏书时常用一句套语"奉天承运"，强调自己是天降明君，强调自己的统治是合法的。问题在于，如何判断一个皇帝的作为是顺天应时，还是背天逆道呢？有一个非常简明的标准：若风调雨顺、国泰民安，就说明皇帝是真命天子；若天灾人祸、民不聊生，就说明皇帝有问题。在中国历史上，像地震、洪水、干旱、蝗灾这些今天被认为是"自然灾害"的现象，都被认为有强烈的政治含义，都是对皇帝的严重警告。因此，历朝历代的政府或多或少都有隐瞒自然灾害的倾向。其本意不一定是逃避救灾责任，主要是防止发生政权合法性危机。直至现代，这种深层的文化意识仍然存在。比如，1976年唐山地震的死亡人数一直秘而不宣，直到1979年才被记者公布，并引为重大新闻突破。2005年8月8日，中国国家保密局和民政部联合宣布，因自然灾害导致的死亡人数不再纳入国家保密范围。这就是说，在此之前自然灾害的死亡人数都是国家机密。在自然灾害问题上还要遮遮掩掩，这让西方人特别不能理解。他们不明白的是，在中国天人合一的文化传统中，没有什么纯粹的天灾，天灾某种意义上就是人祸。像地震这种造成重大人员伤亡的灾害，皇帝首当其冲，要负责任。

地面上的灾是灾，天上的灾也是灾。天行有常，昼夜轮回、斗转星移是正常现象。但若彗星出现，流星大作，太阳表面出现黑子，甚至日月被食，那就是灾异。尤其是日全食，被认为是非常严重的灾异。本来天无二日、地无二主，太阳与人主是对应的。如今太阳竟然被天狗所食，那说明人主德行有亏，上天于是用日食这种方式对他发出严重警告。

正因为天象具有如此强烈的政治含义，观察、记录以及解析天象的天文学家在皇权政治中扮演了非常重要的角色。皇帝不仅重视天文学，在政府中设立稳定的天文观测部门，给天文学家以高官厚禄，而且垄断天文事业，禁止民间研习。皇帝要垄断来自上天的信息，垄断上天传达的信息中包含的各种秘密指令。推动天文学发展的那种原始的敬畏之情，在中国文化中表现为对一种贯通天人的政治秩序和伦理秩序的忠实维护。从夏朝开始，"伐鼓救日"就是国家礼制的一个重要部分。"日有食之，天子不举，伐鼓于社；诸侯用币于社，伐鼓于朝。礼也。"（《左传》）除了伐鼓救日，皇帝要下罪己诏，向天下人检讨自己的过失。公元前178年有一次日全食，当时的汉文帝下罪己诏说："朕闻之，天生民，为之置君以养治之。人主不德，布政不均，则天示之灾以戒不治。乃十一月晦，日有食之，适见于天，灾孰大焉！朕获保宗庙，以微眇之身托于士民君王之上，天下治乱，在予一人，唯二三执政犹吾股肱也。朕下不能治育群生，上以累三光之明，其不德大矣。"（《汉书》卷4《文帝纪》）除了下罪己诏，皇帝在日食期间要素服斋戒，要大赦天下，大臣也可以乘机批评朝政，推行有利于庶民的政策。当然，也有皇帝利用异常天象清除异己，让手下臣子当替罪羊。

不只是皇帝需要天文学，普通百姓也需要。中国人相信，一件事情的成败取决于天时、地利、人和三个方面，而所谓"天时"就是由天象所指示的恰当时机。传统社会里，老百姓"做礼"、做重要的事之前都要看一下老皇历，看看哪天是黄道吉日，哪天不利于某事。所谓老皇历就是由御用天文学家为"敬授民时"而编制的历书。历谱是单纯的日历，指由历法推算出来的年月日、节气等。历书在历谱的基础上添加了各种判别吉凶祸福的历注，充满了宜和忌的规定。诸如婚嫁丧葬、动土上梁，这些古代农耕社会的重大活动，都要事先依据历书来确定时日。历书实际上成了普通百姓的"日常生活伦理指南"。因此，中国传统的天文学就其研究动机而言，是政治星占术，是日常伦理学，一言以蔽之，是礼学。

中国天文学的礼学性质，为政治服务、为伦理生活服务这种基本的研究动机，规定了中国天文学的独特任务和独特内容。如果说行星这种天空漫游者是希腊天文学亟待解决的问题，因而希腊天文学本质上是行星天文学的话，那么可以说，中国天文学本质上就是天空博物学、星象解码学、天文解释学。

作为天空博物学，中国天文学的任务首先是详尽、忠实地观察和记录天象。对中国天文学家来说，天空中出现的每一种现象都以天人相感相通的方式对人事有影响，因而都很重要，都值得认真细致地观察并忠实地记录下来，不可忽视和遗漏。像日食这样的超级天象尤其不能忽视。《尚书》中记载，历史上最早的皇家天文学家羲和，由于醉酒错过了对日食的预报，结果丢了性命。来华耶稣会士李明（Louis le Comte，1655—1728）在其《中国近事报道》中对中国皇家天文学家的工作有生动的记录："五位数学家每个晚上都守在塔楼上，观察经过头顶的一切。他们中一人注视天顶，其余四人分别守望东西南

如果说行星这种天空漫游者是希腊天文学亟待解决的问题，因而希腊天文学本质上是行星天文学的话，那么可以说，中国天文学本质上就是天空博物学、星象解码学、天文解释学。

北四个方位。这样，世界上四个角落所发生的事，都逃不过他们的辛勤观测。"① 依靠中国历代天文学家几千年来从未间断的持续观察和记载，中国人贡献了世界上最丰富、最系统的天象记录。尤其在异常天象的记录方面，中国天文学更是独领风骚，让西方天文学界望尘莫及、自叹弗如。希腊天文学家把天空打扫得过于干净，作茧自缚，搞得两千多年来从未对彗星有系统记录，更没有关于太阳黑子、新星和超新星的记录。与之相反，从公元前 214 年（秦始皇七年）到 1910 年（宣统二年）哈雷彗星共 29 次回归，中国史书一次不少都有记录。从汉初到公元 1785 年，中国天文学家共记录日食 925 次，月食 574 次；从公元前 28 年到明代末年，共记录太阳黑子 100 多次。这些都毫无疑问是世界之最。特别值得一提的是，中国古代关于新星和超新星的记载对于现代射电天文学具有特殊的重要性。由于

希腊天文学家把天空打扫得过于干净，作茧自缚，搞得两千多年来从未对彗星有系统记录，更没有关于太阳黑子、新星和超新星的记录。

北京古观象台

---

① 转自 Joseph Needham，*Science and Civilisation in China*，Vol. 3，p.443.

这些记录是中国独家拥有，西方天文学家不得不征引中国天文学史家的工作。科学史界的老前辈席泽宗（1927—2008）先生关于中国古代新星和超新星记录的考订论文《古新星新表》被认为是整个 20 世纪中国天文学最有影响的一篇论文。他因此被选为中国科学院院士，也是中国科学史家中仅有的科学院院士。

作为星象解码学和天文解释学，中国天文学更高阶的工作是对系统记录的丰富天象进行解码。钦天监里那些级别较低的工作人员如果发现了异常天象，不能擅自破解，而要报告级别较高的官员，因为破解天象乃是中国天文研究更正统更要紧的任务。《易经》中说："观乎天文，以察时变，观乎人文，以化成天下。""天文"即"天象"，观天文即观天象，目的是"察时变"。什么是"察时变"？不是单纯地确定物理时间。在中国文化中，时间负载着浓郁的文化意义和伦理意义。"时"首先是"时机"，"察时变"要害在道出"时机"。每一种"天象"代表着一种特定的"时"，其中包含着丰富的含义。天文学家的任务就是破译这些含义。比如"五星聚舍"即五大行星同时出现在天空同一方向，被认为是"明君将出"的征兆，寓意是要"改朝换代"；比如"荧惑守心"即火星"停留"在心宿，被认为代表着非常凶险的征兆，君主应格外小心。所有这些在今天看来奇奇怪怪的说法却构成了中国古代天文学的主要内容。利玛窦在他的《中国札记》中说："他们把注意力全都集中于我们的科学家称之为占星学的那种天文学方面；他们相信我们地球上所发生的一切事情都取决于星象。"[1] 今天有许

---

① 利玛窦：《中国札记》，何高济等译，中华书局 1983 年版，第 22 页。

多人试图对中国天文学进行糟粕与精华的分离工作，认为其推算预报部分是科学，是精华，其星占学部分是迷信，是糟粕，这完全是在犯时代误置病（anachronism）。中国天文学的基本动机是星占，虽然运用了精巧的计算手法，但目标并不是寻求"自然规律"，而是"察时变"。因此，它是星象解码学、天文解释学、政治占星术、日常伦理学，是礼学，但从来不是希腊意义上的科学。江晓原教授在其《天学真原》中深刻地认识到中西天文学这一根本区别，始终不使用"中国天文学"一词而称"中国天学"，以免与西方天文学相混同。事实上，正是这种混同，让许多人提出"中国古代天文学一直领先于世界，直至哥白尼之后才落后"的说法。他们没有想过，中国古代从未有过希腊那种科学意义上的天文学，如何比较？谈何领先与落后？

把中国天文学与希腊天文学相混同，从而视之为"科学"的最强大的理由是，中国天文学把推算预报日月行星的位置作为自己的重要任务，并且形成了一套独特的推算方法，相当成功地完成了这项任务。这套推算方法，被称为中国的数理天文学，以与希腊数理天文学相对应。表面看来，中国的历法和希腊的天文学都发展了各自的方法，致力于预测日月和五大行星的方位，并且把预测结果诉诸实际观测进行检验，而且根据检验的结果对推算方法进行改进，所不同者只在于希腊人采用的是天球层叠的几何模型，而中国人采用的是内插等数值。因此，表面看来，中国天文学和希腊天文学一样，都有一套出于"工具理性"的完整的探究程序。然而，我们必须意识到，希腊数理天文学的"工具理性"源自希腊哲学的纯粹理性，也就是说，

希腊数理天文学的"工具理性"源自希腊哲学的纯粹理性，也就是说，希腊数理天文学之所以用几何建模的方法去探究行星，是因为他们相信，天界本来就是"几何的"，行星对几何规则表面上的偏离应该解释为实质性的遵循。

希腊数理天文学之所以用几何建模的方法去探究行星，是因为他们相信，天界本来就是"几何的"，行星对几何规则表面上的偏离应该解释为实质性的遵循。中国天文学的"工具理性"却没有这样的纯粹理性作为后盾。相反，中国天文学家眼中的"天"是一个有意志、有情感的人格化存在，天界是人格化的"天"显灵的场所，而不是受秩序和定律支配的场所。虽说"天行有常"，但这个"常"不能绝对化。有两件事情表现了这种"常"的相对化。

第一是天文学与宇宙论的脱节。库恩曾经说过，埃及和巴比伦虽然有发达的天文学，也有宇宙论，但天文学和宇宙论各自独立，并不构成相互支撑的关系，天文学的经验积累并不会引起宇宙论方面的变革。中国的情况也是如此。中国的天文学家们积累了这么多的天文观测资料，也发展了推算日月行星方位的计算方法，但他们的工作对宇宙论却没有判决性的选择作用。天文学的积累性进步没有帮助淘汰和选择宇宙模型，宇宙模型也没有帮助约束天文学理论，使之更加严密。中国历史上出现过两种比较有影响的宇宙结构理论，一种是"盖天说"，一种是"浑天说"，但这两种截然不同的宇宙论居然能够与一种一以贯之的天文学相安无事，长期并行于世。比起"观乎天文，以察时变"这样更加神圣高尚的事业，宇宙结构理论也许并不是那么重要。何以故？宇宙模型意味着宇宙有一个稳定的本体，可是中国的文化精神并不支持这种确定的观念。也许在"盖天说"和"浑天说"之外的第三种宇宙论"宣夜说"更能说明问题。这种学说干脆宣布"天了无质"，日月星辰"或顺或逆，伏见无常"，没有什么规律可循。这恰恰表现了中国传统思想的另一个极端，那就是天行未必有常。或许有常，或许无常；姑妄言之，姑妄听之。

　　第二是，推测有误并不必然证伪推算理论。推测的日食没有在指定时间和指定地点出现，被称为"当食不食"。发生这样的现象，是否要责怪天文学家推算错误呢？不一定。按照天人合一的占星传统，日食意味着帝王德行有亏，反之，当食不食则可以解释为帝王有德，感动了上天，导致原本要出现的日食没有出现。历史上的确发生过这样的事情。唐代张九龄在其《贺太阳不亏状》中说："今朔之辰，应蚀不蚀。陛下闻日有变，斋戒精诚，外宽政刑，内广仁惠，圣德日慎，灾祥自弭。"今天听起来是一派文过饰非、欺上瞒下之语，但当时的人却完全有可能信以为真。由于天人合一、天人相感相通，中国天文学家的研究对象并不完全是独立的客观规律。对此，同时代的僧一行在《大衍历议》中评论说："使日蚀皆不可以常数求，则无以稽历数之疏密；若皆可以常数求，则无以知政教之休咎。"天行固然有常，但这个"常"是相对的，不是绝对的。

　　正因为"常"是相对的，中国天文学中的推算预报技术只能是一种不乏计算天才的"历算术"，而不是像希腊天文学那样的"科学"。从长时段看，这种推算技术的优化因为缺乏内在动力也行之不远。明末清初来华的传教士正是凭借他们掌握的西方行星天文学的知识，在多次日月食预报中击败中国天文学家，赢得了中国皇帝的信任，并最终使中国历算在有清一代率先告别了传统。然而，历算虽然全面引入了西法，天文仍然是服务于皇权政治和日常伦理生活的"礼学"，中国天文学仍然没有加入西方科学革命的洪流。科学意义上的中国天文学直到皇权政治解体、新文化运动之后才真正兴起。

中国天文学中的推算预报技术只能是一种不乏计算天才的"历算术"，而不是像希腊天文学那样的"科学"。

自然的发明与理性科学的诞生

　　深信天人合一、缺乏一个独立的自然界的观念，是中国古代没有科学的决定性证据。希腊理性科学的根本标志，就是出现了"自然"的观念。英国科学史家劳埃德（G.E.R. Lloyd，1933—　）最早提出"自然的发现"这个说法，并以此作为希腊科学发端的标志。后来，他又把"自然的发现"改为"自然的发明"，更加准确。

　　说"自然"概念是希腊人发明出来的，这令现代中国人相当费解，甚至有些气愤。难道我们的祖先连"自然"的概念都没有？难道他们连这个世界有山川河流、花鸟鱼虫这些自然物都不知道？老子《道德经》里不就有"道法自然"的说法吗？所有这些问题其实都是由于时代错位造成的。自19世纪后期西学东渐以来，中国文化出现了断裂，其中最大的断裂是语言的断裂。这体现在两个方面。第一是白话文取代文言文，成为正式的学术语言，以致多数中国学人不再有阅读古代文献的能力。第二是大量日译西学词汇进入现代汉语学术界，彻底刷新了学术术语词库。经历了一个世纪之后，那些日译词汇成了今天高频的学术术语甚至日常用语，以致人们误以为它们都是中国自古皆有的词汇。科学、技术、哲学、自然，都属于这样的词汇。

"自然"是日本人对英文 nature 的翻译，古汉语并无这一词汇。商务印书馆出版的《古代汉语词典》中查不到"自然"这个词条。在古汉语中，"自然"不是一个独立的词，而是两个字连用构成的词组。古汉语文献中最早出现"自然"这两个字连用的是老子的《道德经》，之后"自然"两字在文献中的出现也多源于对《老子》的解读和发挥。《老子》中共出现过5次"自然"："百姓皆谓我自然"（17章），"希言自然"（23章），"人法地，地法天，天法道，道法自然"（25章），"夫莫之命而常自然"（51章），"辅万物之自然而不敢为"（64章）。在这些地方，"自然"两字如何理解？通常的看法认为这是两个并列的字，而不是一个独立的词。"自"即"自己"，"然"即"这样、如此"。"自然"两字并列，意思是"自己如此"，其反义词组是"使然"。

这是古代汉语中"自然"的基本含义，成语"自然而然"即由此而来。西学东渐以来，西学中这个词的压倒性优势使得原本习惯"古已有之""西学中源"的中国学人逐渐忘记了它在老子那里的基本意思，竟以为老子的"自然"就是西文的"自然"。半个世纪不到，就到了需要重新正本清源的地步。张岱年写于1935至1937年间的《中国哲学大纲》中已经提出了这个问题："前人多解自然为一名词，谓道取法于自然，此大误。自然二字，老子书中曾数用之，如'功成事遂，百姓皆谓我自然。''希言自然。''道之尊德之贵，莫之命而常自然。'所谓自然，皆系自己如尔之意，非一专名，此处当亦同，不得视为一名词。其意谓道更无所取法，道之法是其自己如此。"① 到了 20 世纪 80 年代之后，随着世界性的环境保护思潮传到中国，认为中国文化可以拯救全球性危机的中国学者更是把老子的"道法自然"思想叫得山响。在弘扬"道法自然"的时候，通常就把"自然"直接理解成西方的 nature，导致了许多理论混乱。

中国古代有"天地万物"之说，但从未用"自然"一词来统一指称。日月山川、飞禽走兽当然不是希腊人发现或发明出来的，但把这一类存在者的集合统一命名为"自然"，赋予它们统一的"自然"性质，这的确是希腊人的独创。世界其余民族都没有迈出这一步。

完整的"自然的发明"应该包括两个阶段、两个方面：第一，希腊人发明了以追究"本性""本质""根据"的方式对存在者的存在进行把握的理性思维，标志着理性科学的诞生；第二，希腊人开辟了一个特定的存在者领域即"自然界"（自然物的世界）。

在现代西方语言中，nature 一词有两个基本意思，一个是"自然界"（natural world），即全体自然物的集合；另一个是"本性""本质"，比如 nature of science 即"科学的本质"，human nature 即"人性"。在 nature 的现代用法中，前者居多。希腊文与之对应的词是 physis，也兼有这两个意思，但使用频度与现代用法正好颠倒过来：希腊人更多使用后一个意思。英国历史学家柯林武德认为，"本性"是 physis 一词更原初的含义，而且是早期希腊文献作者们唯一使用的含义。他认为，米利都自然哲学家们从未在"自然界"的意义上使用过 physis 一词。

日月山川、飞禽走兽当然不是希腊人发现或发明出来的，但把这一类存在者的集合统一命名为"自然"，赋予它们统一的"自然"性质，这的确是希腊人的独创。

---

① 张岱年：《中国哲学大纲》，中国社会科学出版社 1982 年版，第 18 页。

亚里士多德在《形而上学》第 5 卷第 4 章中列出的"自然"一词的六种含义分别是：（1）生长物的生长；（2）生长物的种子；（3）自然物的运动根源；（4）质料；（5）自然物的本质；（6）任何事物的本质。可以看出，这里"自然"一词的基本用法是事物的本性、本质、本原，是事物之所以如此这般的内在原因，而不是指自然物或作为自然物集合的自然界。

由于"自然"一词在希腊早期并不是指"自然物的集合"，而是指"本性""本质"，因此"自然的发明"的第一阶段、第一方面，就是发明了一种通过追寻"本原""本质""本性"或者说"自然"来理解和把握存在者及其存在的方式。这种方式是希腊人独有的，也是希腊科学和哲学得以可能的前提。

"自然"作为"本质"意味着什么？"本质"就是"根据"，是存在者存在的根据，是事物可理解性的根据。对"本质"的追求就是对"根据"的追求。"追问"这种希腊理性生活所习惯的东西，首先也是着眼于"根据"。苏格拉底 – 柏拉图找到的"根据"是"相"（idea），亚里士多德找到的是"本体"（substance）或"形式"（form）。在后世的形而上学家中，笛卡尔找到了"我思"，莱布尼茨找到了"单子"，黑格尔找到了"绝对精神"，作为他们各自的终极"根据"。一部形而上学史就是一部寻找最终"根据"的历史，而这个追究"根据"的范式本身是希腊人开创的。"根据"就是"理由""原因"，充足理由律（Principle of Sufficient Reason）就是根据律。根据律是西方理性主义的第一定律。

寻找"根据"这种思想范式建立在希腊人对于存在者的两个直觉之上。一是"一切皆变，无物常住"。赫拉克利特这句

"自然"作为"本质"意味着什么？"本质"就是"根据"，是存在者存在的根据，是事物可理解性的根据。对"本质"的追求就是对"根据"的追求。

名言表达了希腊人对于存在者之存在状况的一种突出的直觉，即存在者通常首先是处在变化和运动之中的。柏拉图在《泰阿泰德篇》中有一个概述："我们喜欢说的一切'存在的'事物，实际上都处在变化的过程中，是运动、变化、彼此混合的结果。把它们叫作'存在'是错误的，因为没有什么东西是永远常存的，一切事物都在变化中。在这一点上让我们注意到，除了巴门尼德以外，一长串哲学家，普罗泰戈拉、赫拉克利特、恩培多克勒，都赞同这种看法；而在诗人中，两种诗体的大师们，写喜剧的厄庇卡尔谟和写悲剧的荷马，也同意这种看法。"①

　　第二个直觉是"存在者存在，不存在者不存在"。巴门尼德这句名言表达了对表象世界运动和变化的不信任，因而要求把握那不变的东西。上引柏拉图的对话中也明确表示，变动不居的东西不是真正的"存在"。因此，希腊人在把存在者的存在状态规定为运动变化的同时，也就把"根据"规定为运动状态之中的"持久在场者"，变中之不变者。

　　把存在者视作"运动变化者"，把存在者之"存在"视作变化之中的"持久者"，从而把存在者的"存在"把握为"根据"，这种领悟是从哪里来的？希腊人关于 physis 的原初观念经历了一次重要的蜕变。

　　按照海德格尔的说法，physis 是希腊人最早的对于存在的领悟。它的基本意思是"生长""涌现"，是"依靠自身力量的出现"，是"自己如此""自行涌现"。physis 的第一次概念蜕变源于"存在"的自我分裂："事物"与"事物自身"相

Physis 是希腊人最早的对于存在的领悟。它的基本意思是"生长""涌现"，是"依靠自身力量的出现"，是"自己如此""自行涌现"。

① 柏拉图：《柏拉图全集》第二卷，王晓朝译，人民出版社 2003年版，第666页。

分裂。在这一分裂过程中，"事物自身"从事物中脱颖而出，成为事物"之外"、事物"背后"起支配作用的"本质""本性""根据"。何谓"根据"？"根据"就是"自己性""内在性"本身。在事物之"外"寻求事物"自身"，这是希腊人完成的一个革命性的分裂。"内在性"从来与"外在性"相伴随，没有外在性也就没有内在性。正因为事物的"内在性"是从事物之"外"来寻求的，因而从根本上讲，"内在性"通过"外在性"被确定。

　　"自己如此，不假外力"作为汉语"自然"的本义，与希腊语 physis 以"自行涌现""自己生长"作为最原初的存在领悟，有着惊人的相似之处。这说明，在关于"存在"的最初领悟方面，东西方两大文明不约而同。然而，在希腊人的 physis 的第一次概念蜕变中，physis 由原初的"自行涌现""自己如此"蜕变为"事物自身"，成为事物的"根据"，而总体来看，中国思想没有出现这样的概念蜕变。汉语"自然"不是一个名词，而是一个形容词。在古汉语语境中，我们不能问"自然是什么"，因为"自然"不是一个"什么"。我们只能通过描述来"显示"事物的"自然"。而经过概念蜕变之后的希腊人的 physis 却允许我们追问"什么是自然（理据）"，从而创造了"自然"的"哲学"（科学）。中国人"就事论理"和西方人"就理论理"的不同思维方式，已然泾渭分明。

　　作为最原初的存在领悟的"自然"蜕变为作为"本质"的"自然"，是希腊人的存在命运。很显然，这一蜕变并非始于亚里士多德，他只是将其固定下来。当泰勒斯说万物的起源（arche）是"水"，阿那克西曼德说万物的本原（arche）是"无定"，阿那克西米尼说本原是气，毕达哥拉斯学派说本原是"数"，

在古汉语语境中，我们不能问"自然是什么"，因为"自然"不是一个"什么"。我们只能通过描述来"显示"事物的"自然"。

赫拉克利特说本原是火，巴门尼德提出存在与非存在、真理与意见之别，恩培多克勒提出四根说，阿那克萨哥拉提出种子和努斯，德谟克利特提出原子论的时候，他们都或多或少把自己关于存在者之存在的追问落实到了对"本质"和"根据"的追究上。

恩培多克勒和阿那克萨哥拉都有题为《论自然》的著作，但正如柯林武德所说，这样的著作绝不是我们今天所想象的关于自然物的研究，而是对万物之本质和根据的理论性研究，因为在那个时候，一个被称为自然界的特殊存在者领域并没有被明确地划分出来。称前苏格拉底哲学家为自然哲学家，是一件后亚里士多德时代的事情，在亚里士多德明确划定了"自然物"这种特殊的存在者并认定前苏格拉底哲学家的主要工作是对于"自然物"的研究之后，由他的学生塞奥弗拉斯特编写的影响深远的《自然哲学家的意见》（*Phusikon doxai*）予以追认。其实，前苏格拉底哲学家们所谓"论自然"的真正意思是"论万物之理据"。早期的所谓"自然哲学"译成中文"物理学"更合适，而现在被译成"物理学"的这本亚里士多德的 *Phusike akroasis* 倒是应该译成"自然学"或"自然哲学"，因为自然作为一个特定的存在者领域正是在这本书中首次被明确划定出来的。

西方哲学史和科学史通常会遭遇如下问题："为何最初的哲学家是自然哲学家，为何科学首先是自然科学？"由于"自然"一向被今人理解成与"社会人事"相并列的一个特殊的存在者领域，西方历史上最先把"自然"而非"社会人事"作为研究对象这件事似乎就成了一个有待解释的历史事件，该问题

前苏格拉底哲学家们所谓"论自然"的真正意思是"论万物之理据"。

也就成了一个需要诉诸种种原因的历史问题。但是，我们已经知道，希腊早期的"自然"一词指的并不是一个特殊的存在者领域，因此，对这个问题的种种历史解答事实上都走进了误区，都犯了时代错位的毛病。相反，由于"自然"意味着"本质"和"根据"，追究本质和根据的活动就是今天被我们称为"科学－哲学"的活动，所谓的"自然科学"其实就是"科学"，所谓的"自然哲学"其实就是"哲学"。加上"自然"二字，只是对"科学"或"哲学"之肇始的特殊路径的一种极富误导性的纪念。前苏格拉底的"自然哲学"并不是将一种已然确立的被称为科学或哲学的思想方式运用于"自然"这个特殊的存在者领域，相反，"自然"就是这种科学或哲学的思想方式本身。因此，海德格尔说："在一种十分根本性的意义上，形而上学（Metaphysik）就是'物理学'（Physik）。"① 因为所谓"形而上学"本质上是一种追究"理据"的科学性思维方式，因而就是"物理学"。英文称自然哲学为 natural philosophy 而不是 philosophy of nature，称自然科学为 natural science 而不是 science of nature，也是西方哲学和科学开端处的实情的一种依稀可辨的虚弱的余音。

> 前苏格拉底的"自然哲学"并不是将一种已然确立的被称为科学或哲学的思想方式运用于"自然"这个特殊的存在者领域，相反，"自然"就是这种科学或哲学的思想方式本身。

　　亚里士多德的《物理学》既从理论上总结了"自然的发明"的第一方面，也实现了其第二方面，即划定了一个特殊的存在者领域，自然物的领域。由于这个特殊的存在者领域的划定，使得"自然"不再是一切存在者的"本质"，而只是"自然物"这种特殊存在者的"本质"。

　　"自然物"是如何被划定的呢？亚里士多德意识到，作为

————————

① 海德格尔：《路标》，孙周兴译，商务印书馆2000年版，第278页。

"自然物"之"本质"的"自然"不能充当"自然物"之为"自然物"的划定原则，否则就是循环定义（自然由自然物规定，自然物由自然规定）。"自然物"（phuseionta）这种存在者领域是通过与"制作物"（poioumena）的对比而被划定的。在这个过程中，"内在性"再次自我分裂。上一次是"事物自身"与"事物"分裂，在事物的世界之外另有一个理据的世界。这一次是"根据"的分裂：内在根据与外在根据。拥有内在根据的事物为"自然物"，拥有外在根据的事物为"制作物"。由此，自然物集合成"自然界"。

亚里士多德在《物理学》第二卷第一章的开头写道："凡存在的事物有的是由于自然而存在，有的则是由于别的原因而存在。'由于自然'而存在的有动物及其各部分、植物，还有简单的物体（土、火、气、水），因为这些事物以及诸如此类的事物，我们说它们的存在是由于自然的。所有上述事物都明显地和那些不是自然构成的事物有分别。"[1] 这段话清楚地表述了"自然"作为"自然物"的本质，以及自然物作为特定的存在者与非自然物的区别。

与自然物相区别的是像床、桌子、衣服、塑像、车船、房屋这样的"制作物"。它们的区别何在？前者是由自己的种子靠着自己的力量生长出来的，而后者没有自己的种子，也不能靠着自己的力量生长出来。一张木头做的床不可能成为一张床的种子，自动生长出一张新床来，尽管反过来的情形是可能的：种下一张床有可能长出一棵树来。使床成为床的那个东西，不在床自身，而在床的外部。树则相反，在自身内部拥有使自己

"自然物"这种存在者领域，是通过与"制作物"的对比而被划定的。在这个过程中，"内在性"再次自我分裂。

---

[1] 亚里士多德：《物理学》，张竹明译，商务印书馆1982年版，第43页。

如此这般的"根据"。所以亚里士多德说，有些存在者在自身中并不保有其运动的根源，而有些存在者自身保有运动的根源，前者被称为"制作物"，后者被称为"自然物"。自然物的本质是内在的，制作物的本质是外在的。作为"自然物"的"本质"的"自然"，进一步深化了"自主性原则"和"内在性原则"。

"内在性"的第二次分裂以第一次分裂为前提，作为自然物的本质的自然，以作为本质的自然为前提。前面引用的亚里士多德《物理学》第二卷第一章开头已经表明了"本质"概念的一种先行运作：生长物与制作物的区别在于它们的"根据"不同，但生长物作为生长物，以及制作物作为制作物，都是受"根据"所制约的，都是由于"根据"而"存在"的。生长物的"根据"是"自然"（physis），而制作物的"根据"是"技艺"（techne）。自然与技艺的根本不同在于，自然作为根据是内在的，是根植于生长物之中的，而技艺作为根据是外在的，不在制作物之中。生长物的根据是内在根据，制作物的根据是外在根据。

"自然物"这个存在者领域被开辟出来，并且是以如此特定的方式，造就了"自然"的某种优先地位：在所有通过追寻"根据""理据"从而把握存在者之存在的"理性"事业中，追寻"自然"即自然物的"本质"和"根据"的事业占据了一个突出的和优先的地位。西方哲学始终与西方科学纠缠在一起，哲学始终或隐或显地以科学为参照系，形而上学（metaphysics）始终追随物理学（physics），其原因盖出于此。

西方哲学始终与西方科学纠缠在一起，哲学始终或隐或显地以科学为参照系。

"自然"由"自主生长""自我涌现"这种希腊人最初的存在领悟，到蜕变为"本质""本性"和"根据"，再到蜕变为"自

"自然的发明"的
意义首先并不在于
开辟了一个被称为
"自然"的事物领
域，而在于指定了
一个学术发展的方
向，即对于内在性
的探求。

然物"的"本质"和"根据"，贯穿始终的是"内在性"原则
以及"内在性"的自我分裂。"自然的发明"实乃内在性的发明。
希腊的学术首先活跃在这个内在性的领域之中，并且以揭示这
个领域为最高目标。"自然的发明"的意义首先并不在于开辟
了一个被称为"自然"的事物领域，而在于指定了一个学术发
展的方向，即对于内在性的探求。希腊人崇尚自由，盖因他们
眼中的世界原就是一个内在性的世界，一个自主、自持、自足
的世界，理性就由这块内在性的园地中生长出来。所谓内在性
原则就是自由的原则。

小　结

　　西方语境中的"科学"概念有狭义和广义之分。英语和法语的 science 基本代表了狭义的科学，即现代自然科学；德语 Wissenschaft 基本代表了广义的科学，即自希腊以来追求确定性、系统性知识的理性探究传统。狭义的科学构成了科学的小传统，广义的科学构成了科学的大传统。小传统仍然活跃在大传统之中，是大传统的一种特殊样式。为了理解科学，我们既需要了解小传统，也需要了解大传统。

　　西方科学的大传统源于古代希腊。古希腊人建立了以追求确定性知识和逻辑演绎体系为主要标志的理性科学，而古代中国没有，不是因为智力水平有差异、文字形态不同，而是因为它们有着不同的文化传统。文化传统的核心是人文理念。中国文化是典型的农耕文化，人民与土地高度绑定，因而是熟人文化、血缘文化、亲情文化，以儒家为代表的中国精英文化以"仁爱"为理想人性，以"礼"为人文教化的手段。希腊文化是海洋文化、游牧文化、商贸文化的混合体，迁徙是常态，因而是生人文化、契约文化，以"自由"为理想人性，以"科学"为人文教化的手段。"科学"就是希腊人的"人文"。在希腊，没有对科学的追求，你就不配成为一个真正的人。

"自由"即成为"自
己",而"自己"
只能通过永恒不变
者才可达成。追求
永恒的"确定性"
知识于是成为一项
自由的事业。

　　"自由"即成为"自己",而"自己"只能通过永恒不变者才可达成。追求永恒的"确定性"知识于是成为一项自由的事业。作为自由的学术,希腊的理性科学具有非实用性和内在演绎两大特征。自由的科学为着"自身"而存在,缺乏外在的实用目的和功利目的。自由的科学不借助外部经验,纯粹依靠内在演绎来展开"自身"。中国古代在演绎科学方面欠发达,不是因为智力欠缺,而是因为缺乏自由的人性理想,因而不可能对无实用价值的自由的科学情有独钟。

　　希腊理性科学有两个层面,基础层面是数学四科,高阶层面是哲学。数学四科即算术、几何、音乐、天文,后来成为数学四艺,被纳入自由七艺之中,是日后西方基础教育的重要组成部分。希腊数学是自由学术的典范。希腊算术并非"计算之术",而是"数之理论";希腊几何由于欧几里得《原本》传世,得以向世人展现几何学的要义在于严密的逻辑推理、完整的公理体系以及数学世界的内在秩序和确定性;希腊音乐是应用算术,通过研究数的比例了解音的和谐。

　　希腊和中国均有发达的天文学,但各自的学科性质完全不同。希腊天文学是科学,中国天文学是礼学。希腊天文学相信天界不生不灭、接近永恒,是理念世界最完美的摹本,因而坚信天界唯一的运动就是天球的匀速转动。然而,观测显示,包括日月在内的七大行星的运动并不均匀一致,这对上述信念造成了严重挑战。正是这一挑战使希腊天文学致力于拯救行星异常的视运动,将其还原为均匀圆周运动的组合,这最终使得希腊天文学发展成了一门应用球面几何学。用球面层叠的方式解释行星的运动,预测行星的未来方位,是理性科学处理经验世界的最早的成功尝试，也为现代实验科学提供了示范。中国天文学则认为天是一个有意志和情感的、至高无上的存在者，以某种神秘的方式与地上的人事发生关联，于是，了解天象、破解天意成了中国最高统治者的政治需要，也是所有中国人的礼仪需要。虽然中国天文历法也推算日月行星方位，而且建立了自己独特的推算方法，但在根本上并不以发现天界运行规律为目标，因为不相信存在这样的规律。中国天文学本质上是天空博物学、星像解码学、政治占星术、日常伦理学，是中国传统礼文化的一个重要部分，但不是科学。

　　除了数学四科之外，希腊理性科学的另一代表是哲学。希腊哲学从自然哲学开始，并非希腊人最早把理性的目光对准一个被称为"自然"的存在者领域，相反，"自然"和"自然界"本来就是希腊人的伟大发明。在早期希腊思想家那里，"自然"的基本意思是"本性""本质""本原"和"根据"。"论自然"即论万物之"本原"和"根据"。"自然的发明"意味着理性思维方式的发明，即通过内在性的方式（演绎推理）追究内在性（本性）。古代汉语中"自然"不是一个独立的词，而是两字连用。在老子《道德经》中多次出现的"自然"意思是"自己如此"。现代汉语的"自然"一词来自日本人对英文单词 nature 的翻译。相信天人合一思想的中国文化从未把天地万物视作独立于人的客观对象，也从未将这个客观的存在者领域统一命名为"自然"。缺乏"自然"概念，是中国古代没有"科学"的决定性证据。

　　希腊理性科学形成了西方科学的大传统，其精神气质贯穿了西方文明发展的始终，为现代西方科学所继承。我们可以把

相信天人合一思想的中国文化从未把天地万物视作独立于人的客观对象，也从未将这个客观的存在者领域统一命名为"自然"。

科学精神是一种特别属于希腊文明的思维方式。它不考虑知识的实用和功利性，只关注知识本身的确定性，关注真理的自主自足和内在推演。

希腊理性科学的精神称为"科学精神"。什么是科学精神？现在我们可以说，科学精神是一种特别属于希腊文明的思维方式。它不考虑知识的实用和功利性，只关注知识本身的确定性，关注真理的自主自足和内在推演。科学精神源于希腊自由的人性理想。科学精神就是理性精神，就是自由的精神。

第三章

现代科学溯源之一：

没有基督教就没有现代科学

如果说缺少为学术而学术的自由的精神，使中国人错失了希腊理性科学的话，那么，对基督教与现代科学之间的关系的无知和误解，使我们也无法真正理解现代科学。现代科学是希腊文明和基督教文明相融合的产物。

上一章我们对西方科学的大传统，即发端于希腊的理性科学传统，做了一个概述。这个大传统对中国人而言十分陌生和隔膜，即使在西学东渐一百多年后的今天仍然如此，但不了解这个大传统，我们就会从根本上误解科学，错失科学的真谛。所以我们花费了相当的篇幅来描述这个大传统，从中西比较的角度分析它的人文根源。现在我们要进入现代科学。现代科学虽然是西方科学的小传统，但却是我们中国人更加熟悉、更加容易接受的传统。我们在第一章提到，由于现代中国的特殊历史遭遇，中国人眼中的"科学"首先是"现代科学"，我们今天学习和使用的也主要是现代科学。在许多人心目中，所谓"科学"就是指"现代科学"。

黑格尔说得好，"熟知不是真知"。携带技术力量的现代科学虽然是中国人最熟悉的，但我们对它未必真正理解。理解科学至少包括历史和哲学两个层面。在历史的层面，我们对现代科学的历史由来一直缺乏研究。中国科技史界的主要力量向来集中在研究中国古代科技史，很少有人研究西方，少数研究西方的也主要集中在 20 世纪，基本上不涉及 19 世纪之前的西方科学史。有些老一代的科学史家甚至认为现代科学的诞生与古代希腊没有太大关系，实际上把现代科学搞成了无源之水、无本之木。事实上，在现代科学的历史由来问题上，我们除了对其希腊来源十分缺乏了解，对其基督教来源更是无知，而且充满偏见。

在哲学层面上，长期受庸俗的唯物主义思想影响，把科学看成是一切民族在一切时代都具有的物质生存之道，是单纯的生产力，忽视了现代科学的诞生作为世界历史上一个开天辟地的事件，携带了一整套意识形态。近（现）代科学作为现代性的核心，为现代社会的各个方面提供了结构原型。它带来的不只是巨大的生产力，还有全新的生产关系、全新的社会生活模式和发展模式、全新的人的形象和自我理解。我们对现代科学的哲学层面理解肤浅，结果是，政府制定的科技管理政策不是激发而是妨碍了科学家的原创性研究，学界在"现代科学为何没有出现在中国"这种伪问题的各种解答中晕头转向。中国进入现代以来全盘接受以现代科学为核心的西方现代文明，深陷现代性之中，全社会对此完全丧失反思能力，甚至浑然不觉。

我们看到了现代科学的技术化、效用性的方面，并以此作为接受现代科学的强大理由，然而，科学全方位转化为技术，显示其改造世界的巨大力量是在19世纪，在现代科学发源的16、17世纪，科学并没有表现出这些有用的方面。是何种强大的动机驱使着现代科学的先驱者们孜孜以求，最终开创了现代科学呢？我们都看到了现代科学是希腊科学复兴的直接成果，然而，希腊科学是典型的无用科学，现代科学则是典型的有用科学，无用科学如何能够转化为有用科学？还有，阿拉伯人最

科学全方位转化为技术，显示其改造世界的巨大力量是在19世纪，在现代科学发源的16、17世纪，科学并没有表现出这些有用的方面。是何种强大的动机驱使着现代科学的先驱者们孜孜以求，最终开创了现代科学呢？

先继承并发展了希腊理性科学的遗产，为什么现代科学只发生在16、17世纪的基督教欧洲，而没有更早地发生在阿拉伯世界？所有这些问题既关涉现代科学的历史层面，也关涉其哲学层面。现代科学的起源问题是一个非常复杂、非常庞大、涉及多学科的问题，西方学术界对此已经有了广泛而深入的专题研究，产生了众多学术文献。本章以及下一章仅从"基督教作为现代科学诞生的历史背景"和"现代数理实验科学的形而上学基础"这两个方面切入这些问题，为我国科学思想界的正本清源做些准备。

没有基督教就没有现代科学

如果说缺少为学术而学术的自由的精神使中国人错失了希腊理性科学的话，那么，对基督教与现代科学之间的关系的无知和误解，使我们也无法真正理解现代科学。现代科学是希腊文明和基督教文明相融合的产物。我们可以说，没有希腊科学的复兴就没有现代科学，我们也可以说，没有基督教就没有现代科学。

希腊理性科学在公元前 6 世纪至公元前 3 世纪的古典时期成型，在公元前 3 世纪至公元前 1 世纪的希腊化时期发扬光大。随着罗马文明的崛起，环地中海地区的希腊化文明的光彩慢慢消退。罗马人对希腊科学只有泛泛的爱好，并无发扬光大的兴趣。虽然在罗马帝国的地盘上，希腊化科学继续孕育了托勒密（约 90—约 168）这样伟大的天文学家和盖伦（129—约 200）这样伟大的医学家，但总的来看，对纯粹学术的热情在慢慢消逝。等到西罗马帝国于 476 年被灭亡之时，希腊科学只存在于一些百科全书、手册、汇编之中，希腊学术的纯度和浓度被大大稀释了。基督教在罗马帝国站稳脚跟之后，势力逐渐扩大，对异教学术多持抵制态度，无形中加速了希腊科学的衰落。西罗马帝国灭亡之后，欧洲进入封建社会，入侵的蛮族建立了大大小小的封建王国。蛮族文化水平很低，没有自己的文字，但陆续接纳了基督教。从 6 世纪到 10 世纪，欧洲处在黑暗时代，生产力水平低下，学术之光几乎熄灭，只有教会中人读书识字，保留了一点点古典学术的遗产。

希腊科学在自己的故乡东罗马帝国长期处于休眠状态。330 年，君士坦丁大帝把罗马帝国的政治中心向东移往新首都君士坦丁堡。476 年西罗马灭亡后，罗马帝国皇权统一归属东罗马皇帝。东罗马帝国一直延续到 1453 年被奥斯曼帝国灭亡，后人又称之为拜占庭帝国。东罗马教会在漫长的独立发展中，与西罗马教会渐行渐远，1054 年二者正式分裂。拜占庭帝国长期实行政教合一的体制，教会限制世俗学术的发展，希腊科学没有发展空间。希腊古典科学文献沉睡在拜占庭帝国各处，直到帝国灭亡才重新被发掘出来，为欧洲文艺复兴推波助澜。

希腊科学虽然在拜占庭休眠，在欧洲绝迹，却于 8 世纪传到了阿拉伯世界。伊斯兰学者在他们贤明君主的支持下，大量翻译希腊科学文献，并且通过自己的独创性研究推动了希腊理性科学的进一步发展。从 8 世纪到 12 世纪的 400 年间，史家所谓的伊斯兰黄金时代，出现了化学家和炼金术士贾比尔·伊本·哈扬（约 721—约 815）、数学家阿尔·花拉子密（约 780—约 850）、天文学家阿尔·巴塔尼（约 858—929）、物理学家阿尔·哈曾（约 965—约 1040）、医学家阿维森纳（980—1037）、哲学家阿威罗伊（1126—1198）等一大群杰出学者。然而，黄金时代并没有持续下去。现代科学也没有在阿拉伯世界提前诞生。

罗马教会统治的欧洲地区从 11 世纪开始出现复苏的迹象。

从 1096 年至 1291 年持续二百年的十字军东征，促成了拜占庭所保存的希腊文明、阿拉伯文明以及通过阿拉伯人传播到欧洲的中国文明，与欧洲人所继承的罗马文明之间的交流和融合。希腊科学文献通过阿拉伯文为拉丁欧洲所知晓。12 世纪，欧洲开始了史家所谓的大翻译运动。刚刚从穆斯林手中夺回的西班牙和与希腊化地区接近的意大利成为翻译运动的两大中心。经过一百年的努力，欧几里得的《几何原本》、托勒密的《至大论》、希波克拉底和盖伦的医学著作、亚里士多德的哲学著作，都被译成了拉丁文。大翻译运动使欧洲告别了黑暗时代，迎来了第一次学术复兴。

通过简短地回顾希腊科学在公元第一个千年的历史命运，可以发现它经历了三种截然不同的命运：在拜占庭帝国，它被抑制、冷藏；在阿拉伯世界，它一度被发扬光大，但好景不长；它最晚来到由天主教统治的欧洲，通过大规模的翻译被引进，并促成了欧洲中世纪后半叶的第一次学术复兴。所不同的是，欧洲的这场学术复兴，并没有如阿拉伯世界那样很快为希腊科学添砖加瓦，也没有如阿拉伯世界那样只保持了短暂的辉煌，相反，这场学术复兴稳扎稳打，缓慢推进，成功地实现了希腊文明与基督教文明的融合，为三百年后的下一次文艺复兴以及现代科学的最终诞生，奠定了制度基础和观念基础。这个制度基础就是大学，观念基础就是经院哲学。

这场学术复兴稳扎稳打，缓慢推进，成功地实现了希腊文明与基督教文明的融合，为三百年后的下一次文艺复兴以及现代科学的最终诞生，奠定了制度基础和观念基础。

大学：

自 由 学 术 的 制 度 保 障

　　作为高等教育机构的大学既没有出现在学术繁荣的古代希腊，也没有出现在文教昌盛的中国，而是出现在中世纪的欧洲。这件历史事实本身就应该引发我们的思考。什么是大学？许多中国人或许会认为，顾名思义，所谓大学就是接续小学和中学的高等教育机构。而事实上，几乎所有中国大学新生都会发现，高中和大学似乎是性质完全不同的教育机构。中国学生感受最深的是，从高中到大学，无论是学习方式还是生活方式都存在一个跳跃，以致新入学的学生都需要一段时间的适应期。什么原因？因为中国的初等教育和中等教育或多或少延续了中国传统的教育思路，而大学的制度构架却完全是向西方学习的结果。在西方国家，中学与大学之间就没有这样的跳跃感。

　　中国的大学尽管是学习西方的结果，但仍然深受本土文化的影响，形成了与西方大学很不一样的办学思路。时至今日，中国大学的问题越来越多。解决这些问题的第一步，应该是回溯一下大学的本来含义。事实上，在中国现代建设大学的历史过程中，许多时候我们只看到了大学功能性的一面，比如培养人才、生产和传播科学知识、推动技术进步，而没有看到作为

许多时候我们只看到了大学功能性的一面，比如培养人才、生产和传播科学知识、推动技术进步，而没有看到作为自由学术的制度保障这一根本的方面。

自由学术的制度保障这一根本的方面。也可以说，我们抓住了末端，忽视了本源。为什么在中世纪出现的大学会成为自由学术的制度保障？为什么在所谓的黑暗的中世纪，基督教一手遮天的历史条件下，人们会为自由学术做出这样的制度安排？

我们之所以有这样的疑问，是因为我们对基督教有一些根深蒂固的误解和偏见。比如，我们经常说黑暗的中世纪，可是近一百年来的历史研究表明，真正称得上黑暗的只是中世纪前期的五百年，自11世纪起，欧洲就开始翻译希腊学术典籍，第一次学术复兴即于此时发生。再比如，我们经常以为，基督教会像中国古代的皇帝那样奉行思想专制，不容异教学术，实际上，多数时候教会奉行的政策是"耶路撒冷的归耶路撒冷，雅典的归雅典"，神圣教义与世俗学术并行不悖。此外，在中国，因为多年的意识形态宣传，人们大多认为，宗教是科学的死敌，天主教会对现代科学的先驱者哥白尼、伽利略、布鲁诺进行过残酷迫害。而实际上，现代科学是在基督教的汪洋大海中生长起来的，现代科学的先驱者们都是基督徒，如果宗教是科学的死敌，科学怎么可能出现并且成长壮大？哥白尼长期担任教堂神父，从未因为他的"日心说"受过教会的迫害。布鲁诺被烧死，不是因为他宣传哥白尼的学说，而是因为他的宗教信仰。布鲁诺死于1600年，而罗马天主教会对哥白尼著作的禁令是在1616年发出的。伽利略的确因传播哥白尼学说在1633年被判终身监禁，著作被查禁，但这是一个特别的个案，牵涉到当时的教会、王权以及复杂的人际关系，不能看作天主教会一贯敌视科学的证据。1718年伽利略的部分著作解禁，1853年全部著作解禁，1992年教皇保罗二世公开承认对伽利略的判决是错误的。

哥白尼供职的弗龙堡大教堂，波兰

基督教是一个绵延了差不多两千年的宗教，在漫长的历史过程中，宗教与科学的关系、教会对待科学的态度都在改变，我们不能笼统地说宗教是科学的敌人。

　　基督教是一个绵延了差不多两千年的宗教，在漫长的历史过程中，宗教与科学的关系、教会对待科学的态度都在改变，我们不能笼统地说宗教是科学的敌人。另外，对宗教很不熟悉的中国读者还要特别注意，无论你是正面评价还是负面评价基督教对于欧洲文明的影响，你都不能否认和忽视这种悠久而又深远的影响本身。缺了基督教这个背景，要理解西方的历史文化是不可能的，正如离开儒家思想，不可能真正理解中国文化一样。

　　基督教诞生于罗马帝国，一开始是穷苦人民的宗教，受到罗马统治者的残酷迫害。基督教的普世主义提倡人人平等，强调耶稣不只是犹太人的救世主，而是全人类的救世主。无论穷人还是富人，自由民还是奴隶，男人还是女人，只要信奉耶稣，就能得到拯救。在当时社会动荡、精神上穷途末路的罗马帝国，基督教很快就吸引了成千上万的信奉者，特别是社会上的弱者和边缘人群。罗马帝国一直对基督教采取打压迫害的政策，直到 313 年君士坦丁大帝发布赦令，宣告基督教合法。基督教为了生存和发展，经历了长期艰苦卓绝的努力。正如专门研究中世纪的科学史家格兰特（Edward Grant，1926— ）所说，与伊斯兰教相比，基督教的一个显著特征就是传教缓慢。数百年的时间里，它积累了与异教文化、世俗文化打交道的丰富经验。一方面，它适应异教学术并做出自己的调整；另一方面，它也影响了世俗学术的内容和发展方向。由于传教缓慢，基督教有时间吸收异教学术为我所用，结果是，异教学术成为基督教本身不可分割的组成部分，没有可能也没有必要予以彻底消除。异教学术与基督教形成了共存的局面。

《新约全书》是用希腊语书写的，因此基督教一开始就带有两希文明（希伯来和希腊）相结合的痕迹。记录耶稣及使徒言行的《新约全书》完成于1世纪，于4世纪正式定型。这期间，无数博学的基督教护教学者致力于澄清教义、解答疑问，应对希腊化哲学的许多问题和困境，建立了基督教与异教学术之间的生态共存关系。一方面，早期教父们对于希腊学术持明确的贬低态度，认为希腊科学只能提供或然性的知识，远非确定性的真理，希腊科学的许多命题和思想都是错误的，有害的。但另一方面，教父们通常都接受过希腊罗马文化的教育和熏陶，异教学术已经成为他们知识背景的一部分，因此对希腊科学的贬低态度没有也不可能走向极端，相反，他们逐步接受了所谓的"婢女论"，即异教学术虽然没有接受上帝的启示因而达不到真理层面，但是，它们可以为接近基督教神学这种更高的知识形态做准备，因此可以像婢女一样被利用。婢女论贬低但不拒绝希腊科学，成为罗马时代基督教对待世俗学术的标准态度。

《新约全书》是用希腊语书写的，因此基督教一开始就带有两希文明相结合的痕迹。

与异教学术和平共处的局面与基督教教义中对待国家的态度也有关系。基督教信奉"耶稣的归耶稣，恺撒的归恺撒"，即神权和王权之间是彼此独立的，这导致了在基督教世界教会与国家并存的局面。在实际的历史发展过程中，教会与国家的权威在不同时间不同地点有不同的权重，但在理论上，这种双重权威应该是平衡的。尽管在早期，为了争取自己的地位，罗马教皇一直强调教权高于王权，但在真的占据上风时，教皇也从未把一位主教任命为国王。

更重要的是，基督教在中世纪继承并且光大了罗马的法律传统，使得欧洲社会成为一个根本意义上的法制社会。著名法学家伯尔曼（Harold J. Berman，1918—2007）在他的《法律与革命》一书中说："这个运动在所谓的格列高利改革和授职权之争（1075—1122）达到了顶点，导致了第一个西方现代法律体系即罗马天主教'新教会法'（jus novum）的形成，并且最终也导致了王室的、城市的和其他新的世俗法律体系的形成。"①他把这个由教皇格列高利七世（约1020—1085）发起的改革运动称之为教皇革命（pope's revolution），并且认为正是教皇革命为基督教欧洲奠定了法制基础。通过教皇革命，澄清了教会与世俗政权之间的权力边界，使精神权威和世俗权威相互独立，也为欧洲社会生活其他方面的立法树立了榜样。在此我们看到，基督教实际上继承了希腊的自由学术以及罗马的法律精神。

从11世纪开始，在神圣教权和世俗王权之外，欧洲出现了一股新的社会力量，那就是城市。在中国历史上，城市无论是

---

① 伯尔曼：《法律与革命》，贺卫方译，中国大百科全书出版社2002年版，第2页。

起源于战略要地，还是起源于商业中心，最终都会归属于皇帝，而且通常会成为当地的行政权力中心。现代中国人心目中的城市是相对于乡村而言的，往往只看到它人口密集、工商业繁荣的一面，不会想到欧洲中世纪兴起的城市最大的特色是它的自治。这些由商人和手工业者结成的自由民的自治政体在罗马帝国瓦解后政治上四分五裂的欧洲蓬勃兴起。通常他们从国王那里获得特许状，享有自治权。市民们不再受封建领主以及封建法律的制约。欧洲城市的自主发展、独立自治是中世纪一道亮丽的风景，工商业因此获得了巨大的自由发展空间。在城市中成长起来的这种新兴的政治力量在世界上其他地区都不曾出现过。

欧洲城市的自主发展、独立自治是中世纪一道亮丽的风景，工商业因此获得了巨大的自由发展空间。在城市中成长起来的这种新兴的政治力量在世界上其他地区都不曾出现过。

居住在自治城市中的市民们也组建了各种各样的自治组织，以规范行业行为，维护同行的正当权利。比如皮革匠行会、裁缝行会、陶瓷行会、酿酒行会等，都是城市中的自治组织。这些行会或社团被称为 universitas。在城市的发展过程中，有一类人群及其自治社团格外引人注目，那就是学生联合会、教师联合会或师生联合会，也就是大学。

一、大学是一个自治机构

11 世纪开始的大翻译运动以及随之而来的学术复兴使许多城市开办了各式各样的学馆（studium），以满足日益高涨的对希腊学术和罗马法的兴趣和学习热情。从学馆转变为大学的关键标志不是教学规模的扩大，也不是拥有自己的不动产，而是教师和学生组建的具有法律意义的自治联合会。在城市的诸多行会、社团和联合会中，由教师和学生组成的联合会最为稳定持久，结果到了 13 世纪就独享了 universitas 一词，使之成为一个专名。这就是今日"大学"（university）一词的由来。

　　历史上最早出现的两所大学中，博洛尼亚大学更多的是一所学生大学，而巴黎大学主要是一所教师大学。大学内部，同乡会和寄宿制学院是两个扮演重要角色的组织。在博洛尼亚大学，由几个学生同乡会会长选举产生校长。大学校长由学生担任，连教师也要向学生校长宣誓效忠。《欧洲大学史》写道："与中世纪所有的法人一样，在某种程度上，大学是按照它们所享有的特权（或如它们所说的'自由与豁免'）来划分的。在这些特权中，首要的和最重要的是自治权，即大学作为法人团体有权处理与外部的关系，监督成员（不管是教师还是学生）的录用，制定自己的章程并通过一定程度的内部管辖强制施用，而其他的特权则由法人团体的成员所享有。教师和学生具有相同的个人地位。这些情形产生于12世纪而定型于13世纪。"[①]

历史上最早出现的两所大学中，博洛尼亚大学更多的是一所学生大学，而巴黎大学主要是一所教师大学。

博洛尼亚大学

――――――――――
① 里德-西蒙斯主编：《欧洲大学史》第一卷，张斌贤等译，河北大学出版社2008年版，第120页。

122

大学是学生或教师组建的有法律地位的自治组织，与城市当局订立自我保护的条约，捍卫自身的权益。

大学是学生或教师组建的有法律地位的自治组织，与城市当局订立自我保护的条约，捍卫自身的权益。比如，学生可以向城市当局要求享受教士的种种特权，比如免税、免服兵役，个人财产不受地方当局查封，不接受地方市民法庭的指控，只服从于教会法庭，有时甚至也不受当地的宗教法庭的指控，而是由自己的教师设立裁判所，等等。再比如，大学可以要求城市当局不得随意提高房租，不得对外国学生动用司法权。1155年，神圣罗马帝国皇帝腓特烈一世在博洛尼亚颁布《安全居住法》，允许教师和学生自由迁移，强令本国人不得拖欠外国学生债务等。为外国学生提供种种法律保护，是大学从世俗行政当局那里争取权益的一个典型。

由学生组成的学生大学与教师也订立自我保护的条约。"在博洛尼亚大学，那里的学生行会，在一开始聘请教授时，就通过罚款来监督教授是否良好地履行自己的教学职责，是否准时上课，是否上了足够的课时，为了支付罚金，教授们必须事先存下一笔钱来支付保证金。"① 相反，由教师组成的教师大学，则对学生也有相应的规矩约束，比如及时支付学费之类。

大学的法律化、制度化包括许多方面。它要从教皇或者国王或者封建主那里获得特许状，成为有法律地位的自治组织。它要与城市当局订立自我保护条约，包括大学师生享有特权、免税、限定房价等。它也要有自己的宪章，以规范教学事务中出现的种种问题，比如教师资格的遴选、教师的权利和义务、科目和课程的设置、教材的选择、教学计划的制订、学位的颁发等。得益于教皇革命，大学成为法治欧洲最有活力的一股新

① 里德－西蒙斯主编：《欧洲大学史》第一卷，第23页。

兴政治力量，在教权与王权之间左右逢源，发展壮大自身。借助于教皇的特许状，大学向世俗地方行政当局要求自己的成员享受教士的特权。借助于皇帝和国王的支持，大学向教会要求学术自由。有些大学教师享受教会的俸禄和教士的特权，但并不从事教会工作，不对教会尽义务。正是在欧洲中世纪教权和王权并立的特殊历史条件下，大学慢慢成长为欧洲第三大政治势力。

二、大学提供基督教世界普适的学问标准

除了学生和教师结社自治之外，大学建立的另一个重要标准是获得教皇或世俗当局的认可，从而获得法律上的独立地位。正是教皇或者国王颁发的特许状，将大学与同时代其他学校如主教学校、城市学校、托钵僧教团学校以及私人法律学校等区别开来。

教皇为大学颁发特许状的初衷是在基督教世界建立统一的神学教师教学许可证制度，被许可在一所大学教授神学，也就意味着在所有大学都拥有教学资格，相当于拿到了统一的教师资格证。教皇为大学颁发特许状，使大学成为普遍意义上的泛欧洲机构。在大学这个特殊的场所，来自欧洲不同地区的年轻人聚集在一起，学习知识和探讨学术，形成普世主义的学问标准。

作为教皇革命的后续，对罗马法的学习和研究渐成热潮。博洛尼亚地区从 11 世纪下半叶就出现了法律学校，1180 年至1190 年间学生组织同乡会，同乡会结盟成为大学，1219 年教皇决定颁发教学许可证，1252 年订立大学章程，其中规定学生们自己雇用教师，规定教师薪金。就其教学内容而言，博洛尼亚

教皇为大学颁发特许状的初衷是在基督教世界建立统一的神学教师教学许可证制度，被许可在一所大学教授神学，也就意味着在所有大学都拥有教学资格，相当于拿到了统一的教师资格证。

大学主要是一所法律大学，而巴黎大学主要是一所神学大学。1200 年，法国国王允许学生享有教士的特权。教皇在 1215—1231 年授予巴黎大学章程。大学由 1220 年建立的四个同乡会组成，1240 年校长由教师选举产生。

除了教皇颁发特许状之外，还有另一个因素使大学能够提供普适的学问标准，那就是大学的学位制度。古希腊和罗马的学校从未有过颁发学历和学位证书的传统。大学向自己的学生颁发学位，是大学的行会性质决定的。大学作为学生和教师的行会组织，其基本功能就是设置行业门槛、行业标准，提供产品标准。与其他行业的区别在于，大学因为是传授知识的机构，所以享有知识本身固有的普世品格。大学所维系的产品标准就是学术标准。获得大学学位，意味着经受过合格的学术训练，因而享有相应的学术地位。一所大学颁发的学位在整个基督教世界都予以承认，正如一所大学的任教资格在其他大学也通用一样。今天大学之间互相承认学分、学历，教授在大学之间流动，都出自这个传统。

早期的大学通常有四种学院：艺学院（faculty of arts）、神学院（faculty of theology）、法学院（faculty of law）、医学院（faculty of medicine）。艺学院读 2~3 年可以获得学士学位，再读 2~3 年可以获得硕士学位。获得硕士学位之后，要在艺学院义务教学两年，之后可以进入其他三个专业学院继续攻读博士学位。获得博士学位意味着有资格留在专业学院里任教。

获得学位的学生可以穿着特别设计的服装参加典礼。今天在中国采用的罩袍式学位服就是从中世纪一直传下来的。它的原型是教士服。

除了教皇颁发特许状之外，还有另一个因素使大学能够提供普适的学问标准，那就是大学的学位制度。

三、大学以讲授自由之艺为基础

虽说博洛尼亚大学以法学为主，巴黎大学以神学为主，但作为大学，它们都有一个主要讲授自由之艺（liberal arts）的艺学院作为基础。艺学院在中文里有许多翻译，比如文学院、人文学院、博雅学院、本科学院，都有一定的道理。我为了强调它教授的是自由之艺，译成艺学院。

所谓自由之艺，就是从罗马流传下来的自由七艺，指自由民应接受的七门基础课程。其中的语文三艺（Trivium）即语法、修辞和逻辑，数学四艺（Quadrivium）即算术、几何、音乐、天文，合称七艺（seven liberal arts）。自由七艺是西方人文教育的基础，故汉语学界也有人把 liberal arts 译成人文七科，把 liberal education 译成人文教育。自由七艺均源自希腊，是对希腊学术的某种稀释。这是罗马文明遗留给中世纪的两大文化财富之一（另一大财富是罗马法）。

到中世纪早期的黑暗时代，所谓七艺知识含量十分有限。语文三艺差不多等于拉丁语的阅读和写作训练，数学四艺成了粗浅的算盘、教会历法、圣歌练习以及一些实用几何。12 世纪的学术复兴为七艺增添了许多新材料。亚里士多德的自然哲学、形而上学、伦理学、政治学著作被引入艺学院的教学之中。到了 13 世纪中期，艺学院的课程系统不再是七艺，而是按自然哲学、伦理学和形而上学这三个哲学分支进行划分。逻辑学和修辞学成为三艺中的主科，自然哲学则取代了四艺。修辞学成为法学的预备科目，而逻辑学与自然哲学是医学的预备科目。

把自由之艺作为大学学习的基础，这是中世纪大学对于希腊和罗马古典文明的继承。

把自由之艺作为大学学习的基础，这是中世纪大学对于希腊和罗马古典文明的继承。在城市工商业环境下成长起来的大学本该面向"经济建设主战场"，为教会和国家"培养人才"，但是拉丁欧洲人并没有短视到把大学办成职业培训机构，那样的话，大学就与一般的行业公会办的学校没有什么区别了。与自由之艺相对，中世纪还出现过机械之艺（mechanical arts，拉丁文 artes mechanicae）的说法。东罗马帝国哲学家爱留根纳（Johannes Scotus Eriugena，约800—877）已经提出如下七艺：制衣、农艺、建筑、兵艺、商贸、烹调、冶金，表达人类的低级需要。后来，圣维克多的休（Hugh of saint victor，1096—1141）用航海、医学、戏剧分别替代了商贸、农艺和烹调，使机械七艺的地位有所上升。但是，我们看到，中世纪大学创建的时候，并没有把作为主打学科，因为他们相信，这些用不着到大学来学，而大学作为大学，首先要学习自由之艺。全部机械七艺里，只有医学被特殊对待，建立了单独的医学院。

神学、法学、医学三个专业学院并不从"在职人员"中招生，快速地直接培养高级专业人才，而是从艺学院接收毕业生。今天欧美发达国家的大学继承了这个卓越的传统。像哈佛大学的法学院、管理学院、医学院定位为专业学院，不能招收自己的本科生。它们的生源都是文理学院（College of Arts and Sciences）的毕业生。不像今天的中国、今天的北大，高考状元都直接跑去读管理学院。今天的文理学院就是当年的艺学院。艺学院成为大学的基础学院，是大学的基本办学模式。

今天的正牌大学生被称为本科生，但人们不太深究"本科"

神学、法学、医学三个专业学院并不从"在职人员"中招生，快速地直接培养高级专业人才，而是从艺学院接收毕业生。

两个字的真正含义，也不清楚汉语里"本科"两个字从何而来，不明白为什么 undergraduate 被译成"本科"。"本科"这个词是蔡元培先生发明的，想表达的意思是，文科和理科是大学里的"基本之科"。蔡元培先生提出"本科"概念，是继承了欧洲大学的"艺学院"传统。他在《我在北京大学的经历》一文中说："我那时候有一个理想，以为文、理两科，是农、工、医、药、法、商等应用科学的基础，而这些应用科学的研究时期，仍然要归到文、理两科来。所以文、理两科，必须设各种的研究所；而此两科的教员与毕业生必有若干人是终身在研究所工作，兼任教员，而不愿往别种机关去的。所以完全的大学，当然各科并设，有互相关联的便利。若无此能力，则不妨有一大学专办文、理两科，名为本科，而其他应用各科，可办专科的高等学校，如德、法等国的成例，以表示学与术的区别。因为北大的校舍与经费，决没有兼办各种应用科学的可能，所以想把法律分出去，而编为本科大学，然没有达到目的。"① 蔡校长清楚地区分了"学"与"术"，"本科"与"专科"，力图把北大办成真正的"本科"。然而今天，我们已经完全忘掉了"本科"的含义，培养了一大批诸如医学本科生、法学本科生、管理学本科生等概念混乱、自相矛盾的教育产品。

"本科"这个词是蔡元培先生发明的，想表达的意思是，文科和理科是大学里的"基本之科"。蔡元培先生提出"本科"概念，是继承了欧洲大学的"艺学院"传统。

大学以讲授自由之艺为本，表明尽管经历了黑暗时代，欧洲大学仍然接续了希腊自由学术的精神，并且在新的社会历史条件下将其制度化，成为自由学术的坚强堡垒。

四、大学以自由辩论为主要教学方式

中世纪大学形成了非常规范和稳定的教学内容和教学形

① 蔡元培：《蔡元培全集》第6卷，中华书局1988年版，第352页。

北京大学校园里的
蔡元培铜像

式。基本的教学形式有两种，一是讲座（lectio），一是辩论
（disputatio）。讲座由教师讲授，目的是让学生熟悉教材上的
知识内容。辩论则是在教师主持下，在学生与学生、教师与学
生之间展开，目的是让学生运用所学知识。

"讲座"的基本程序是，首先朗读经典文本，然后解释其
中的关键概念和术语，再对文本中的主要观点进行解说和进一
步分析。这与今天世界各地的教学方式相差不大。但是，中世
纪大学发展出了一种独特的讲座模式，那就是在文本分析的时
候强调提出"问题"，在"问题"引导下对文本展开分析和批
判性阐释。通过这种讲座模式，中世纪的大学教师积累了一类
重要的学术文献，即"问题文献"。这些文献在大学课堂上再
次讲授，培养了学生的批判精神和"问题意识"。"问题意识"
是学术研究的开端。中国学生之所以严重缺乏科研能力，根本
原因在于"问题意识"不足。在我们的大学课堂上，知识传授
有余，培养"问题意识"不足。这是我们与世界一流大学最重
要的差距。

"辩论"是中世纪大学一种独特的教学方式。我们中国的
传统教育模式重视对经典的背诵、记忆，再加上学生自己的理
解和接受，很少有这个辩论的环节。时至今日，我们的大学课
堂里，学生仍然满足于认真听讲做笔记，没有提问的习惯。目
前只有在研究生阶段开设"讨论班"，鼓励学生参与讨论。本
科生阶段的课程仍旧主要是由教师讲授。

中世纪大学里的辩论课通常由教师主持，引入问题，出席
的学生和教师分成正反两方进行辩论。主管教师最后对双方的
辩论进行综合，得出一个结论。在这种课上，学生既训练了自

己的表达能力，又参与了知识的生产过程。除了通常的辩论课，大学艺学院里还开设自由辩论课。这种课可能持续好几天，仍然由一位教师主持，由学生和教师组成的听众们提出问题，主持教师做出回答和评论。这种课的特别之处在于，听众可以提出任何问题，包括对当时的神学和政治极具毁灭性的问题。当然，教师通常不会做出不利于当时神学和政治的回答和结论，但是在提问环节，大学师生享有高度的学术自由。

　　辩论这种集体的智力训练方式是中世纪大学对于欧洲教育的创造性贡献。今天我们的学位制度中实施的论文答辩制度、在大学教育中提倡的讨论班教学方式都来自中世纪大学的传统。自由的探索是大学的法定特权，大学因此成为自由学术的制度保障。

自由的探索是大学的法定特权，大学因此成为自由学术的制度保障。

经院哲学：

中世纪的科学形态

　　大学，特别是其中的艺学院，为希腊学术的复兴提供了制度保障，也孕育了两希文明相融合的重大成果——经院哲学（scholasticism）。

　　基督教在罗马帝国成长的过程中，在社会层面遭遇的是教会组织与世俗政权之间的冲突，在思想层面遭遇的则是信仰与理性之间的冲突。处在希腊理性文化的汪洋大海之中的早期基督教思想家，为了申张基督教的独特性，着力强调信仰高于理性，甚至反理性。德尔图良（Tertullianus，约150—约230）主张，雅典（理性）和耶路撒冷（信仰）毫不相干。对于"道成肉身"这样的基督教基本教义，德尔图良说，"正因为荒谬，我才相信"。

　　但是，在基督教成功在罗马帝国生根之后，基督教护教思想家开始正视信仰与理性的关系问题，并逐渐形成了"婢女论"，即作为异教学术的理性哲学仍然可以为基督教神学所用。以奥古斯丁（354—430）为代表的教父哲学家强调，信仰先于理性，高于理性，没有信仰就谈不上理性。哲学和神学都追求真理，但哲学只能获得低级的真理，没有信仰的哲学不可能获得终极真理。哲学如果能够为神学服务，用来论证神学，为信仰做准备，则仍然是有价值的。总之，理性是信仰的手段（"信仰寻求理解"），信仰是理性的目的。没有理性的信仰是盲从和迷信，没有信仰的理性毫无意义。

奥古斯丁代表了理性和信仰、哲学和神学早期的结合方式，然而，随着 11 世纪经院哲学的出现，这种结合方式开始发生重大变化。经院哲学在台湾译成"士林哲学"，字面意思是在学院里流行的哲学，实质内容是用理性的方式对基督教教义进行论证。经院哲学起于安瑟尔谟（Anselmus，约 1033—1109），托马斯·阿奎那（1225—1274）集其大成，奠定了中世纪后半期基督教神学、哲学的基础。

经院哲学出现的背景是亚里士多德思想的全面复兴。随着大翻译运动的蓬勃开展，希腊科学和哲学经典以及阿拉伯学者的注释被译成拉丁文，使欧洲人大开眼界。面对博大精深的异教学术，基督教思想家感受到了压力，重新结合理性与信仰、协调希腊学术与基督教教义的任务摆在他们面前。

经院哲学出现的背景是亚里士多德思想的全面复兴。

亚里士多德是一位百科全书式的思想家，在形而上学、自然哲学、伦理学、政治学、诗学等诸多学科领域都有原创性贡献。更重要的是，他的思想不仅具有开创性，而且具有内在的融贯性，他在任何一个单独学科的思想都受到其他学科相关思想的支持。除非对他全盘否定，否则单独否定某一个局部的观点是很困难的。伊斯兰思想家阿威罗伊对亚里士多德佩服得五体投地，他说："亚里士多德的教导是至高的真理，因为他的思想是人类思想的最终表达。"基督教思想家对亚里士多德也是推崇备至，阿奎那认为，"亚里士多德已经达到了人的思想不借助基督教信仰所能达到的最高水平"。

然而，亚里士多德所代表的希腊思想与《圣经》在许多方

亚里士多德所代表的希腊思想与《圣经》在许多方面存在根本的差异。最大的差异可能是，希腊人认为宇宙是永恒存在的，无始无终，而基督教信奉创世思想。

面存在根本的差异。最大的差异可能是，希腊人认为宇宙是永恒存在的，无始无终，而基督教信奉创世思想。这也是最难调和的一个矛盾。亚里士多德从理性出发认为，让宇宙有一个开端，我们必然会追问这个开端的原因，而这必然会导致无穷后退，不如假定无始无终更加合理。

12世纪的第二个25年，亚里士多德及其阿拉伯注释作品陆续被译成拉丁文。到了13世纪，神学如何与亚里士多德学说和平共处成为问题。亚里士多德思想在基督教世界的传播引起了教会的巨大震动。反对亚里士多德的势力在巴黎大学迅速集结。1210年，地方教会禁止在巴黎阅读亚里士多德的自然哲学著作。1231年，教皇格里高利九世批准禁令。但是，教会内部的保守势力并没有能够一手遮天。巴黎大学艺学院和神学院的教师以各种各样的方式抵制禁令，直到1255年禁令解除。不过这个禁令只对巴黎大学有效，牛津大学则不受影响，一如既往自由地研究和注释亚里士多德的著作。第二波禁令来自巴黎主教唐皮耶（Étienne Tempier，？—1279）。1277年，唐皮耶宣布对亚里士多德及其注释者提出的219个命题进行谴责，史称"大谴责"。在此之前的1272年，巴黎大学艺学院教师曾被迫宣誓不再对神学问题发表意见。大谴责引发了艺学院与神学院教师之间的紧张关系。理性与信仰、哲学（科学）与神学的关系面临新的调整。

1240年至1270年间，教会中新旧两派的相互交锋使人们对形而上学问题日益熟悉，大阿尔伯特和托马斯的伟大综合开始出现。

神学家中的新派人物倾向于提升理性的地位，从神学之婢女的地位提高到与神学并列。经院哲学之父安瑟尔谟曾经企图综合理性和信仰，基于理性证明上帝存在。过去我们比较多地嘲笑安瑟尔谟的工作，认为这样做徒劳无益。事实上，用理性"证明"上帝存在与单纯地"相信"上帝存在之间存在着原则性的区别，"证明"的引入意味着理性地位的极大提升。安瑟尔谟主张，哲学与神学之间没有清晰的界线。最高的哲学就是神学，而神学是最高级的科学形态。安瑟尔谟规定了经院哲学的基本目标是，为基督教教义提供理性论证和支持。作为基督教思想家，他们相信，单凭理性并不能发现真理，但的确可以理解真理。

　　1247 年，大阿尔伯特（Albertus Magnus，约 1200—1280）出任多明我会教职，次年开始对亚里士多德的所有著作进行注释。他明确区分了神学和哲学的适用范围，提出自然哲学的自治问题，不再把哲学看成是神学的婢女。

　　大阿尔伯特的学生托马斯·阿奎那进一步强调，哲学和神学是相互独立的学科。哲学的基本原则是理性，神学的基本原则是信仰，信仰不能为理性所证明，它们是相互独立的。阿奎那通过对亚里士多德的著作进行基督教化，把理性精神系统全面地引进基督教神学之中，使得神学逐渐发展成一门亚里士多德意义上的科学。阿奎那在《神学大全》中提出了把神学看成是一门科学的观点："我们必须牢记，科学有两种。其中有些是基于那些因理智的自然之光而了解的原理，比如算术与几何之类。还有一些是基于更高级的科学所得出的法则，就如同光学基于几何学所构建的法律，音乐基于算术所构建的法则。所以，神圣学说也是一门科学，因为作为它的基础的原理，来自一门更高级的科学，上帝与圣人们的科学。"① "不管是因其更

用理性"证明"上帝存在与单纯地"相信"上帝存在之间存在着原则性的区别，"证明"的引入意味着理性地位的极大提升。

---

① 转引自格兰特：《科学与宗教——从亚里士多德到哥白尼》，常春兰等译，山东人民出版社 2009 年版，第 155 页。

134

高的确定性，还是其研究对象更崇高的地位，有一门理论科学被认为比其他任何科学都要高尚。"① 这样一来，神学与哲学作为科学的不同门类就成了并列的、相互独立的学科。这是神学自奥古斯丁以来的一次伟大的革命。把神学看成科学，加强了神学的权威性，另一方面，哲学则被从神学中解放出来。

怀特海在追溯现代科学的起源时说："在现代科学理论还没有发展以前人们就相信科学可能成立的信念，是不知不觉地从中世纪神学中导引出来的。"② 因为经院哲学的逻辑把严格确定的思想习惯深深地刻在欧洲人心里，这种习惯即使在经院哲学被否定以后仍然流传下来，比如伽利略，"他那条理清晰和分析入微的头脑便是从亚里士多德那里学来的"③。怀特海深刻地认识到，经院哲学作为希腊理性科学传统的继承者对于现代科学的重大意义。

在大学艺学院里，由于剥夺了对神学问题说三道四的权利，艺学教师们得以专心致志从事哲学–科学研究。由于艺学院在大学里的基础地位，理性科学的学习和研究在大学里蔚然成风。在牛津大学，关于亚里士多德自然哲学的禁令从来没有生效过，而格罗斯泰特（Robert Grosseteste，约 1175—1253）极大地促进了数学研究在牛津的开展。他的弟子罗吉尔·培根 （Roger Bacon，约 1214—1292）则把数学在自然哲学中的地位提到了相当的高度。14 世纪第二个 25 年里，在牛津大学出现了默顿学院的牛津计算者们（Oxford Calculators），或称默顿学派（Mertonians）。

把神学看成科学，加强了神学的权威性，另一方面，哲学则被从神学中解放出来。

经院哲学的逻辑把严格确定的思想习惯深深地刻在欧洲人心里，这种习惯即使在经院哲学被否定以后仍然流传下来。

① 转引自格兰特：《科学与宗教——从亚里士多德到哥白尼》，第 157 页。
② 怀特海：《科学与近代世界》，何钦译，商务印书馆 1959 年版，第 13 页。
③ 同上，第 12 页。

默顿学派的代表人物有布雷德沃丁（Thomas Bradwardine，约 1300—1349）、海茨伯里（William Heytesbury，约 1313—约 1372）等。他们对速度进行了定量的运动学分析，最终得出了中速度定理（一个物体以匀加速度直线运行所走过的距离，等于这个物体以初速度和末速度的平均值匀速运动所走的距离）。在巴黎大学，数学传统一直较弱，但逻辑学是强势学科。14 世纪 50 年代，巴黎出现了布里丹（Jean Buridan，约 1300—约 1358）的冲力说（一种近似于惯性运动的学说），奥雷斯姆（Nicole Oresme，约 1320—1382）用几何方法证明了中速度定理。在许多方面，经院自然哲学家已经为现代物理学开辟了道路。

没有经院哲学这个环节，就没有理性科学在欧洲的复兴，这一点可以从伊斯兰世界的情况中得到反证。阿拉伯学者比拉丁基督教学者更早接触和学习希腊学术，但是希腊理性科学并没有在伊斯兰文化中扎下根来。科学史家格兰特在《现代科学在中世纪的基础》以及《科学与宗教》两书中指出，伊斯兰教

没有经院哲学这个环节，就没有理性科学在欧洲的复兴，这一点可以从伊斯兰世界的情况中得到反证。

牛津默顿学院外景

与基督教有两大区别。其一，基督教徒都知道《圣经》不是一部科学著作，所以他们能够接受《圣经》之外的希腊科学，而穆斯林认为《古兰经》具有很高的科学价值，应该严格地按照字面意思来诠释，所以排斥外来科学；其二，伊斯兰教主要依靠军事征服来传教，传播很快，无须与异教学术磨合适应，而基督教一直处在文化从属地位，形成了与异教学术文化生态共存的策略。正是这两大区别导致希腊学术虽然最早为伊斯兰世界所继承，但并没有扎下根来。在伊斯兰世界，哲学家的地位很低，而且经常受到迫害。13 世纪一位伊斯兰教的宗教权威说："那些学习或教授哲学的人，会被真主的眷顾所抛弃，并会被撒旦征服。这一知识领域会蒙蔽对其辛勤耕耘的人们的双眼，会玷污他们的心灵，令他们违背穆罕默德先知的教导，还有什么比这更可鄙的呢？"[①] 伟大的翻译家们如阿尔－拉兹、伊本－西纳（阿维森纳）、伊本－拉希德（阿威罗伊），一开始受到某个哈里发的保护，但换了一个哈里发，就受到迫害。伊斯兰的经院哲学－神学始终没有成长起来。当阿威罗伊试图把亚里士多德学说与伊斯兰教义结合起来，创建伊斯兰教的经院哲学时，当时的哈里发发表了一道有象征意味的布告："上帝已命令为那些妄想单凭理性就能导致真理的人备好地狱的烈火。"[②]

---

① 转引自格兰特：《科学与宗教——从亚里士多德到哥白尼》，第202页。
② 罗素：《西方哲学史》上卷，何兆武译，商务印书馆1963年版，第519页。

唯名论革命为现代科学开辟道路

　　以托马斯·阿奎那为代表的经院哲学是基督教化了的亚里士多德哲学，是高度理性化了的神学。通过经院哲学这个环节，希腊理性精神被基督教世界所继承。1323年阿奎那被教会封为圣人，意味着经院哲学／神学成为正统。希腊学术摆脱了神学婢女的地位，成为有独立学术价值的精致文化。在大学里，对希腊学术的研讨成为常规课程。很长时间以来，许多中文文献宣称亚里士多德借助基督教会统治了欧洲思想一千八百年，这言过其实了。现在我们知道，亚里士多德与基督教合流并取得教会正统地位，始自13世纪，到科学革命时期，也就四百年。

　　我们必须注意到，单是希腊学术的复兴并不足以催生现代科学，况且，经院哲学所推崇的只是亚里士多德的自然哲学，对阿基米德的数学和力学、托勒密的天文学，欧洲人仍然不怎么了解。更重要的是，彻底理性化了的亚里士多德自然哲学并不能为现代科学开辟道路，相反，它后来成了现代科学的创立者们首先要克服的顽固对象。因此，要理解现代科学起源的历史背景，我们必须注意到在经院哲学与现代科学之间，另有一个重要的历史环节，这就是唯名论革命（Nominalist

彻底理性化了的亚里士多德自然哲学并不能为现代科学开辟道路，相反，它后来成了现代科学的创立者们首先要克服的顽固对象。

Revolution）。

　　唯名论（Nominalism）是经院哲学内部分化出来的一个哲学派别，以主张共相（普遍本质）只是名称而非实在得名，与唯实论（Realist，又译"实在论"）相对立。唯名论有强版本和弱版本两种。强版本主张，只有个体存在，共相不存在；弱版本主张，个体存在在先，共相作为推论次之，但仍然作为概念而存在。与唯名论相对的唯实论也有不同版本，最强版本是柏拉图式的实在论，主张共相可以完全独立于且优先于个别事物而存在；次强的版本是亚里士多德式的实在论，主张共相存在于殊相（个别事物）之中，我们通过思想可以认识到共相，但共相并不能独立于个别事物而存在，因此它的存在并不高于个别事物的存在。最早提出唯名论的是洛色林（Roscellinus Compendiensis，1050—1125），这个派别的代表人物有邓·司各特（John Duns Scotus，约1265—1308）和奥康的威廉（William of Occam，约1285—1349年）。我们注意到，这几位都是托马斯·阿奎那同时代的人，因此，唯名论是在经院哲学内部与唯实论一同成长壮大起来的。

　　唯名论与实在论的对立在基督教教义的背景下被赋予了全新的含义。托马斯·阿奎那主张，从上帝的角度看，共相先于个别事物而且能够独立存在，因为上帝显然是先创造了共相，然后才创造个别事物；从事物的角度看，共相存在于个别事物之中；从人类认识的角度看，先有个别事物后有对共相的抽象。阿奎那的这个主张是一种综合性的说法，但从神学角度看，他是一个实在论者，一个亚里士多德意义上的温和实在论者。以阿奎那为代表的经院哲学的经典形式是实在论，共相被认为是人类所能认识到的上帝的理性。经院哲学认为世界渗透着理性，世界上的每一种事物都是上帝的理性范畴（共相）的样本。从自然事物之中，人类可以认识到共相从而认识到上帝的逻辑。在经院实在论者那里，上帝是一个理性的上帝，一个有条不紊、秩序井然的上帝。世界作为上帝的造物构成一个存在之链，从低级到高级，最顶端是人类，再往上就是上帝。但丁的《神曲》（*Divina Commedia*）采用的是典型的基督教的经院叙事，把基督教关于人生、历史的全部理性结构以文学的方式表达出来。它的名字译成"神剧"更准确，因为基督教的人生和历史的确就是一部神圣的戏剧，世界和宇宙不过是这出神剧的舞台，其主题就是人的堕落（地狱）、赎罪（炼狱）、得救（天堂）。整个过程既有条不紊又充满温情。

　　唯名论认为个别事物、个体才是实在的，共相则只是一个名词。这看起来只是自希腊以来就有迹可循的纯粹的哲学理论分歧，为什么会引起一场思想革命呢？从神学角度看，这背后隐含着关于理性与信仰孰轻孰重的重大理论分歧。如果所有受造物都是特殊的、个别的，那就无法编入理性的存在之链中，人就无法通过对造物的理性研究通往上帝，甚至上帝本身也无法通过理性被理解，只能通过启示和神秘体验被感受到。唯名论以一种新的形态重申了信仰高于理性、信仰超越理性的传统神学观念，挑战主流经院哲学将理性与信仰相结合的伟大努力。

　　与主流经院哲学把上帝看成一个理性的上帝不同，唯名论极度强调上帝的全能和意志自由。每一个事物的存在完全是因为上帝的意志，每一个事物以如此这般的方式存在也完全是因为上帝的意志，没有自然的原因。上帝享有完全的自由，不受

经院哲学把世界看成是渗透着理性，世界上的每一种事物都是上帝的理性范畴（共相）的样本。从自然事物之中，人类可以认识到共相从而认识到上帝的逻辑。

如果所有受造物都是特殊的、个别的，那就无法编入理性的存在之链中，人就无法通过对造物的理性研究通往上帝，甚至上帝本身也无法通过理性被理解，只能通过启示和神秘体验被感受到。

140

上帝不可能创造共相，因为共相将限制他的全能。

自然法则的约束，甚至也不受他从前约定的约束。奥康的威廉认为，上帝不可能创造共相，因为共相将限制他的全能。对唯名论者而言，全能的上帝完全可以让太阳从西边出来，让人返老还童，他甚至可以只拯救那些恶贯满盈的坏人而不拯救那些行善积德的好人，没有任何理性的规矩可以约束他。亚里士多德的自然哲学中有许多不可能命题，比如，不存在虚空，因为虚空是一个自相矛盾的概念；没有运动就没有时间；不可能创造多个世界，因为多世界与自然运动学说相矛盾；天球不可能做直线运动，因为这会导致虚空出现；偶性无法离开实体而独立存在，红色不可能离开红色的东西独立存在；等等。所有这些基于理性推导出来的自然哲学法则，都被认为限制了上帝的全能，为唯名论者所激烈反对。

一方面，经院学者们基于亚里士多德的正统地位，可以自由地研讨异教学术提出的问题；另一方面，他们基于上帝全能的唯名论思想，又可以大胆挑战亚里士多德自然哲学中的种种理性教条。

唯名论与唯实论的争论为经院哲学带来了活力。一方面，经院学者们基于亚里士多德的正统地位，可以自由地研讨异教学术提出的问题；另一方面，他们基于上帝全能的唯名论思想，又可以大胆挑战亚里士多德自然哲学中的种种理性教条。比如，按照亚里士多德的思想，他们可以假设世界是永恒的，属性只能附着于实体之上，从而推出一个身体可以承载不止一个灵魂、一个灵魂可能经历许多个身体这样的异端思想。再比如，按照亚里士多德的自然哲学，虚空是一个自相矛盾的荒谬概念，因为所谓虚空即是空无一物的处所，但处所按照亚里士多德的看法，本来就是由他物包围着的。此外，按照亚里士多德的自然运动理论，运动起因于处所的差异，如同电荷由高电势向低电势移动一样，但在虚空中并无这种差异，因此在虚空中运动是不可想象的。还有，按照亚里士多德的运动理论，一个物体的运动速度取决于推动力与阻力的某种平衡，在虚空中完全没有阻力，运动速度将会达到无限大。因此，在虚空中要么不可能运动，要么运动速度无限大，这都是荒谬的。然而，按照上帝全能的唯名论思想，创造虚空是完全有可能的：世界既然是上帝创造的，那么创世之前不就是虚空吗？如果上帝能够在世界之前和之外创造虚空，他就不能在世界之内创造虚空吗？唯名论者对亚里士多德自然哲学的种种探索性批判，与二百年后伽利略的革命性思想极为相似。

　　但是，在这两个方面，经院学者们的探索空间都是有限的。他们可以按照逻辑和理性进行推理，也可以按照上帝全能的思想对亚里士多德的种种教条进行突破，但这些推理和突破都只能被看成是假设性的，其结论只能是可能为真，而不能认为绝对为真。允许进行自由的探索，但不能认为结论就是真理，这是基督教会在理性与信仰之间建立的一种平衡策略。有的人也许觉得这令人难以置信，但这是历史事实，也是生活常识。今天我们不是也有"研究有自由，宣传有纪律"的说法吗？哥白

允许进行自由的探索，但不能认为结论就是真理，这是基督教会在理性与信仰之间建立的一种平衡策略。

伽利略晚年被软禁的别墅，位于佛罗伦萨郊外的山上

尼和伽利略当年都可以自由地研究和讲授他们的日心说，但不可坚持它就是真理。伽利略后来受审，其中一个原因就是他违背了自己的承诺，坚持日心说为真。

中世纪晚期的唯名论者在许多方面为现代科学开辟了道路。牛津大学的默顿学派以定量的方式研究运动，得出了中速度定理。巴黎大学的布里丹提出冲力说，以解释抛射体在脱离投掷者之后为何仍然能够继续运动的问题。牛津的布雷德沃丁和巴黎的奥雷斯姆都主张无限虚空的概念。奥雷斯姆和布里丹设想这地球自转以解释天空周日旋转问题，布里丹甚至用冲力说解释了地球运动的情况下垂直上升的箭为何仍然能够落回原地。所有这些杰出的成就都出自唯名论者。但是，这些杰出的思想都只是假设性的。经院学者们的才智更多地放在了逻辑推演而非实验验证上。从根本上讲，现代科学诞生自一场科学"革命"，而不是经院哲学的延伸。

如果说唯名论者所做的具体科学研究还不足以使他们成为现代科学的开路先锋，那么在思想观念层面上，唯名论却实实在在为现代科学革命提供了神学动机，准备了观念前提。吉莱斯皮在他的名著《现代性的神学起源》中深刻地揭示了中世纪的唯名论革命如何为现代性开辟了道路："唯名论试图把理性主义的面纱从神面前揭下，以便建立一种真正的基督教，但在这样做的过程中，它揭示了一个反复无常的神，其能力令人恐惧，不可认识，不可预知，不受自然和理性的约束，对善恶漠不关心。这种对神的看法把自然秩序变成了个体事物的混乱无序，把逻辑秩序变成了一连串名称。人失去了自然秩序中的尊贵地位，被抛入了一个无限的宇宙漫无目的地漂泊，没有自然

唯名论试图把理性主义的面纱从神面前揭下，以便建立一种真正的基督教，但在这样做的过程中，它揭示了一个反复无常的神，其能力令人恐惧，不可认识，不可预知，不受自然和理性的约束，对善恶漠不关心。

法则来引导他，没有得救的确定道路。因此毫不奇怪，除了那些最极端的禁欲主义者和神秘主义者，这个黑暗的唯名论的神被证明是焦虑不安的一个深刻来源。"①唯名论的上帝不像但丁和阿奎那的上帝那样充满理性、温情和仁慈，而是喜怒无常，不可理喻，令人敬畏和恐惧。个人的得救也不取决于你是否行善事、赎罪恶，而完全取决于上帝毫无征兆的恩典。世界丧失了自然法则，沦为一盘散沙，毫无必然性可言。这构成了欧洲思想的一个巨大困境。

教会意识到唯名论的危险，试图予以压制，但收效不大。实际上，从 14 世纪上半叶开始，在牛津和巴黎都出现了声势浩大的唯名论运动。14 世纪之后，欧洲陆续发生了几次大的危机。教会的分裂、黑死病、百年战争使欧洲陷于混乱和不安之中，而这一切现实的灾难和危机又使唯名论的上帝形象显得十分合理。历史就这样把唯名论制造的巨大的思想困难摆在了现代欧洲人面前，以文艺复兴、宗教改革和科学革命为代表的现代性运动正是为了解决这一思想困难而提出的整体方案。

什么是现代性？现代性（Modernity）是现代社会发展所遵循的基本原则。不同的思想家从不同的侧面对现代性有不同的表述，但是，至少有三个原则是大家公认的：第一，人类中心主义原则。人取代神成为万物的中心，现代社会因而是一个世俗社会。第二，征服自然原则。通过运用理性和科学，以及基于现代科学的现代技术，征服和控制自然力，为人类谋利益。第三，社会契约原则。人类的个体是自由且平等的，社会只能

---

① 吉莱斯皮：《现代性的神学起源》，张卜天译，湖南科学技术出版社 2012年版，第40页。

144

现代性是通过把人置于上帝的位置、让人拥有上帝的性质，来解决唯名论革命所提出的人与上帝之间毫无相似之处的困境。

由个体主义的个人根据社会契约进行组建。我们很容易看出，现代性是通过把人置于上帝的位置、让人拥有上帝的性质，来解决唯名论革命所提出的人与上帝之间有着无限差距的困境。承载着现代性的人像唯名论的上帝一样，拥有自由和创造的意志，在征服和控制自然力中显示自己的力量，从而在唯名论所设定的混乱世界中保护自己、建立秩序。正是凭借这种尼采所说的"求力意志"（will to power），现代科学以与希腊理性科学大不一样的崭新面貌登上了历史舞台。

第四章

现代科学溯源之二:

数理实验科学的形而上学基础

现代性已经把我们的生活世界改造成了一个大实验室。我们的整个社会生活、社会结构都已经按照实验室科学所要求的配置和结构进行了改造。

　　现代科学诞生于 16、17 世纪的欧洲绝不是一个偶然的历史现象。它是几百年来基督教世界多种思想运动的产物。在伽利略、牛顿这些现代科学的创始者登上历史舞台之前，许多观念前提已经准备完毕，而现代科学始终活跃在这些观念前提之下。不理解这些观念前提，就不能真正理解现代科学。

　　与希腊科学相比，现代科学呈现出两个新的特点。首先，对我们影响最深刻的是，现代科学能够转化为技术，从而转化为生产力。尽管这种转化在现代科学诞生两百年之后才真正显现出来，但这种转化的能力和倾向深藏于现代科学的内在结构之中，是现代科学的内在禀赋。希腊科学奉自然若神明，从未想过对其进行操作和干预，而现代科学一反这种静观的态度，以征服和改造的姿态对待自然。实验方法是现代科学的重大特色。其次，现代科学大量使用数学，以至于一门科学的成熟程度取决于它使用数学的程度；而且，正因为大量使用数学，现代科学在征服自然的过程中所向披靡，由其转化而成的技术威力无比。希腊理性科学中有一部分是数学学科，但其余的非数学学科如形而上学、物理学、伦理学、政治学等并不使用数学，特别是其中的自然科学，即亚里士多德的自然哲学（物理学），

> 现代科学能够转化为技术，从而转化为生产力。尽管这种转化在现代科学诞生两百年之后才真正显现出来，但这种转化的能力和倾向深藏于现代科学的内在结构之中，是现代科学的内在禀赋。

明确拒绝使用数学。亚里士多德强调，数学只涉及数量方面，只是描述事物的十大范畴（实体、数量、性质、关系、场所、时间、姿势、状态、动作、承受）之一，而且不起主要作用，因此数学并不是建立自然之科学理论的优先方案。现代科学一反希腊传统的质性物理学，以数学化的物理学为开路先锋，最终铸造了自己的数学化品格。

如果说希腊科学是理性科学，那么现代科学就是数理实验科学。为什么现代科学一定要诉诸实验？为什么现代科学一定要采用普遍数学的方法？为了回答这两个问题，我们必须考察现代科学的形而上学基础。我把这个基础归结为两个方面，一是求力意志，一是世界图景，用叔本华的话讲就是"世界作为意志和表象"。现代科学的形而上学基础主要就是这两个方面。

如果说希腊科学是理性科学，那么现代科学就是数理实验科学。

求力意志：

从求真的科学到求力的科学

"求力意志"（will to power）是尼采的说法，是对现代人，或者承载着现代性的人类的一种刻画。在尼采看来，现代人的本质在于总是渴望实现自己、渴望自己选择生活方式，这种渴望就是意志。这种意志追求实现自我、掌控世界、改变我们的生存环境，从一个侧面揭示了现代科学的哲学基础：它必定要采取实验的方法，以掌控自然、改造自然为目标。人类自直立行走以来就一直不自觉地凭借微弱的力量缓慢地改变自己的生存环境，而现代科学则是自觉、主动地以一种异乎寻常的热情专事改造我们的生存环境。这是极不寻常的、前所未有的历史现象。希腊人、中国人、印度人没有发展出现代意义上的科学，不是智力水平不够，也不是不希望过上丰衣足食的物质生活，而是缺乏特定的文化传统。这个文化传统是在基督教背景下逐渐形成的。

如果说希腊科学是求真的科学（science for truth），那么现代科学就是求力的科学（science for power）。它们的区别首先体现在人与自然的相对地位的改变。对希腊人而言，自然是内在性的领域，是理性和真理的处所。人只能认识自然、追随自然、模仿自然，而不可能改造自然、制造自然。基督教把理

如果说希腊科学是求真的科学，那么现代科学就是求力的科学。它们的区别首先体现在人与自然的相对地位的改变。

性自由改造成意志自由，创世观念降低了自然的存在论地位，唯名论运动催生了人类中心主义，强化了征服自然的观念，弱化了形式因，突出了作用因，炼金术、魔法为改造自然做出了示范。于是，征服自然成为现代科学的主导动机。

一、从理性自由到意志自由

我们在前面讲过，把自由作为理想人性是西方人与传统中国人的根本分歧，正是自由的人性理想造就了科学这种希腊人特有的人文形式。因此，我们现在追究现代科学与希腊科学的区别，应该首先考虑，希腊人的自由观念与现代人的自由观念是否发生了根本的改变。

希腊人的自由，实际上是知识论意义上的自由，是说认识到理念的逻辑（并且自觉遵循这种逻辑——在希腊人看来这是必然的）就是自由，没有认识到就是不自由。换句话说，你有知识，你就是自由的，你没有知识，就是不自由的。没有人故意犯错误，犯错误都是无知造成的，因此苏格拉底说无知本身就是一种道德缺陷。这个命题到黑格尔这里讲得最为清楚——黑格尔说自由是对必然的认识。对希腊人来说，追求自由就是追求自知，就是认识你自己。在西方，知识论、认识论始终占据着哲学的核心位置，这和希腊人的自由观有关系。因为自由就是服从理性，就是服从内在逻辑，服从必然性，我们可以称之为理性自由。

基督教对自由概念有新的理解，这就是所谓的意志自由。正如阿伦特所说，希腊人不曾有过意志概念，意志问题是基督教引入的新问题。

所谓意志，是人的一种自主的选择能力。意志自由指的是，

耶拿大学主楼前的黑格尔雕像

希腊人不曾有过意志概念，意志问题是基督教引入的新问题。

你本可以不做你曾经做过的事情。因为有意志自由，人们对于自己所做的事情就有责任，因为你的所作所为是基于你的自由选择。如果你做的事情不是基于你的自主选择，那你就无责任可言。你做了好事，不值得赞扬；做了坏事，也不必谴责。一个精神病人杀了人，用不着被处以极刑。一个人明知有危险仍然冒险救人，才显出其道德的光辉。因此，一切行善和作恶都以自由意志的存在为前提。没有自由意志，善恶无意义，道德无根据。

　　意志问题的出现与基督教本身的基本教义相关联。基督教面对的一个常见的责难是，上帝既然全知全能全善，为何他创造的世界充满了不幸、罪恶和灾难？为什么他不创造一个全善的世界，让人类或者至少他的选民享受纯粹的快乐，免于遭受不幸和灾难？护教神学家们对此有经典的解释。他们说这一切都不是上帝造成的，而是人类自己造成的，是人的自由意志造成的。人类始祖亚当和夏娃本来无忧无虑地生活在伊甸园中，可是他们偏偏选择去做一件上帝不让他们做的事情，这导致全人类都有了原罪。原罪的根源就在于人是自由的。上帝的确知道并且能够阻止人类犯罪，但是他认为自由意志是更重要的东西，他要人有自由。不仅好人是自由的，坏人也是自由的。要想这个世界完全没有恶，除非消灭掉人的自由意志。但消灭了人的自由意志，也就无所谓善和恶了。基督教认为，上帝是自由的，而作为上帝的最高等级的造物，人也分享了上帝的这一品性。这种分享的代价就是，人要经受苦难，成为戴罪之身。所以，我们看到，基督教教义一以贯之的逻辑是强调人的意志自由，没有这个意志自由，许多教义就讲不通。基督教强调上

原罪的根源就在于人是自由的。上帝的确知道并且能够阻止人类犯罪，但是他认为自由意志是更重要的东西，他要人有自由。

帝是绝对自由的，人也是自由的，所以正统教会坚决否定任何形式的决定论、宿命论。

希腊人想当然地认为，人发现了理念的逻辑就必定会追随这种逻辑，但基督教却发现，人的意志自由恰恰就在于，他有能力不服从理性的逻辑。你明明知道什么是对的，可你选择了不照着对的去做。也就是说，你有非理性的自由，有愚昧的自由，有无知的自由，有犯错误的自由。当然，反过来，你也有理性行为的自由，有行善积德的自由，有不犯错误的自由。

这种意志自由的维度，对于理解现代性是非常基本、非常必要的。现代人类要按照自己的意志做事情，"我要……"成为现代性生活的一个基本主题。在前现代时期，人们通常说"我服从……"：我服从道理，我服从上帝的旨意，我服从传统等。但从现代开始，人类生活的主题不再是"服从"，而是"要"（will）。这种主体意志概念的确立为现代科学奠定了一个崭新的概念基础。

新时代的人不光要推理、论证、演绎，还要实现自己的意志，有欲有求，而且要通过推理、论证和演绎来实现自己的意志。这正是现代科学的精神气质。对于希腊人来说，最高贵的姿势是仰望星空；对于中世纪的修道士来说，最高贵的姿势是低头沉思、忏悔；对于现代人来说，最高贵的姿势恐怕是做一个弄潮儿：他要去做事情，要有所作为。你可以做勇士去格斗杀人，也可以当演员去作秀，总而言之，你要把自己的人生价值通过你个人的方式实现出来。要做事情，不要闲着。闲着是最大的反人性。奥斯特洛夫斯基在他的《钢铁是怎样炼成的》一书中写下的那个经典段落可以看作是现代性的一则自我宣言。保尔

对于希腊人来说，最高贵的姿势是仰望星空；对于中世纪的修道士来说，最高贵的姿势是低头沉思、忏悔；对于现代人来说，最高贵的姿势恐怕是做一个弄潮儿：他要去做事情，要有所作为。

说，人的一生应这样度过，在他临终的时候，回忆自己的一生不会因为碌碌无为而感到羞愧。这表达了现代人的人生态度，那就是通过自己的"行动"使自己的"意志"得以实现。尼采把现代性的这一核心部分归结为权力意志（will to power），也可译作求力意志。对西方人而言，成为人就是成为一个自由的人。在希腊时代，认识到理念的逻辑就是实现了自由，而今天，实现自己的意志，才是实现了自由。"求力意志"成为新时代的人文标准。

在希腊时代，认识到理念的逻辑就是实现了自由，而今天，实现自己的意志，才是实现了自由。"求力意志"成为新时代的人文标准。

二、人类中心主义

人与自然的关系在今天成了一个问题。因为地球生态破坏、环境污染、物种灭绝、全球气候变化等因素，人与自然的紧张关系开始引起人们的关注和反思。这个问题的根源在于从现代早期开始确立的人类中心主义。在现代人类中心主义出现之前，人与自然的关系从来不是一个问题。

希腊人并不认为人是最高的那个东西。有个别希腊思想家如普罗泰戈拉曾经提出人是万物的尺度，是存在者存在的尺度，是不存在者不存在的尺度，但这并不是从存在论的角度将人确定为万物的中心，而只是一种认识论上的相对主义，并且很快就被追求知识确定性的希腊主流思想给否定和抛弃了。事实上，整个希腊主流思想都认为，神才是最高的。诸神的世界决定了我们这个世界的意义，人只有通过认识神界的意义才能获取自己生命的意义。亚里士多德把他的第一哲学称为神学。

基督教的创世思想改变了人与自然的地位对比。首先是自然的地位被大大降低，其次是人的地位被大大提高。我们先讲人的问题。

按照创世思想，世界上所有事物都是上帝创造的，因而在根本意义上丧失了神性。原始文化中形形色色的万物有灵论、多神论统统遭到扫荡。然而，在众多受造者之中，人享有最高的地位。他是上帝按照自己的形象创造的，因而具有神性。上帝在用泥土造出人类始祖亚当后，朝亚当鼻孔里吹了一口气，使亚当成为一个有灵魂者。人类因其灵性成为万物之灵长。接着，上帝赋予人治理地界事物的权利，让其管理天上的鸟、水中的鱼、地上的走兽。在《圣经》中，各种各样的生物都是由人类始祖亚当命名的。这样一来，人在某种意义上就成了上帝在世间的代理，一个管理者，一个分享了有限神性的存在者。宇宙万物仿佛是为了人而被创造出来，是为了人获得拯救而搭建的一个舞台。无论如何，上帝之下，人是最高者，人分有神性。

基督教虽然为人类中心主义打下了基础，但仅凭创世思想并不能直接导出人类中心主义。毕竟对于基督教正统教义来说，上帝才是这个世界的中心，才是人生意义的根本出发点和归宿。人类中心主义的出现与唯名论运动直接相关。

前面已经说过，唯名论运动创造的上帝唯意志的全能形象，使得这个世界碎片化，充满了不确定性，人生的意义变得难以把握。虽然后果严重，但它的逻辑却相当坚硬，暴露了基督教教义内在蕴含的隐蔽的逻辑，因此引发了基督教思想世界的大地震。唯名论运动就像引爆了基督教世界内部孕育出的一颗超级炸弹，把这个世界炸得粉碎，而人文主义则是从唯名论运动

唯名论运动就像引爆了基督教世界内部孕育出的一颗超级炸弹，把这个世界炸得粉碎，而人文主义则是从唯名论运动所造成的废墟之中生长出来的替代品。

所造成的废墟之中生长出来的替代品。

德国思想史家布鲁门贝格（Hans Blumenberg，1920—1996）最早认识到唯名论运动对于现代欧洲的革命性意义。在其《现代的正当性》（*The Legitimacy of the Modern Age*）一书中，他提出，唯名论运动是基督教诺斯替主义的第二次复活，即把上帝看成是一个绝对自由的全能意志，从而摧毁了经院哲学家们营造的理性而温情的上帝形象。然而，唯名论运动把世界搞成了一团偶然性、不确定性，使得救的希望变得渺茫，从而使基督教思想世界陷入严重的危机。布鲁门贝格认为，正是为了克服这个严重的危机，现代性才登上了历史的舞台。现代性的基本方案是，让人挺身而出，成为像上帝那样的存在，着手挽救这个混乱、无序、令人绝望的世界。

"唯名论不仅提出了一种新的对神的看法，而且也提出了一种新的对人的看法，它比以前更强调人的意志的重要性。"① 唯名论者强调，人是上帝照着自己的形象创造的，因此分享了上帝的自由意志，人之为人更多在于其意志而非理性。尽管唯名论关于意志自由的人的形象不可能在神学中贯彻到底，但为后来的人文主义者所继承。

以彼特拉克为首的中世纪晚期人文主义者继承了唯名论的个人主义传统，但把人的意志由一种单纯的被创造的意志转化为自我创造的意志，也就是让人分享了唯名论者赋予上帝的那种创造的意志。"人文主义试图通过这样一种方法来回答由神的全能引出的问题：设想一种新人，他能够凭借自己的力量在

> 唯名论者强调，人是上帝照着自己的形象创造的，因此分享了上帝的自由意志，人之为人更多在于其意志而非理性。

① 吉莱斯皮：《现代性的神学起源》，第38页。

唯名论所设定的混乱世界中保护自己。"①

　　人文主义者强调人是上帝按照自己的形象创造出来的，试图让人分享上帝的自由意志和创造能力。通过对人自身的认识，我们可以认识上帝。通达上帝的道路必定要通过人这个环节。这样，他们就把人逐渐确立为这个世界的中心。文艺复兴时期的人文主义在某种意义上确立了人类中心主义。

　　人类中心主义最显著的路标是笛卡尔的主体性哲学。笛卡尔以他的"我思故我在"开创了现代哲学的新纪元。为什么这句话这么重要？笛卡尔要为知识的确定性寻找一个基础，这本身就是直面唯名论运动的恶劣后果，从混乱、无序、碎片化的世界中拯救知识进而拯救世界的伟大尝试。笛卡尔认为，一切事物都应放在"普遍怀疑"的探照灯下进行审视，绝不能轻易认同一个事物为真，直到找到绝对无可怀疑的事物为止。结果，他发现"我怀疑"这件事情是不能再怀疑了，而这个怀疑的动作就是"我思"。从"我思"的不可质疑可以解析出"我（在）"的不可质疑，这样就得出了笛卡尔哲学的第一原理。

　　这里的"我"自然不是笛卡尔本人，而是任何一个思维着的主体，因而是大写的人。从"我"出发构造一切哲学、一切知识，让"我"成为出发点，这当然是赤裸裸的人类中心主义。在这里，笛卡尔丝毫用不着上帝，既不用上帝作为知识可能性的保障，也不怕唯名论的上帝破坏知识的确定性。他在上帝之外确立了人的至高无上的地位。人像上帝一样，自我确定，自我奠基。这个抽象的主体没有时间性，没有人格，因而不受制于这个世

笛卡尔墓（三墓之居中者），位于巴黎圣日耳曼德普莱大教堂

① 吉莱斯皮：《现代性的神学起源》，第44页。

界的有限性，反而是这个世界的绝对主人。人的意志与上帝的
意志一样是无限的，因此人能够把一切事物构造为自己的表象，
从而成为一切事物的主体。"思想"是一种意志，其基本功能
就是将"被思者"构造为表象。"构造"行为是人的意志行为。
现代人正是从这种"我思"出发，获得了与上帝一样的创造性
能力。人与上帝的区别只在于人的认识是有限的、渐进取得的，
除此而外，它几乎就是上帝。

"思想"是一种意
志，其基本功能就
是将"被思者"构
造为表象。

　　与笛卡尔同被认为是现代科学奠基者的弗朗西斯·培根从
另一个角度提出了人类中心主义。与笛卡尔一样，培根也深受
唯名论的影响。他在《新工具》一书中说："在自然当中固然
实在只有一个一个的物体，依照固定的法则作着个别的单独活
动，此外便一无所有，可是在哲学当中，正是这个法则自身以
及对于它的查究、发现和解释既成为知识的基础也成为动作的
基础。"[①] 这表明培根认同唯名论的基本观点。与笛卡尔不同
的是，培根并不认为人类个体有多么伟大，但他认为人类群体，
特别是组织起来的人类社会，可以构成一个持久的人类意志。
他没有笛卡尔那么宏大的气魄和野心，没有把人立为超越的上
帝一般的主体，但还是坚定地认为人是世间万物的目的和意义
之所在。他在《古代的智慧：普罗米修斯》中说："如果我们考
虑终极因的话，人可以被视为世界的中心；如果这个世界没有
人类，剩下的一切将茫然无措，既没有目的，也没有目标，如
寓言所说，像是没有捆绑的帚把，会导向虚无。因为整个世界
一起为人服务；没有任何东西人不能拿来使用并结出果实。星

---

① 培根：《新工具》第二卷第 2 条，许宝骙译，商务印书馆 1984 年版，第
　107 页。

星的演变和运行可以为他划分四季、分配世界的春夏秋冬。中层天空的现象给他提供天气预报。风吹动他的船，推动他的磨和机器。各种动物和植物创造出来是为了给他提供住所、衣服、食物或药品的，或是减轻他的劳动，或是给他快乐和舒适；万事万物似乎都在为人做事，而不是为它们自己做事。"这段话明确显示出，培根以人为万物存在的目的。这可以看成是另一个版本的略为弱化的人类中心主义。

以笛卡尔和培根的哲学为形而上学基础的现代科学本质上是人的科学，人类中心主义的科学。

三、征服自然

笛卡尔版本的人类中心主义强调人有着无限的意志，而这个无限的意志首先表现在对自然的无限征服和掌控之上。通过对自然的掌控，主体性完成对自身的确立。

在亚里士多德思想中，自然物是那些自身具有运动源泉的事物，比自身不拥有运动源泉的制作物高出一筹。制作物的最高成就也就是模仿自然，因此，包括艺术、技术在内的制作性的知识在知识谱系中的地位远远低于物理学（自然学）这样的纯粹理论知识。人工巧夺天工是不可能的。认识自然必须以一种沉思的态度，即纯粹静观的态度，从认识自然的范畴开始。任何试图干预自然过程的行为都会影响对自然的认识，得不到真正的知识。因此，希腊古典科学没有发展出实验方法，不是因为技术水平有限，而是因为希腊知识论背后的存在论所致。这和存在论预设了，实验对于物理学不仅是不允许的，而且也是不可能的。

以笛卡尔和培根的哲学为形而上学基础的现代科学本质上是人的科学，人类中心主义的科学。

基督教的创世观念大大降低了自然的存在论地位。作为受造者，原则上就分享了偶然性，丧失了自主性。但是另一方面，自然既然是上帝的造物，而且上帝看着是好的，因此地位也并没有下降很多。经院哲学将亚里士多德与基督教教义相结合，把自然界重新按照共相结成一条合乎理性的存在之链，维护了作为理性体系的自然。真正让自然身份大跌的是唯名论。

唯名论极端强调作为造物主的上帝的意志、全能和任性，拒绝承认共相真实地起作用，使自然物彻底丧失了自主性和内在根据。原本用来解释自然物之运动变化、使自然界结成一体的形式因和目的因被否定。唯名论实际上使自然裂成了碎片。每一个自然物都是独立存在的个体，直接接受造物主的支配，并不存在某种自然物必定遵循的坚不可摧的内在逻辑。对于这样的自然界，认识如何可能呢？

作为对唯名论危机之克服的现代性以及现代科学，虽然为了解决唯名论造成的困难必须另起炉灶，但实际上继承了唯名论的思想遗产。现代科学之所以能够从亚里士多德目的论的自然哲学（物理学）中解脱出来，重建一个以动力因为主要因果模式的自然知识体系，借助的就是唯名论革命。

按照亚里士多德物理学，认识一个事物，需要认识它之所以为它的四种原因：质料因、形式因、目的因、动力因。缺一不可。以一个制作物为例，可以很好地解释四因。比如皇冠，其质料因是黄金，形式因是它的形状，目的因是皇家举行盛典，动力因则是工匠。亚里士多德认为只有四因俱全，我们才能说真正理解了这个事物的本质。自然物与制作物不同，它的形式因、目的因和动力因都在自己内部，因而可以合三为一。

亚里士多德双面石雕像，现存雅典考古博物馆

一粒麦种的形式因是麦子，目的因是成为麦子，动力因也是成为麦子。麦子的理念或者共相或者形式，就是麦种长成麦子的动力。在麦种长成麦子的过程中，实际上没有什么真正新的事物出现，只不过是潜能转化为现实。麦子是现实，而麦种是潜能。因此，对亚里士多德的物理学及其所代表的希腊思想主流而言，头等重要的是范畴（Category）、共相（Ideal）、形式（Form）。一旦确立了某件事物的共相，这件事情的内在逻辑就开始起作用。知识本质上通过演绎推理被展现出来。亚里士多德的整个物理学，包括四元素说、四因说、自然位置与自然运动、月上月下的宇宙论等，都是这样被构造出来的。经院自然哲学全盘继承了亚里士多德的思想，只是把共相看成是上帝的理性。上帝在创世的时候，为所有的事物提供了一整套形式因。

　　唯名论破除了共相的实在性，不承认上帝为所有事物提供形式因的说法。如果上帝提供了形式因的话，事物就会自行其是，连上帝都奈何不得。这令唯名论的全能而且绝对自由的上帝无所适从。唯名论强调，上帝可以随意变更任何事物的样貌和本质，因此，变化乃是自然界最重要、最值得重视的事情。上帝的意志就体现在自然的运动上，或者说，自然就是上帝的意志运动。与经院哲学不同，唯名论的上帝的意志不是万物的形式因，而是它们的动力因；不决定它们的本质，而决定它们的未来。作为自然界知识体系的物理学，必须关注变化，以及在这些变化之中蕴藏的法则。这是唯名论给现代自然概念带来的最具革命性的变化。

　　笛卡尔版本的人类中心主义让人拥有如上帝一样无限的意

唯名论强调，上帝可以随意变更任何事物的样貌和本质，因此，变化乃是自然界最重要、最值得重视的事情。上帝的意志就体现在自然的运动上，或者说，自然就是上帝的意志运动。

志，而这个意志首先是指向自然的意志。在笛卡尔看来，上帝的意志就是它的理智，就是自然界中的因果性，而人的意志是思想。思想的基本功能是创造关于世界的表象，因此"我思"把自我确定为世界表象的主体。正如上帝的无限意志支配着自然界的各种变化，人的无限意志认识进而掌控自然。掌控的方法是，把自然界表象成一个数学的体系，把经验之流通过直观转变成物体在数学空间中的运动。借助普遍数学，人类的意志认识并且掌控了这个数学化的自然。

正如笛卡尔的名言是"我思故我在"，培根也有一句名言："知识就是力量。"培根对人类知识不能转化为实际力量感到痛心疾首。他认为希腊人都是小孩，光知道娱乐、玩耍，把智力都用在不切实际的纯粹理论方面，很可惜。希腊学术都是"无聊老人对无知青年的对话"[①]，应该让知识为人类造福，因为人类的知识就是人类的力量。"人类在一堕落时就同时失去他们的天真状态和对于自然万物的统治权。但是这两宗损失就是在此生中也是能够得到某种部分的补救的：前者要靠宗教和信仰，后者则靠技术和科学。"[②]培根大声疾呼："让人类恢复其统治自然的权利，这种权利是神慷慨赐予人的。"[③]

在培根看来，认识自然的目的是为了改造自然，这是为现代科学定下的一个基本目标。希腊人认识自然并不是为了改造自然，认识本身就是目的。但培根眼里的科学大不一样，必须把改造自然作为目的，而认识只是手段。正是这种新哲学使得

---

① 培根：《新工具》第一卷第71条，第48页。
② 同上，第二卷第52条，第291页。
③ 同上，第一卷第129条，第104页。

162

现代科学并不是
希腊意义上的纯
粹科学，而是一
开始就包含着实
际运用的内在可
能性。

现代科学并不是希腊意义上的纯粹科学，而是一开始就包含着
实际运用的内在可能性。现代科学与现代技术之间有着内在的不
可分割的联系，原因即出于此。我们中国人的确比较容易理解科
学与技术这种密切的关联，我们一向科、技不分，我们缺乏理解
的只是，为什么"现代"科学与"现代"技术那样密不可分。

现代科学本质上是一种有用之学，原因在于，它建立在人
类和自然的一种崭新的关系之上。由于自由的理念发生改变，
由理性自由转化为意志自由，人与自然之间单纯的认知关系转
化为操控关系。征服和统治自然的概念构成了现代科学的基本
前提。

四、实验科学

征服自然的理想最终落实到实验科学身上。

所谓实验科学，是指通过人为设置的特殊条件对自然过程
进行干预，从而发现自然物发生变化的规律。实验科学大行其
道，首先必须填平自然物与制作物之间的鸿沟，打破人工物与
自然物之间的界限，建立自然可以被（人类）制造的观念。

实验科学大行其
道，首先必须填平
自然物与制作物之
间的鸿沟，打破人
工物与自然物之间
的界限，建立自然
可以被（人类）制
造的观念。

自然观念上的这种突破也有其希腊根源。柏拉图最先质疑
自然与技艺的二分。他在《法律篇》中总结说，从前的哲学家们
认为日月星辰、天地万物均出自自然，是自己生长的结果，而技
艺是人类产生之后才出现的，而且只是对自然的模仿；有些技艺
是与自然相协调的，如医学、农耕和体育，还有些技艺协调得差
一些，如政治，立法协调得最差。① 但是，柏拉图本人并不赞成
这种观念。在他看来，自然并不是一个自足自律的东西，同样是

① 柏拉图：《法律篇》888B。

被创造的，是技艺的产物。他在《智者篇》中写道："所谓自然生成的东西，其实是神工所为；只有人从这些东西中制造出来的，才算是人工所为。因此，制作和生产有两种，一种是人的，一种是神的。"[1] 也就是说，就其作为制作物而言，自然物和人工物是一样的，区分只在于作者不同。但是，柏拉图的这些观点最后被亚里士多德的观点所掩盖和取代。

最先打破自然物与人工物之分野的不是哲学家、理论家，而是炼金术士这样的实践家。炼金术的传统起源于埃及，目标是通过锻造、熔合等方式将铜、锡、铅、铁这样的贱金属转变为黄金和白银这样的贵重金属。从今天的眼光看，炼金术的目标，即通过化学方式使元素发生嬗变，是不可能实现的。但是，这个绵延了一千多年的文化传统既有一套完整的操作技术，也有它的哲学根据。炼金术士们相信，自然界中的物质形态是可以发生改变的，只是这种改变在自然状态下发生得比较缓慢，通过人为干预可以加快这种改变的速度。

> 最先打破自然物与人工物之分野的，不是哲学家、理论家，而是炼金术士这样的实践家。

希腊哲学为炼金术提供了部分理论根据。柏拉图在《蒂迈欧篇》中提出，物质质料本身是没有任何性质的，之所以能够显现出不同的物质性质，是因为被注入了形式，而这些形式是可以相互转变的。亚里士多德目的论的自然哲学则认为，万物都内在地向着自己的完善状态努力，把处在潜能状态的自己实现为现实的自己。希腊晚期的斯多亚派哲学家进一步强调，自然界中一切物体包括金属，都是活的有机体，它们在内在精气（普纽玛）的带动下，都有向更完美状态生长的趋势。这些思想被综合成炼金术的基本指导思想：一切金属都有朝着黄金嬗

柏拉图双面像，现存雅典考古博物馆

---

[1] 柏拉图：《智者篇》265A。

变的自然趋势，炼金术的工作就是使这一趋势加速。

公元1—5世纪的亚历山大城造就了炼金术的第一次兴盛。这是希腊哲学与埃及神庙手工技艺相结合的产物。埃及炼金术士发展了表观处理技术、合金制造技术，通过对金属进行焙烧、熔化，再加上合成、着色等工艺，使金属合金着上白色或黄色。于是，他们就认为得到了成色十足的白银黄金。在炼金的过程中，他们制造了许多玻璃器皿、陶瓷容器，发展了蒸馏、升华、过滤、加热、保温等技术，发现了金属化学反应过程中的不同变色现象。

阿拉伯人掀起了炼金术的第二次高潮。阿拉伯炼金术士认为，所有的金属都由硫和汞这两种基本物质按一定的比例复合而成。硫具有易燃性，汞具有可塑性和可熔性。硫不够会产生银，硫过多会产生铁或铜（易燃、坚硬和难熔），过多的汞会产生锡或铅（柔软易熔）。只有达到合适的比例，才会产生黄金。元素嬗变不过是改变这两个基本元素物质的比例。阿拉伯炼金术引入了物质组分理论和定量分析方法，更接近现代化学。

阿拉伯炼金术在中世纪大翻译运动中连同希腊哲学著作一同传入欧洲。早期经院哲学家对炼金术持谨慎的怀疑态度。大阿尔伯特和托马斯·阿奎那对亚里士多德元素嬗变的概念以及阿拉伯人的硫－汞金属组分理论持赞同态度，但都主张这种嬗变只能在自然界存在，对炼金术士的实践是否真的能够实现这种嬗变持怀疑态度。罗吉尔·培根喜好炼金术，而且亲自实践操作，认为炼金术士加工出来的黄金比天然黄金有着更为均衡的元素比例。由于炼金术部分秉承亚里士多德的自然哲学，部分与基督教教义相结合，有时能够得到基督教世界的容忍，在民间作为秘术流传。但是，炼金术士认为自己可以加速自然过程，甚至改变自然物的种属，这明显与亚里士多德自然哲学相矛盾，因而不被多数经院学者所认同。教会有时候也打击炼金术士，认为他们是一伙骗子和伪造金银的人。但是，炼金术作为一种影响巨大的人类实践活动，体现了人类参与自然过程、控制自然后果的强烈意图。

炼金术作为一种影响巨大的人类实践活动，体现了人类参与自然过程、控制自然后果的强烈意图。

　　中世纪晚期，炼金术士也创建了独特的自然哲学以与亚里士多德自然哲学相抗衡。最近的科学史研究表明，13 世纪形成的微粒炼金术（Corpuscular Alchemy）为现代机械自然观、原子物质观以及实验科学开辟了道路。13 世纪的方济各会修士塔兰托的保罗（Paul of Taranto）在其托名格伯（Pseudo-Geber）出版的《完满大全》（*Summa perfectionis magisterii*）中，用微粒论重新解释亚里士多德的形式 - 实体理论。按照亚里士多德的说法，一个自然物之所以如其所是，是因为形式因在起作用，这个形式因构成了这个自然物的质的规定性，这个质的规定性是最基本的，优先支配其余的规定性。微粒炼金术则认为，自然物的同质性首先在于作为构成组分之微粒的同质，而非预先存在的形式。微粒的聚合和分解是事物变化的根本原因。

　　炼金术等手工艺制作业得到基督教欧洲知识界的接纳，与基督教世界对手工劳动的态度有关。在希腊古典时代，手工劳动是奴隶才干的活，因此地位低下，而且工艺主要关注感觉而不是理性，因此在知识论上的地位也很低。亚里士多德把知识分成三大类：第一类是纯粹知识，包括形而上学、自然哲学、数学；第二类是实践知识，包括政治学、伦理学、经济学等；第三类是制作的知识，包括技术、诗歌、绘画等。手工艺无法基督教一方面把手工劳动看成是人堕落之后世俗生活的标志，但另一方面又把体力劳动看成是人类赎罪忏悔的一种必要方式，是精神生活的重要组成部分。

为追求确定性知识做出什么贡献，因而受到贬低。基督教一方面把手工劳动看成是人堕落之后世俗生活的标志，但另一方面又把体力劳动看成是人类赎罪忏悔的一种必要方式，是精神生活的重要组成部分，因而对劳动持部分肯定的态度。"修道院里的修道士是最早的指甲下有污物的知识分子。"中世纪手工业行会的发展，以及手工业者政治和经济地位的日益提高，也改变了人们对手工业的传统态度。

文艺复兴时期，自然法术、炼金术、占星术、神秘教义兴盛一时，被称作三重伟大的赫尔墨斯（Hermes Trismegistus）的著作《赫尔墨斯文集》大为流行。这位赫尔墨斯被认为是与基督教先知摩西同时代的古埃及圣贤，同样受到上帝的启示，其著作因而代表了神启的另一个秘密来源。他因为精通炼金术、占星术和通神术这三种宇宙智慧而被称为三重伟大。赫尔墨斯主义认为人类是"小上帝"，可以通过自然法术来改变和控制自然，这一点与人文主义运动的主旨不谋而合，因而受到人文主义者的极大欢迎。由人文主义者推波助澜从而流传极广、影响很大的赫尔墨斯主义极大地促进了实验科学精神在现代早期的成长。以赫尔墨斯主义为旗帜，人们希望通过这些神秘而又新奇的方式回溯到基督教的源头处，找到更坚实可靠的信仰基础，同时实现自己征服世界的意志。

在这个历史背景下，欧洲现代早期形成了一种新的科学研究进路，即实验科学。弗朗西斯·培根对这种新的科学进路做了仔细的谋划。他说，欲征服自然必先顺从自然，但他最关心的是支配自然的操作实践。培根热情歌颂自然法术，认为应该清除一直笼罩在自然法术身上的恶名，恢复它在古代可敬的含

义。培根把自然的状态分成三种，一是正常的自然状态，二是
畸形的自然状态，三是受约束的自然状态。这第三种状态就是
技艺和人工操作造就的自然状态。培根高度重视技艺在自然
科学（自然哲学）知识建构过程中所发挥的作用。在他看来，
技艺最能激发自然吐露出它的秘密，更有助于自然知识的积
累。"正如在生活事务方面，人的性情以及内心和情感的隐
秘活动尚且是当他遇到麻烦时比在平时较易发现，同样，在
自然方面，它的秘密就更加是在方术的扰动下比在其自流状
态下较易暴露。"[1] 因此，培根强调科学知识来自于对自然的
干预和拷问。

培根所说的科学不是单纯的观察，不是不声不响、不露声
色地待在一边静默旁观，而是把事物抓起来，放到可以人为控
制环境条件的实验室里，按照我的意志，按照我希望达到的目
标，来对它进行反复的拷问。它不回答怎么办？你得给它点颜
色看看，高温、高压、高浓度，或者低压、低温、低浓度。总
而言之，在一种非自然的状态下，让它吐露奥秘，告诉你它的
规律。所以，实验室科学实际上是对刺激和应激反应之间稳定
规律的寻求。比如，试着对它做一个动作，再看它有什么反应，
再把这个动作幅度放大一点，再看它有什么反应，慢慢地就得
到了一套刺激–应激的反应规律。实验室科学的本质就是控制
论科学，目标是控制自然，要自然吐露一些可控制的秘密。在
实验室里，现代科学的很多特征表露无遗。最基本的是可操作
性，这来源于现代的求力意志，来源于现代人把世界看作意志
的对象。我的意志决定了我必定会以一种进攻的姿态，怀着斗

培根所说的科学不
是单纯的观察，不
是不声不响、不露
声色地待在一边静
默的旁观，而是把
事物抓起来，放到
可以人为控制环境
条件的实验室里，
按照我的意志，按
照我希望达到的目
标，来对它进行反
复的拷问。

---

[1] 培根：《新工具》第一卷第98条，第78页。

争的意识来面对这个世界。世界是我搏斗和征服的对象。征服的方式是首先掌握自然界的刺激－应激反应规律。为了掌握这种规律，需要有步骤、有计划地进行刺激，进行试验，记录下应激反应的情况，最后归纳总结出稳定的规律。这里的步骤和计划就是所谓的方法论程序，也就是目标和手段最佳配置的方式。不同的目标要求设计不同的实验程序。实验程序相当于一套拷问程序，这个拷问程序取决于你究竟想得到什么。相当于你拷问犯人，首先要搞清楚你需要他回答哪方面的问题。不同的要求就要采用不同的拷问方案。这个拷问方案就是我们所说的实验方案。每一种实验方案都很清楚地显示自己是物理实验、化学实验，还是生物实验、心理实验，得到的是不同性质的结果。

以拷问的方式对待自然，成为现代科学的一个基本态度。康德在其《纯粹理性批判》第二版序言里强调，现代物理学之所以能取得这么大的进步，关键是它"迫使"自然回答问题。在对待自然的时候，理性绝不能表现得"像一个学生，被动地听老师讲，而要像一个被任命的法官，强迫证人回答他所提出的问题"。法国生物学家居维叶（Georges Cuvier,1769—1832）也说："观察者倾听自然，实验者审问自然，迫使其显露出来。"

实验室作为一个自然拷打室，发现了无数的自然规律，使人类得以有效地征服和控制自然，但同时也造成了人类和自然界的紧张关系。长久待在实验室里的人容易生长出一颗"无情"的心，因为实验室内在的逻辑就是这样要求的：你要保持冷静的头脑、客观的立场，不能夹杂情绪和主观臆想，不能对研究对象有任何同情之心，否则，你就拷问不出自然的秘密来。

以拷问的方式对待自然，成为现代科学的一个基本态度。

实验科学秉承的求力意志也是现代性的主导动机，因此，实验科学的精神也渗透到了人们的日常生活中。事实上，现代性已经把我们生活的世界改造成了一个大实验室。我们的整个社会生活、社会结构都已经按照实验室科学所要求的配置和结构进行了改造。今天居家生活中各式各样的电器都服务于高效率的生活。现代社会人际关系的处理、社会阶层的流动、文化的融合、新文化的创造、知识的生产都按照类似实验室的方式进行。现代社会科学越来越像自然科学那样去做研究，去搞统计，去搜集数据，去定量分析。实验科学之所以被认为是普遍有效的知识典范，是因为现代社会本身就是一个大实验室。现代性生活必定以接受实验室背后的文化预设为前提。这个预设就是求力意志成为现代人之为人的基本标志。

这种新型的人文理想来自基督教及其演绎和变异，对我们中国人来说极其陌生。我们的文化本来并不主张一意孤行、人定胜天。佛教讲要破执，过分的张扬意志是一切苦难的根源。因此，在我们中国的文化背景下，不可能有这样的思想动机来推动现代意义上的实验科学活动。

现代性已经把我们生活的世界改造成了一个大实验室。我们的整个社会生活、社会结构都已经按照实验室科学所要求的配置和结构进行了改造。

世界图景化:
自然数学化与世界图景的机械化

世界的图景化与求力意志是同一件事情的两个方面。前面提到，笛卡尔主体性哲学将人确定为主体，将世界确定为表象。世界作为表象就是世界的图景化。

海德格尔有一篇专门讲现代科学之本质的文章，叫作"世界图景的时代"。他认为，世界被表象为一个图景，是现代科学根本的形而上学前提。"整个现代形而上学，包括尼采的形而上学，始终保持在由笛卡尔所开创的存在者阐释和真理阐释的道路上。""存在者被规定为表象的对象性，真理被规定为表象的确定性。"① 海德格尔的意思并不是说，古代和中世纪我们有一个世界图景，现代我们又有了另外一个世界图景，他的意思是说，从前人与世界并不是一个表象关系，因而世界并不表现为图景，只是在现代，世界才成为人的表象，被图景化、对象化。

从前人与世界并不是一个表象关系，因而世界并不表现为图景，只是在现代，世界才成为人的表象，被图景化、对象化。

世界不是外在于人的东西，而就是人的存在方式、人的视界。图景化的世界对应的是主体的人。以求力意志为标志的现代人类必定把世界表象为一个图景。下面我们从四个方面来详

---

① 海德格尔：《海德格尔选集》，孙周兴编译，上海三联书店1996年版，第896页。

海德格尔在黑森林中的小屋，《存在与时间》在这里完成

细讨论世界的图景化：数学化、空间化、时间化、机械化。

一、自然的数学化

对笛卡尔来说，世界被表象为图景首先意味着世界被数学化，只有那些能够被数学化的东西才能进入我的世界表象，才能被认定为真实存在的东西，否则就只是存在于我头脑里的幻觉。现代科学的创始人一开始就将事物的性质划分为第一性的和第二性的。第一性的性质被认为是真实的、客观的、独立不依的；第二性的性质是主观的，依从于人的感觉器官，不真实。无一例外，当笛卡尔、伽利略、牛顿谈论第一性质时，指的都是可数学化的性质。能否被数学化是事物能否成为实在的标准。

自然数学化运动是科学革命的一条主线。在这个运动中，自然界逐渐被看成是一架数学的机器。通过数学的方式揭示自然的秘密，成为现代科学的主导方法论。一门学科使用数学的程度表明了这门学科科学化的程度。在今天的教育体系中，不

自然数学化运动是科学革命的一条主线。在这个运动中，自然界逐渐被看成是一架数学的机器。

仅学理科的必须学数学，文科也要学数学，深层的原因就在于，今天的生活世界已经被数学化了。伽利略在《试金者》中有一段名言可以看成是自然数学化运动的宣言：

> 哲学被写在那部永远在我们眼前打开着的大书上，我指的是宇宙；但只有学会它的书写语言并熟悉了它的书写字符以后，我们才能读它。它是用数学语言写成的，字母是三角形、圆以及其他几何图形，没有这些工具，人类连一个词也无法理解。

伽利略雕像，立于
佛罗伦萨乌菲兹美
术馆外柱廊上

自然这本书是用数学的语言写成的，如果你不懂数学符号，你就完全读不懂这本书。自然之书需要用数学来破译。创作这部自然之书的上帝是一位数学家。然而，自然数学化运动是如何开始的呢？

首先，我们必须追溯到希腊。毕达哥拉斯－柏拉图主义传统极其重视数学在认识世界的过程中的地位和意义。毕达哥拉斯主义主张万物皆数，世界本质上就是一个数学结构。柏拉图虽然不认为数学是最终的理念，但仍坚持数学是通往理念世界的必由之路。柏拉图的《蒂迈欧篇》描述了一个宇宙创造的故事，其中的创世者德穆革（Demiurge）完全采取几何的方案进行创世工作。在柏拉图的创世故事中，四元素的不同可以归结为它们几何结构的不同：土元素是立方体（正六面体），水元素是正二十面体，气元素是正八面体，火元素是正四面体，正十二面体是宇宙间的第五元素以太。柏拉图学派证明了正多面体只有五种，正好与宇宙间只有五种元素相对应。

　　希腊数学四科中，算术和几何是纯粹数学，天文学与和声学是应用数学。希腊化时期出现的几何光学、静力学，也被称为数学学科，因为它们严格按照几何学的方式，从公理出发进行逻辑推理。直到现代早期，天文学、光学、静力学都是数学化程度最高的学科。正是这些学科在自然数学化运动中担当了先锋的角色。第一次学术复兴以来，这些数学学科的文献连同其他希腊典籍一起被译成拉丁文，陆续传入基督教世界。

　　传统的科学革命叙事把哥白尼作为这场革命的发起者。从自然数学化运动这个角度看，这种看法是有道理的。由托勒密代表的希腊数理天文学达到了一个相当的高度，以至此后一千多年都难以被超越。正如库恩所说，与其说哥白尼超越了托勒密，不如说哥白尼在拉丁欧洲范围内首次达到了托勒密所代表的数学水平。而且，如果哥白尼没有掌握这些数学上的技术性细节，他的日心地动理论就会无人问津。同样值得注意的是，驱使开普勒、伽利略等人追随哥白尼的，正是哥白尼体系所包含的数学上的简单性。哥白尼之所以要提出日心地动学说来挑战和取代托勒密的地心说，原初的动机并不是改变宇宙中心，而是消除托勒密体系对天球的正圆运动规则的一再背离。哥白尼高度认同希腊人的宇宙观念，即宇宙必须是由和谐的天球层层相套。托勒密为了在天文体系中更好地拯救现象，引入了一个"偏心匀速点"（Equant），使天球的匀速运动中心与几何中心相分离，这是哥白尼最不能容忍的背离。因此，哥白尼所发起的天文学革命的要害首先不在于宇宙中心的变迁，而在于对数学原则的彻底坚守。为了捍卫某种数学原则，他不惜移动宇宙中心。当然，移动宇宙中心包含着一系列哥白尼自己未曾

哥白尼所发起的天文学革命的要害首先不在于宇宙中心的变迁，而在于对数学原则的彻底坚守。为了捍卫某种数学原则，他不惜移动宇宙中心。

料到的逻辑后果，比如要求建立新的运动理论，比如打碎封闭的宇宙走向无限的宇宙，但是，对于当时的哥白尼而言，捍卫数学原则是直接的动机。而且，也正是这同一个动机让开普勒、伽利略义无反顾地传播和发展哥白尼的日心说。

从这个意义上讲，希腊毕达哥拉斯主义传统、柏拉图主义传统的复兴构成了自然数学化运动的主要思想来源。然而，近三十年的科学史研究成果表明，单凭希腊数学学科及数学哲学的复兴还不足以解释现代科学的数学化特征。因为，第一，希腊有发达的数学学科，但希腊的自然科学（哲学）并不是数学化的，数学与自然科学（哲学）之间的鸿沟有待填平；第二，现代数学并非照搬希腊数学，而是发生了根本的变化，并且这一变化是自然数学化运动的必要条件。

在古希腊占主导地位的自然科学是亚里士多德的自然哲学（物理学），而亚里士多德的物理学并不是数学化的。在亚里士多德看来，数学固然重要，但在把握事物的本原方面并不是最重要的，因为它只处理事物量的方面，而事物质的方面更重要。现代科学革命之后，亚里士多德的质性物理学被彻底抛弃，代之以数学化的物理学，我们已经很难理解所谓质的物理学是怎么一回事。我们或许只能从甜或苦、幸福或痛苦、爱或恨这些尚未或不能被数学化的人类经验中，略微窥见一点质性物理学的痕迹。

对亚里士多德而言，物理学（physica）是追究自然物之本性（physis）的学问。自然物一是与制作物相对，一是与纯形式相对。在与制作物相对的意义上，自然物指的是那些自身内部已经包含了自己如此这般运动的根据的事物，而制作物的运动根据不在自己内部而在外部；研究自然物的是物理学，研究

哥白尼雕像，位于波兰奥尔斯丁大教堂门前

在古希腊占主导地位的自然科学是亚里士多德的自然哲学（物理学），而亚里士多德的物理学并不是数学化的。

制作物的是技艺，物理学作为理论科学高于技艺这种实践科学。在与纯形式相对的意义上，自然物指的是那些运动变化的事物，而纯形式是不运动变化、永恒存在的东西；研究纯形式的是神学，即形而上学，形而上学高于物理学。

在与纯形式相对的意义上，自然物指的是那些运动变化的事物，而纯形式是不运动不变化、永恒存在的东西；研究纯形式的是神学即形而上学，形而上学高于物理学。

　　亚里士多德提出质料和形式的概念以分别解释人的感性经验和理性经验。一件东西之所以是可感的，是因为其质料在起作用；之所以是可理解的，是因为其形式在起作用。质料不仅解释了可感特征，也解释了运动变化的本质。按照亚里士多德的运动理论，运动是潜能向现实的转化，质料代表着纯粹潜能，形式代表着纯粹现实。任何一个事物之所以是它所是的样子，形式起决定性作用，质料则标志着那种形式之缺失。质料抵抗形式的完全实现，使事物总是处在前往以形式的完全实现为最终目标的路上。物理学的对象无法脱离质料，因而肯定处在运动和变化之中。亚里士多德说，"不了解运动就不了解自然"。物理学基本上是一门关于运动的学问。

　　亚里士多德在《形而上学》第 12 卷第 2 章中提出，运动有四种：生灭、性质的变化、数量的变化、位置的变化。实际上，这四种运动描述的是月下天物体的运动。月上天不存在这四种运动，但存在另一种圆周运动。这种运动是永恒的、无始无终的，又是均匀的，因而被认为是一切运动中最高级的，因为它接近不运动。

　　数学与物理学、形而上学一样，也属于理论科学，但所研究的东西既不是形而上学的纯形式，也不是物理学的对象。数学的对象像纯形式一样是不运动的，但它实际上又不能与质料相分离，只能通过抽象在思想中与质料分离开来，所以，它是可感的，但又是不运动的。亚里士多德把数学分成纯粹数学和应用数学两大类。算术和几何是纯粹数学，其中算术高于几何。应用数学包括和声学（应用算术）、光学（应用几何）、机械学（应用立体几何）。天文学是一个例外。它研究的是运动的东西，但这种运动因为永恒不变，所以最接近第一哲学。总的看来，数学的对象要么是完全不运动（算术与几何），要么只参与永恒的圆周运动（天文学），与物理学的研究对象完全不同。由于研究对象不同，物理学与数学根本上是两门不同的学科。把数学用于自然哲学（物理学），意味着搞混了研究对象，搞乱了学科分类，因而是非法、无效的。

在西方历史上，亚里士多德所设置的数学与物理学之间的壁垒被打破，有两条线索。一是基督教神学对于亚里士多德自然哲学特别是其运动理论的修正，二是高度数学化的力学脱颖而出，占据了新物理学的核心位置。

关于第一个线索，前面我们已经谈到，由于作为基督教核心教义的创世学说与亚里士多德自然哲学相冲突，经院哲学并不是严格恪守亚里士多德的理论教条，而是形成了亚里士多德理论阐释的多元化局面。唯名论运动以来，对亚里士多德自然哲学理论的质疑、修正、替代的尝试更是成为常态。

在对亚里士多德自然哲学的质疑和修正中，运动理论首当其冲。月下天的地界是一个运动的领域，其中位置运动最引人注目。亚里士多德提出了自然位置和自然运动理论来解释地界物体的目的论位置运动。他认为，地界物体都是由土水气火四元素按不同比例混合而成。每个元素有自己的自然位置（natural place），待在自己的自然位置是一种现实状态，不处在自然位

总的看来，数学的对象要么是完全不运动（算术与几何），要么只参与永恒的圆周运动（天文学），与物理学的研究对象完全不同。由于研究对象不同，物理学与数学根本上是两门不同的学科。

置是一种潜能状态。那些不处在自然位置的元素，必然有回到自己的自然位置的自然倾向，这就是自然运动的原因。土是绝对的重性元素，其自然位置是地球的中心；水是相对的重性元素，其自然位置是地表；气是相对的轻性元素，其自然位置是地表之上；火是绝对的轻性元素，其自然位置是月亮天球之内侧。土元素占主导的物体向地心下落，火元素占主导的物体向天上上升，均是自然运动。与自然运动相反的是受迫运动。一块石头向上运动，一个气球向下运动，都是受迫运动。亚里士多德相信，地界运动都是直线运动，天界运动都是圆周运动；受迫运动必须要有动力因维持，施力者一旦消失，受迫运动即中止。他还相信，重（轻）性元素越多，下落（上升）运动速度越快，这就是我们今天都知道的越重的物体下落速度越快的理论。此外，物体运动的速度与施动者以及介质的阻力有关，施动力大，介质阻力小，运动速度就大，反之，运动速度就小。亚里士多德认为不存在虚空，因为所谓虚空即一个缺乏物体的位置，可是，位置就其定义而言就是物体所占据的并且被他物所包围的界面，说缺乏物体的位置是自相矛盾。再说，位置决定物体的运动，不仅决定它的运动朝向，而且决定它的运动速度。如果位置完全是空的，那么物体将丧失其自然运动倾向，要么不知所措无法运动，要么以无限大的速度运动（介质阻力为零），而这都是不可能的。

　　中世纪后期的经院哲学家们就如下问题提出了异议和替代方案：第一，虚空的可能性问题。问题的关键是，全能的上帝怎么会造不出虚空呢？第二，物体的运动速度与推动力以及介质阻力的关系问题：介质阻力是物体运动的必要条件吗？第三，虚空中的自然运动问题：如果虚空是可能存在的，虚空中的运动是可以想象的，虚空中的运动速度也可以是有限的，那么，虚空中有什么东西可以充当推力或阻力呢？有人认为所有物体都是四元素混合而成，而四元素的运动倾向各个不同，因此它们相互之间就已经构成了运动的推力和阻力，这就是所谓内阻力的概念。有了内阻力的概念，虚空中的自然运动就可以解释了，而且还会得出一个惊人的结论：只要元素比例完全一样，重物和轻物在虚空中的自然运动速度是一样的。第四，虚空中的受迫运动问题。在虚空中，推动力和介质阻力都不存在，如何解释像石头上升这样的受迫运动呢？ 14 世纪巴黎的经院学者布里丹提出，石头在上抛的过程中事先已经有推动力被"冲印"到石头内部，这种冲力（impetus）是受迫运动的动因。很显然，冲力概念很接近日后的惯性概念。第五，质的量化问题。亚里士多德本人认为像红、热、健康、正义这类质也是可以变化的，比如更红、更热、更正义一点。经院哲学家发展了这个说法，认为质代表一种可度量的强度，与量所代表的广度相对应。14 世纪的牛津数学家们用处理质的强度的数学方法来处理速度，定义了匀速运动、匀加速运动，并且得出了中速度定理。这些工作与伽利略的运动学极为相似。

所有这些异议和替代方案，都为现代科学的先驱者们彻底抛弃亚里士多德自然哲学奠定了基础。

关于第二个线索值得多说几句。力学的英文是 Mechanics，希腊文是 Mechanica，原初的意思是机械学，与"力"毫不相干。到了伽利略，才把 mechanics 由单纯的机械学转化为运动学，将 mechanics 和物理学这两个原本互不相干的学科结合起来，创立了新的物理学，但是，伽利略的力学仍然是无"力"之学。

力学的英文是 Mechanics，希腊文是 Mechanica，原初的意思是机械学，与"力"毫不相干。到了伽利略，才把 mechanics 由单纯的机械学转化为运动学，将 mechanics 和物理学这两个原本互不相干的学科结合起来。

到了牛顿，力才被引入新物理学，使"力学"变得名副其实。力学在明清之际传入中国，起初被译为"力艺学"或"重学"，意思就是"轻省其力的巧法"，足见是对西方传统机械学的意译。19世纪后期，英国传教士傅兰雅（John Fryer,1839—1928）把重学分成静重学和动重学两支，认为"动重学乃论体之动理及夫各力之根源"，还将动重学更名为"力学"，此处之"力"已经是牛顿力学之"力"了。再后来，美国传教士丁韪良（William Alexander Parsons Martin,1827—1916）把整个重学更名为力学。

希腊力学的最早文献是一部假托亚里士多德之名（但作者仍可归入亚里士多德学派）的著作《力学问题》（*Mechanica problemata*）。这本书开篇就说："我们感到很奇怪，有些事物的出现虽合乎自然，但我们不知其原因，有些东西反乎自然，却是由于技术，为了人类的利益而生成的。在许多场合，自然做出的事情与我们的用途相反；因为自然总是单纯地采取同一种方式行事，而我们的用途却经常多变。所以，当我们不得不反乎自然地做某种事时，由于有难处，我们感到困惑，因而必须使用技术。因此，我们就把帮助我们对付这类困惑的那部分技术称为机械。"[1]一方面，力学（机械学）在亚里士多德传统中属于与自然相对抗的东西，不可能归入物理学。另一方面，作者也清醒地认识到："这些问题与自然学问题既不完全相同，也不截然分离，而是在数学和自然学理论方面有共同点；因为要通过数学来证明何以如此，通过自然学来表明与何物相关。"（837A 25~29）在《后分析篇》中，亚里士多德把力学（机械学）归于立体几何，和光学、和声学、天文学等数学学科并列。

---

[1] 亚里士多德：《亚里士多德全集》第6卷,中国人民大学出版社,第153页。

到了希腊化时期，力学（机械学）作为数学学科在两个方面有了极大的发展。第一是阿基米德把力学完全转化成纯粹的数学问题来处理，以公理化的方式赋予力（机械学）以数学的严格性。他的《论平板的平衡》提出了重心的概念以及杠杆原理，他的《论浮体》提出了流体静力学中的阿基米德原理。阿基米德的工作使静力学达到了相当的高度。第二方面是亚历山大城的希罗的工作。希罗的《力学》（机械学）更关注机械学的实用技术方面。他认为，所有机械都可以归结为五种原型机械，即杠杆、轮和轴、滑轮、楔子、螺旋，而这五种原型机械都可以归结为天平的圆周运动。机械表面看来是违背自然运动的，但希罗指出，通过对这些机械模型进行理性分析可以发现，它们都可以被整合到物理学之中。

整个中世纪基本上不存在力学。假托亚里士多德之名的《力学问题》直到16世纪才被重新发现并译成拉丁语，但人们都以为是亚里士多德的著作，因此非常重视。阿基米德的著作虽然在13世纪大翻译运动中就被译介过来，但影响较小，大概是因为他那种过分发达的数学能力为中世纪经院学者所望尘莫及。文艺复兴时期，由于印刷术的发明，亚里士多德和阿基米德这两个力学传统同时发挥了很大的影响，分别代表了力学的物理学方面与数学方面。人们认识到："力学具有物理和数学的双重本性，称力学是一切技艺中最高贵的，既因其拥有物理学的主题，又因其拥有几何学论证的逻辑必然性。此外，力学有很大的实用性，因为它'控制着自然领域'，'违反自然地运作，甚或与自然律相对抗'。"[1] 力学（机械学）地位的大大提升，

---

[1] 张卜天："从古希腊到现代早期力学含义的演变"，《科学文化评论》2010年第3期。

与这个时代的时代精神有关：一种能够支配自然的技艺，同时又能拥有传统意义上独独属于数学的高贵品性，很自然地赢得了那个时代知识分子的青睐。

伽利略既变革了亚里士多德自然哲学的运动理论，又使力学（机械学）传统发扬光大，从而使这两个历史线索合而为一。青年时期的伽利略继承的是阿基米德力学传统，采用纯粹数学化方法处理机械力学问题，取得很大成功，被同时代人誉为"当代阿基米德"。后来，他以数学描述的方法研究自由落体运动，发现所有落体运动都是加速运动，而且所有落体运动的加速度都相等，为新运动学奠定了坚实的基础。借助于对运动的数学和实验研究成果，伽利略建立了亚里士多德运动理论的替代理论。在《两门新科学的对话》中，伽利略讨论了匀速运动、匀加速运动、抛体运动，提出了惯性运动的概念。伽利略关于自由落体运动和抛体运动的数学研究，以及发现它们共同遵循的数学规律，实际上打破了亚里士多德关于自然运动与受迫运动的区分（传统上自由落体运动属于自然运动、抛体运动属于受迫运动）。他的运动学理论一反亚里士多德追究运动之原因的目的论传统，明确宣布不考虑运动的原因，只做数学描述。这使得以运动学为基础的新物理学一开始就是高度数学化的学科。亚里士多德传统中的物理学研究真实物体的知识，数学只研究物体抽象的性质，这种区分开始瓦解。

笛卡尔追随伽利略的数学化方略，继续向亚里士多德自然哲学发起挑战。伽利略在落体运动、抛体运动等具体问题上提出了强大的替代方案，为新物理学提供了示范，而笛卡尔野心更大，试图颠覆亚里士多德的整个体系，建立一套全新的人类

力学（机械学）地位的大大提升，与这个时代的时代精神有关：一种能够支配自然的技艺，同时又能拥有传统意义上独独属于数学的高贵品性，很自然地赢得了那个时代知识分子的青睐。

知识体系。他不同意伽利略单纯数学描述不做原因分析的做法，认为那样只是数学练习，缺乏物理学意义。他比伽利略更进一步，清算了亚里士多德的运动理论，提出了一整套替代方案，那就是机械论的、数学化的世界图景。笛卡尔在将数学与物理学合一方面做了两件大事。第一件是物质空间化、空间几何化方案，第二件是引入微粒宇宙观。

笛卡尔认为自然界只有物质和运动。"给我物质和运动，我就能创造整个世界。"物质的根本属性是广延，即空间，其余属性都是第二位的、派生的、主观的，而空间在他看来完全是几何学的王国。物质的空间化、空间的几何化，一举奠定了自然数学化的哲学基础。所谓运动，就是物质的位置运动。所有的物质都可以看成是微粒的集合，所有的物质运动都可以看成是微粒的碰撞运动。微粒宇宙观让微粒的碰撞运动成为全部物理现象的基础，把碰撞运动突出出来，作为新物理学的特征运动。在《哲学原理》中，笛卡尔提出了惯性定律、运动守恒定律，以及他的宇宙以太涡旋理论。这些定律和宇宙模型，既是新力学（运动学）的基本原理，也为机械论世界图景给出了示范。虽然笛卡尔的运动理论有严重缺陷，但他的微粒碰撞的机械论模式却影响广泛，被公认为亚里士多德自然哲学的替代世界观。在笛卡尔的影响之下，亚里士多德自然哲学基本瓦解，新物理学以笛卡尔的机械论哲学为前提继续前进。

在伽利略和笛卡尔的影响下，17世纪的科学先驱们慢慢把光学、天文学、力学这些应用数学或混合数学学科看成是物理学的分支，甚至把作为运动科学的力学看成物理学的基础学科。力学论（机械论）自然观成为占主导地位的自然观。到了牛顿写作《自然哲学的数学原理》时，自然数学化运动最终大功告成，决定性地把物理学转变为一门高度数学化的学科。他的伟大著作的标题在亚里士多德的语境中显然是自相矛盾的，而现在却成了新物理学的标志性特征。

接下来我们要考察现代数学与古典数学的不同，以及数学观念的变革如何影响了自然数学化运动。科学史家通常对这个方面不太关注，人们也并没有意识到现代数学与希腊古典数学有什么根本的不同。只有少数有强烈哲学关怀的科学思想史家提出了这个问题：为何希腊时代的数学无法用于物理学，而现代数学却可以，甚至必然用于物理学？这里面是不是包含了数学本身的巨大变革？诚然，自然数学化运动必然要求物理学的变革，前面我们已经讨论过了，但数学方面是否也要经受类似的革命性变化？我们知道，在物理学史领域，从 20 世纪中期开始，人们就逐渐认识到，现代早期经历了一场革命，使得革命前后的物理学表现为完全不同的两种知识体系。但是，在数学史领域，人们始终认为，从希腊到现在只有一种数学，历史上的数学家不断地为之添砖加瓦，使之丰富壮大。在古代数学和现代数学之间是连续发展的。

最早提出数学发展不连续性的是俄裔美国思想史家雅可布·克莱因（Jacob Klein，1899—1978）。他于 1934 年至 1936 年间以德文发表的《希腊计算术与代数的起源》首先指出，希腊数学与现代数学之间的根本差异在于它们的意向对象不同。他认为，希腊数学中的概念都意指个体对象本身，是关于具体对象的概念，属于所谓的第一意向概念，而从笛卡尔开始的现代数学的概念所意指的不是具体的个体对象，而是一般概念、一

到了牛顿写作《自然哲学的数学原理》时，自然数学化运动最终大功告成，决定性地把物理学转变为一门高度数学化的学科。

为何希腊时代的数学无法用于物理学，而现代数学却可以，甚至必然用于物理学？

般程序、一般函数关系，因而属于所谓的第二意向概念，是关于概念的概念。希腊人的数总是指向具体被计数之"物"，"确定数目的确定事物"（a definite number of definite things）。亚里士多德曾经区分了"可感数"和"数学数"。他认为，"六匹马""六个苹果"是可感数，而其中的"六"则指的是六个单元，是数学数。可感数之间不可比较，而数学数可以比较。数学数虽然可以比较，但指的仍是六个单元，而不是现代意义上抽象的"六"。令人吃惊的是，在希腊数学中，加法、减法、除法甚至没有专门的名称，也没有明确的定义。所谓加法就是摆放在一起，而摆放的方式依具体情况而定，不存在普遍一致的摆放方式。因此，在严格意义上，希腊并没有现代意义上的"运算"概念。"运算"以数学对象的符号化为前提，而概念符号化是现代数学特有的东西。只有那些被抽空了意义的纯粹符号才能在一些普遍程序规则的支配下进行"运算"。正是因为现代数学的这种符号化特征，像负数、无理数、虚数这些完全由运算规则规定出来的概念才可能成为现代数学的对象。它们没有被希腊人纳入数系，不是希腊人无能，而是因为希腊数学有着与现代数学完全不同的意向性结构。

克莱因指出，希腊数学与现代数学的根本差别在于，希腊数学的对象是一次抽象，而现代数学的对象是二次甚至更多次抽象，是对抽象的抽象的抽象。一次抽象虽然是抽象，但并不脱离事物本身，因此必然受制于事物的类别和范畴逻辑。在希腊数学中，你不能把六匹马和六个苹果相加，你也不能有大于三的幂次（今天我们还照着希腊的习惯把二次方称为平方，三次方称为立方）。按照亚里士多德的理论，数学把自然物的某些属性抽离出来单独研究，但只有在抽象的意义上，这些属性才能与事物本身相分离，而实际上并不能分离，因此，数学不仅不能取代物理学，相反还受制于物理学。我们知道的那些数学学科都明显受限于它们所研究的物理对象，比如光学受限于视觉（古典光学与视觉始终纠缠在一起）、天文学受限于天球运动、力学受限于杠杆的平衡问题。我们今天之所以对它们被视为数学学科感到奇怪，就是因为在我们今天的概念里，数学应该是普遍抽象的。这些明显应该被归为物理学不同门类的分支学科怎么可能是数学学科呢？

　　笛卡尔是古典数学向现代数学转变的关键人物。他创立的解析几何统一了代数和几何，是近代数学的真正开端。完成这个统一的关键步骤是，他把单位概念与具体图形相分离，使之变成纯粹的量的单元，这样量的次方就都是同类量。在希腊几何学中，线段的二次方意味着面积，三次方意味着体积，因而是不同类型的量，无法相加减。笛卡尔的处理使线段的任何次方都变成了线段，从而完成了几何学的代数化。在成功地实现对数学对象的同质化处理之后，笛卡尔试图对整个世界进行同质化处理。他提出广延概念，以完成这个一揽子方案。笛卡尔的广延既是真实的物理广延，又可以代表一切物理量，是最早的最普遍化的抽象数学符号。

　　物理学的历史发展表明，笛卡尔以广延为唯一同质化物理量对物理学所做的数学化努力并不成功。唯一的同质化物理量，即使有，也不可能一下子被找出来。在笛卡尔的时代，新物理学刚刚起步，怎么可能这么容易一蹴而就？我们知道，笛卡尔的运动量守恒原理必须附加一些条件才能成立，比如，如果宇

笛卡尔是古典数学向现代数学转变的关键人物。他创立的解析几何统一了代数和几何，是近代数学的真正开端。完成这个统一的关键步骤是，他把单位概念与具体图形相分离，使之变成纯粹的量的单元。

宙间的微粒都是完全非弹性碰撞的话，微粒间的运动很快会消失，"弹性碰撞"是必要的附加条件，可是像"弹性碰撞"这样的附加条件，是无法还原到广延的。再比如，同样尺寸的物体，其运动表现可能会完全不一样。同样大小的铁块和木块相碰，其运动后果是完全不一样的，因此，在"广延"之外，"质量"这个物理量纲是必需的。更不要说，牛顿后来提出的"力"，法拉第提出的"场"，20世纪发现的四种基本相互作用，都无法还原到一个单一的物理量。尽管如此，笛卡尔的理想始终是现代理论物理学的理想。爱因斯坦的广义相对论把牛顿的引力还原到度规空间的几何结构，算是笛卡尔普遍数学思想的一次新胜利。

笛卡尔为自然数学化所做的示范基于他对古典数学的变革。古典数学服从事物的本来（自然）面目，而现代数学服从主体心灵的构造。从这里，我们能够看出求力意志与世界图景化的内在联系。世界作为表象是由思维主体作为意志决定的。作为思想者，其意志主要表现在构造表象上。现代数学的高度符号化特征不只是因为抽象能力的突飞猛进，更是意向结构更替的结果。关于概念的概念、高阶抽象，这些东西都不再与事物直接相关，它是我们心灵建构的结果，但不是任意的构建，而是按照我们能够对事物进行充分控制的内在要求进行构建。唯名论剥离了概念与事物本性之间的内在关联，把世界看成是上帝的意志运动，因此要了解世界，就必须了解变化，了解支配这些变化的法则；相应的，人类只能在事物之间"变化着"的"关系"之中寻求知识。用确定事物相关关系的函数性（functional）思维取代关于事物本性的实体性（substantial）思维，

笛卡尔为自然数学化所做的示范基于他对古典数学的变革。古典数学服从事物的本来（自然）面目，而现代数学服从主体心灵的构造。

是唯名论导致的根本转变。①所谓常量数学到变量数学的转变，正是其后果之一。

自然数学化的本质在于为整个自然界提供一种普遍通达的方法程序，而这一普遍通达之所以可能，就在于自然的数学化不只是为自然界披上了数学的"外衣"，还将自然界"本身"变得通体透明。数学化之后的自然界原则上没有秘密可言，可以还原为那些为我们人类心灵所熟悉的东西。这种无障碍通达和完全还原，并非出自魔力，而是因为作为现代科学之研究对象的自然界实际上是被构造的对象。这一实情直到康德才被揭示出来。从某种意义上讲，数学并不是应用于物理学，而是构造了物理学的对象。成为物理学对象的必须是已经被数学化了的。未被数学化或者不能被数学化的东西，根本就不可能成为物理学的对象。

> 从某种意义上讲，数学并不是应用于物理学，而是构造了物理学的对象。成为物理学对象的，必须是已经被数学化了的。

自然的数学化、科学的数学化以及世界图景的数学化带来两个重大后果。其一是，广泛存在的数学化符号使我们与生活世界产生严重的疏离。今天广泛流行的量化管理、让数据说话的做法，都是这种疏离的表现。我们有时明明知道一个人的学术水平很高，但因为论文数量不足就不让他升职称。我们之所以心不甘情不愿但最终不得不屈从于这种量化管理逻辑，就是因为数学化这种更深层的现代性设计已经成为现代社会管理的基本原则。有时我们明明知道数据并不会说话，数据是被人为地组织起来的，但是，你要拒绝一种数据话语，唯一的办法是组织另一种数据话语，否则你就没有话语权。这种数据话语霸

> 你要拒绝一种数据话语，唯一的办法是组织另一种数据话语，否则你就没有话语权。这种数据话语霸权也是来自数学化这个根深蒂固的现代性逻辑。

---

① 戴克斯特霍伊斯：《世界图景的机械化》，张卜天译，湖南科学技术出版社 2010年版，第 547～548 页。

权，也是来自数学化这个根深蒂固的现代性逻辑。胡塞尔所说的欧洲科学危机，指的正是这种数学化、符号化导致我们对于生活世界的无视和忽视。

后果之二是，诸事物之间质的差异被抹平。数学化思维本质上是将世界上多种多样的质还原为单一的量纲，将一切质的差异还原为单纯量的差异。比如，不同的声音还原为不同的声波波长，不同的色彩还原为不同的光波波长，不同的气味还原为不同的分子结构。一种量纲被物理学地直观出来，就意味着一类物理现象的质的差异被抹平，也意味着开辟了一个可计算的领域。对于一个看到了细胞的生理学家来说，人体各个部位没有什么本质的差别；对于一个进化生物学家来说，人和猴子没有什么根本的差别；对于一个化学家来说，世界是由分子构成的；对于物理学家来说，为了验证自由落体运动定律，一块石头、一只猫和一个苹果没有本质的区别。每一次可计算和可操作的领域的出现，就是把质的多样性抹平一次。一个胖子加一头猪等于多少？这不是加法，而是骂人。为什么呢？因为它消掉了胖子和猪之间的本质差别。所有能加在一起的东西，都是事先被抹掉了质的差异的东西。数学化大行其道的领域，都是丧失了质的多样性的领域。

质的多样性的抹平意味着世界意义的消失，因为意义是建立在质的差异之上的。世界就其自身而言丧失了意义，是因为人已经事先成了意义的唯一来源。对现代人而言，理解一棵树的意义只能通过它对于人类的价值才有可能。比如，它活着可以保水保湿，可以供人乘凉，砍下来可以打家具等等。就树本身而言，我们很难理解它存在的意义。这种现代性的无能，是人类中心主义的狂妄的另一个侧面。

数学化思维本质上是将世界上多种多样的质还原为单一的量纲，将一切质的差异还原为单纯量的差异。

质的多样性的抹平意味着世界意义的消失，因为意义是建立在质的差异之上的。

二、空间化

　　空间化是世界图景化的另一种表现。由于牛顿力学在塑造现代世界观方面的基础地位，受过教育的现代人的世界观基本上是牛顿式的。牛顿的世界图景可以简单归纳为三个要素：绝对时空是一个筐，筐里装着有质量的物质微粒，微粒在力的作用下改变它们的运动。牛顿在《自然哲学的数学原理》开头的定义中说："绝对的空间，就其本性而言，是与外界任何事物无关而永远是相同的和不动的。"牛顿的绝对空间和绝对时间概念被康德做了先验论的表述，将之处理成先天感性形式，也就是说，在现代世界图景中，一切事物唯有被纳入绝对时间和绝对空间的框架之内，才可以成为认识的对象。就认识论而言，一个不能被纳入时空之中的东西，就根本不是个东西。一切科学也只能以能够在时间和空间中定位的东西为研究对象，那些宣称研究超时空事物的科学难免被人称为伪科学。牛顿时空观已经进入现代人的常识之中，即使是相对论也很难撼动它。

牛顿世界图景可以简单归纳为三要素：绝对时空是一个筐，筐里装着有质量的物质微粒，微粒在力的作用下改变它们的运动。

牛顿在伍尔索普的故居

认可牛顿时空观的
程度可以作为进入
现代性、被现代化
的程度的标志。

然而，牛顿的空间概念绝不是自古以来人类普遍秉承的空间概念，只有由现代科学塑造出来的现代人普遍认可，普遍奉为常识。这反过来也可以作为一个检验标准，即认可牛顿时空观的程度可以作为进入现代性、被现代化的程度的标志。也正因如此，我们在今天追溯前现代时期的空间概念，会十分困难。

每个时代都会有一系列表达空间属性或空间关系的概念，比如表达方位的上下、左右、前后、内外，表达大小的尺寸、长度、面积、体积等，但主导的概念是由哲学家提炼出来的。希腊人的空间概念中影响最大的是亚里士多德的处所（topos，place）概念，它被亚里士多德提出来作为主导性的空间概念，对后世产生了重大影响。

亚里士多德的处所概念有两个重要特征。第一，处所表达的是"环境"概念。一个物体的处所指的是它所处的直接的周遭环境。任何物体都被周围的其他物体所包围，这些包围者形成的内界面就是处所。这个环境概念决定了，虚空作为空虚的处所是一个自相矛盾的概念，因为一切处所都是某一个物体的处所，没有物体便谈不上处所。第二，处所会影响物体的存在状态。前面我们提到，亚里士多德用自然处所（natural place）的概念来说明自然运动。一个物体如果处在它的自然处所，它的自然状态就是静止，如果不处在它的自然处所，朝着自然处所的运动就是自然运动，背着自然处所的运动则是受迫运动，因此，物体的处所决定了物体的运动趋势。这很像是电场中的电势：一个电荷处在不同的电势会有不同的运动；又很像是我们日常生活中对于社会地位的理解：我们经常说，"到什么山上唱什么歌""一方水土养一方人""屁股决定脑袋"，还说"位高权重""不在其位不谋其政"，都是暗指人是一种随环境的不同而改变自己存在状态和存在方式的存在者。

亚里士多德的处所概念与现代的空间概念完全不同。第一，按照由牛顿力学所塑造的现代空间概念，物体与空间原则上是可以区分开来的，你完全可以设想一个没有物体的空间独自存在，虚空是可以设想的；第二，空间各向同性，没有任何差异，因此，空间也不对物体的存在方式构成任何影响。我们今天强调现代科学的普适性时喜欢说，在北京做的实验在巴黎也可以重复。这里已经默认北京和巴黎的空间位置对于科学实验没有影响，而这个空间概念是希腊人所不具备的，它是现代世界观的一个有机组成部分。

现代空间概念的兴起有两条历史线索。一是哥白尼发起的宇宙论革命，一是笛卡尔的物质即广延的思想。

科学史家柯瓦雷（Alexander Koyré, 1892—1964）高度评价哥白尼发起的宇宙论革命这条线索，他把近代科学革命的本质概括为"从封闭世界到无限宇宙"。希腊人的宇宙是一个有限的球体，宇宙有边界，边界就是恒星天球。这种宇宙观在今天看来简直是太幼稚了。现代人很容易提出这样的问题：你说宇宙是一个有限的球体，那恒星天球外面是什么呢？你若是说没有"外面"，现代人会继续追问，边界的意思就是划分内外嘛，没有内外怎么会有边界？现代人之所以会这样理直气壮地追问，原因在于这样的追问是以现代空间概念为基础的，如果没有现代空间概念，他不会提出这样的质疑。

希腊人有多种方式来论证宇宙是有限的。首先，对于以追求确定性知识为己任的希腊人来说，有限优于无限，因为有限意味着确定性，而无限意味着不确定性。宇宙作为大美之象征，必定是有限而非无限的。其次，宇宙根据定义是为大一，是包括了全部存在者的整体，因此谈论宇宙之外是一种自相矛盾。要破解这种自相矛盾，除非把宇宙物质与空间剥离开来。只有在现代空间概念的背景下，关于"宇宙之外"的问题才是合法的，而在希腊的处所概念中，宇宙本身并无处所，因为没有什么东西包围着它。

哥白尼在转换宇宙中心的时候，还是像希腊人一样坚信宇宙是一个有限的球体。如果像我们今天这样相信宇宙是无限的，那么就说不上宇宙中心了。科学史家逐渐意识到，哥白尼把宇宙中心由地球移到太阳这件事情本身并不很重要，重要的是，宇宙中心的迁移导致地球必须运动，地球必须运动则天球不必运动；天球不必运动，则天球没有必要存在，恒星不必都被钉在同一个恒星天球之上，完全可以散落在宇宙之中。正是地球的自我运动，为打破封闭世界准备了条件。

现代空间概念的另一个来源是笛卡尔。前面讲过，笛卡尔提出双实体理论，心灵实体的本质属性是思维，物质实体的本质属性是广延。通过把物质与广延相等同，笛卡尔完全撇开了亚里士多德的处所概念，把广延概念打造成现代占主导地位的空间概念。笛卡尔的广延（空间）是同质化的、数学化的，这导致现代空间概念的几何化特征。对亚里士多德而言，空间（处所）完全是一个质的概念，无法进行数学处理，而到了笛卡尔这里，这个局面完全逆转：空间（广延）本质上是一个可数学化的东西。在现代空间概念的形成过程中，空间的同质化、数

哥白尼在转换宇宙中心的时候，还是像希腊人一样坚信宇宙是一个有限的球体。如果像我们今天这样相信宇宙是无限的，那么就说不上宇宙中心了。

学化是很重要的一步。

笛卡尔的空间（广延）虽然是同质化的，但与物质绑定在一起，因此是相对的而非绝对的，是有限的而非无限的，离完全背景化的现代空间概念还差一步。这一步得等到把无限的概念赋予空间才得以完成。完成这一步的是英国哲学家亨利·摩尔（Henry More，1614—1687）。摩尔认为，广延不是只有物质才具有的属性，也是精神的属性，而且也是上帝的属性。既然空间是上帝的属性，那么必然是无限的，是超越于物质之上的。他强调，我们可以想象没有物质的空间，但不能想象没有空间的物质，这样就把空间与物质成功地剥离开来，使空间成为纯粹的背景和物质世界的舞台。牛顿既继承了笛卡尔的空间几何化思想，又继承了摩尔的空间绝对化、无限化思想，完成了现代空间概念的背景化、几何化建构。

在亚里士多德的物理学中，空间只是十范畴之一，而且不很重要。刻画一个物体之本质的是实体、质料、形式、潜能、现实这些东西。现代科学的世界图景把空间和时间作为基本的框架，这是前所未有的。前面说过，进入空间和时间之中，是物之为物的基本条件，而进入空间之中就意味着物已经被数学化和格式化了。

空间的空虚化、均质化、无限化使牛顿第一定律成为可能。如果空间不是无限的，一个做匀速直线运动的物体是不可能一直运动下去的。均质化则意味着运动不再有理由，因为均质化的空间是无差别的。严格地说，由于位置无差别，单纯的空间转移应该看成并未发生运动和变化，因此，运动与静止完全等价。如果空间里只有一个物体，那么说它运动

在亚里士多德的物理学中，空间只是十范畴之一，而且不很重要。刻画一个物体之本质的，是实体、质料、形式、潜能、现实这些东西。现代科学的世界图景把空间和时间作为基本的框架，是前所未有的。

或者静止根本没有意义。如果是这样的话，那么运动概念将无法理解。牛顿深刻地意识到这一逻辑困境，于是引入了绝对空间和绝对运动的概念。对他来说，相对运动与静止的确是等价的，但是，绝对运动与静止并不等价。生活在相对论时代的人们经常指责牛顿的绝对空间和绝对运动是一个不必要的错误，其实，爱因斯坦看得最清楚。"回顾牛顿的全部思想，他认为牛顿最伟大的成就是他认识到特选参照系的作用。他十分强调地把这句话重复了几遍……在爱因斯坦看来，牛顿的解决是天才的，而且在他那个时代也是必然的。"[①]引入绝对空间对于牛顿力学来说是必不可少的，否则，"运动"概念将无法理解。

没有现代空间概念，就没有牛顿第一定律，而牛顿第一定律从来不是任何意义上的经验定律。没有任何人在任何地方看到过牛顿第一定律所描绘的现象，因为"没有力的作用"这个条件是不可能实现的。引力无处不在，电磁力无处不在，这个世界实际上充满了紧张，实际上没有真正空虚的地方。第一定律跟绝对空间的概念一样，是一种先验构造，是现代世界的第一构造性原则。也就是说，第一定律不是我们从经验世界中发现的，而是相反，现代世界是以符合牛顿第一定律的方式被构造出来的。

空虚与无限相互蕴含。当布鲁诺论证宇宙是无限的的时候，他已经先假定世界是空的。如果你假定世界是充实的，就必然会推出世界是有限的。今天无限发展、无限开放的逻辑，其实是基于宇宙本身无目的、无意义这个前提之上。亚里士多德的

> 没有现代空间概念，就没有牛顿第一定律，而牛顿第一定律从来不是任何意义上的经验定律。

---

① 爱因斯坦：《爱因斯坦文集》第一卷，第624页。

运动是"有始有终"的，运动有目的，有终点。实现了自身的现实，运动就结束了。然而，现代空间概念因其空虚、无限，使宇宙论不再是人生意义的源泉，倒成了恐惧的源泉。帕斯卡曾说，"这些无限空间的永恒沉默使我恐惧"，表达的就是这个意思。

三、时间化

在现代人心目中，时间常常与空间一起出现，作为世界图景的框架。但是，时间与空间在前现代时期是相互分离的两个范畴，并没有必然的联系。只是通过运动的数学化这个环节，时间与空间才被新物理学紧密地关联在一起，并逐步成为现代世界图景的一对基本范畴。但是，我们必须注意到，时间与空间在现代世界图景中所扮演的角色并不一样。我们不能简单地像在现代物理学中那样把时间与空间并置在一起，一视同仁。事实上，即使在物理学中，时间与空间也不完全对称。牛顿为了证明有绝对空间，提出了著名的水桶实验，但关于绝对时间

时间与空间在前现代时期是相互分离的两个范畴，并没有必然的联系。

帕斯卡墓，位于巴黎圣斯德望教堂内

却没有给出任何实验。

现代时间观念的基本特征是单向线性，与古代希腊世界流行的循环时间观恰成对照。历史上，希腊和印度人多持循环时间观，希伯来人和基督徒则持线性时间观。

所谓循环时间观指的是，将时间理解成一个圆圈，周而复始。循环时间观有强弱两种形态。强的循环时间观认为，历史事件会严格地周期性重演，从前发生的事情在下一个周期中会一丝不苟地重复发生。弱的循环时间观认为某些历史特征会周期性重演，但并不严格地重现历史事件。中国人的阴阳时间观就是一种弱的循环时间观。几乎所有文化都存在某种弱的循环时间观。

印度人多数持强循环时间观，相信生死轮回，相信世界会周期性地重演。在印度文化中，这种时间观有明确表述。基本的轮回周期叫作"劫"，它等于尘世的 43.2 亿年，是梵天神的一日。每一劫标志着世界的一次重新创造，而在这期间还有更小的周期循环相互嵌套。正因为有这么多的周期循环，尘世的一切事物的时间性都不重要，重要的是支配着永恒循环的神的力量。印度文明历史意识极度淡薄，也是这种强循环时间观的表现。在世界各古代文明中，印度文明是最没有历史感的。在流传下来的众多文献中，几乎没有历史著作；在众多宗教文献中，没有一本记载真实历史的圣经，以致后人想编写一部印度历史极为困难。历史学家布尔斯廷（Daniel J.Boorstin,1914—2004）说过："古代印度的国王们非常相信他们的功业属于过眼云烟，因此他们通常不把他们的成就记载在纪念碑上。历史记录的匮乏，不仅显出印度教徒一心想着超凡

现代时间观念的基本特征是单向线性，与古代希腊世界流行的循环时间观恰成对照。

和永恒，还显出一种普遍的观念，认为社会生活是不变的和反复的。过去和现在既然没有什么不同，那么对历史的探索似乎也是徒劳的了。在一个不知变革的社会中，历史学家还有什么可写的呢？真实的事态发展如果作了记录，它们也通常被改变为带有普遍和永久意义的神话。"①

　　希腊人也有较强的循环时间观。毕达哥拉斯学派相信永生轮回，灵魂不朽。赫拉克利特相信宇宙的永恒轮回，周期是大年（Great Year，10800 年）。柏拉图也持有宇宙大循环以及灵魂不朽的思想。斯多亚学派主张宇宙中各种事件的严格循环和重演。"斯多亚学派认为，各行星经过一定时间的运行回复到宇宙形成之初的相对位置时，就会给万物带来灾变和毁灭。随后，宇宙又精确地按照和以前一样的秩序重新恢复起来，星辰重新按照以前的周期在以前的轨道上运行，一切都毫无变化……苏格拉底、柏拉图以及每一个人都将再次复活，还有同样的朋友和同乡，他们将经历同样的事情，进行同样的活动。"②希腊人有少量历史学家，但希腊人的历史（historia）不是现代意义上的历史（history），它只涉及短期记忆，不是关于久远过去的事件，而是关于多样性具体事物的具体研究（希腊人的historia 一词的意义我们将在下一章深入讨论）。现代意义上的历史意味着研究一个变化的世界，意味着每一个变化都是值得仔细研究的，但是希腊人的形而上学并不支持这种研究。他们相信，确定性的科学不可能在变化的世界里找到，因此，现代意义上的历史作为知识在根本上是不可能的。

①　布尔斯廷：《发现者》，严撷英等译，上海译文出版社1995年版，第800页。
②　威特罗：《时间的本质》，文荆江等译，科学出版社1982年版，第7页。

基督教引入了一个新的历史事件，并将这一事件作为历史理解的重心，进而作为时间观念的重心，这就是耶稣基督的诞生。

所谓线性时间观指的是把时间理解成单向流逝的线性过程。希伯来人的生活世界空间性淡漠，时间性突出。创世对于他们来说是历史的发端，是一件非凡独特的历史事件。基督教引入了一个新的历史事件，并将这一事件作为历史理解的重心，进而作为时间观念的重心，这就是耶稣基督的诞生。这个事件是全部历史中最伟大最重要的事件，它为过去、现在和未来提供了全新的时间尺度：全部过去的事件都奔向它，作为它的准备阶段，全部的未来由之涌出，成为它的展开和漫延。基督教创造了普遍而统一的历法和编年体系，创造了普遍主义的世界史概念。基督徒的时间是单向线性的时间，对于他们来说，未来是开放的，未来是有希望的。

中世纪希腊学术的全面复兴使希腊式的循环时间观与基督教固有的线性时间观开始碰撞、冲突、融合。

文艺复兴和科学革命时期，欧洲人明确意识到自己处在一个崭新的时代，并且以"新"自我标榜。开普勒出版《新天文学》（1609），弗朗西斯·培根出版《新工具》（1620），维柯（Giambattista Vico，1668—1744）出版《新科学》（1725），人人咸与维"新"。这意味着，线性时间观正在占据支配地位。

对于循环时间观来说，"新"并不必然是好词。对于古希腊人来说，从黄金时代、白银时代再到黑铁时代，人类经历的是一个下行阶段。在这个阶段，越"新"越糟糕、越黑暗、越堕落。只有黑暗年代才是新时代。从这个意义上讲，文艺"复兴"本质上是迎接一个旧时代的到来。牛顿坚信，像万有引力定律这样的物理规律，上古时期的摩西等先知都是知道的，只是随着人类的堕落，这些知识才逐步失传。因此，牛顿花了很多精力挖掘古代的神秘文献，试图从《圣经》等历史文献的解读中直接获取真理。牛顿所代表的时间观无疑是循环时间观。

但是，这个时代的主流是以"新"为荣。培根对新发明的赞扬揭示了"新"的正面意义。他在《新工具》中特别把印刷术、火药和指南针提出来予以高度评价："我们还该注意到发现的力量、效能和后果。这几点是再明显不过地表现在古代所不知、较近才发现、而起源还暧昧不彰的三种发明上，那就是印刷、火药和磁石。这三种发明已经在世界范围内把事物的全部面貌和情况都改变了；第一种是在学术方面，第二种是在战事方面，第三种是在航行方面；并由此又引起难以数计的变化来；竟至任何帝国、任何教派、任何星辰对人类事务的力量和影响都仿佛无过于这些机械性的发现了。"[①] 正是这些新的技术发明把欧洲人带入了"新"时代，也带来了一种"新"时间观。由于新的发明和发现是前所未有的，这种"新"就不是简单的"复兴"。未来和过去的对称性被打破。新时代显示出其原创性和优越性。18 世纪启蒙运动进一步将现代性肯定为"进步"，这是线性时间观取得的完全胜利。工业革命让人类能够自己创造无数的适合人类使用的东西，这些东西肯定是古人从无可能享受到的，这便加速了"进步"观念的传播。对于享受着工业革命成果的现代人来说，未来是美好的，是值得向往的。人类通过自己的努力，可以创造一个完美的世界。这是现代性自我肯定的必然逻辑后果。

时间概念在现代的地位比古代更加突出。在古代希腊，时间并不是一个用来刻画实在的基本概念，它只是由某种特定的运动派生出来的概念。毕达哥拉斯学派把天球当成时间，柏拉

正是这些新的技术发明把欧洲人带入了"新"时代，也带来了一种"新"时间观。由于新的发明和发现是前所未有的，这种"新"就不是简单的"复兴"。未来和过去的对称性被打破。新时代显示出其原创性和优越性。

---

① 培根：《新工具》第一卷第129条，第103页。

今天，我们认为时间比运动更为根本，因为运动是时间和空间的函数，但在希腊时代是倒过来的。不仅古希腊时代，一切前现代的文化都是根据人类的生活来规定时间。

时间在现代性中的这种支配性是由两个因素促成的，一是基督教对普世时间的强调，二是机械计时技术的发展使精确计时成为可能。

图称时间是天球的永恒运动，亚里士多德则把时间定义为"运动的数目"，他们都把时间看成一个由运动派生出来的概念。运动先于时间，高于时间，是时间的基础。今天，我们认为时间比运动更为根本，因为运动是时间和空间的函数，但在希腊时代是倒过来的。不仅古希腊时代，一切前现代的文化都是根据人类的生活来规定时间，农民根据作物的生长周期，牧民根据羊羔的生长周期，而不是由时间来规定生活。今天的情况正好相反，在我们的科学世界图景里，时间是最基本的参量；在日常生活中，也是由时间来决定我们该做什么。要吃饭了，不是因为饿了，而是因为到吃饭时间了；要睡觉了，不是因为困了，而是因为到睡觉时间了。现代生活由时间支配而不是相反。

时间在现代性中的这种支配性是由两个因素促成的，一是基督教对普世时间的强调，二是机械计时技术的发展使精确计时成为可能。基督教的普世主义既体现在人人平等的人类中心主义，也体现在世界图景的统一性之上。正如英国历史学家柯林武德所说："对基督徒来说，在上帝的眼中人人平等：没有什么选民、没有什么特权种族或阶级，没有哪个集体的命运比其他集体的更重要。所有的人和所有的民族都包罗在上帝目的的规划之中，因此历史过程在任何地方和一切时间都属于同样的性质，它的每一部分都是同一个整体的一部分。基督徒不能满足于罗马史或犹太史或任何其他局部的和特殊主义的历史：他要求一部世界史，一部其主题将是上帝对人生目的的普遍开展的通史。"[1] 这种历史

---

① 柯林武德：《历史的观念》，何兆武等译，中国社会科学出版社1986年版，第55～56页。

的统一性首先体现为时间的统一性，而时间的统一性一开始体现为时间方向的单一性，即世界起于创世，终于末日审判，继而体现为时间尺度的统一性。公元 325 年，基督教世界的全体主教会议决定把儒略历作为教历。公元 525 年，以耶稣诞生作为纪元元年。公元 1582 年，教皇格里高利十三世颁布新历法。基督教立教两千年，历法极少变动。时间尺度统一而稳定。

欧洲中世纪机械技术革命的重大成果之一是机械钟的发明。机械钟最早是模拟天球的运动，所以被科学史家普赖斯（Derek John de Solla Price,1922—1983）称为"从天文世界被贬下凡的一位天使"①。自古以来，天文时间都是普世时间。因模拟天球运动，机械计时器也继承了天文时间的普世主义特征。中国历史上有天文钟，但因为天学属于天子垄断之私学，天文钟与其他天文仪器一样属于皇宫特藏的礼器，普通人无缘得见。机械钟的核心部件是擒纵机构，即周期性的控制和释放动力轮，使动力轮的连续运动变为可计数的间断运动，从而达到计时的目的。宋代苏颂（1020—1101）的水运仪象台已经设计了水轮擒纵装置，使均匀的水流依次装满水斗，但是，这个擒纵装置本身并不创造等时性，等时性仍然来源于水流的均匀性。14 世纪在欧洲修道院里出现的机械钟由动力系统、擒纵系统、指示系统三部分构成，擒纵系统通过擒纵把动力分隔成等时的脉冲，起到计时的目的。机械钟首先出现在修道院里，与修道院按部就班的生活方式有关。技术史家芒福德（Lewis Mumford,1895—1990）说："寺院是生活有规律的地方，因此，按钟点打钟,或按时提醒敲钟人的仪器可以

---

① 普赖斯：《巴比伦以来的科学》，王静等译，中共中央党校出版社1992年版，第26页。

说是这种生活的必然产物。如果说，一直等到公元 13 世纪城市有了按时安排生活的需要时才出现机械时钟，那么，对于寺院来说，有规律的生活和按时认真安排活动几乎是其第二天性。"①

但是，机械钟一发明出来，就被首先安装在教堂的尖顶上，与水运天文钟作为皇家礼器藏在深宫形成鲜明的对照。对中国人来说，时间包含着天地人交感运行的秘密，天文时间更是包含天机，不可泄露；而对基督徒来说，天文时间是全人类共有的公共时间。斯宾格勒（Osward A.G.Spengler,1880—1936）在《西方的没落》中评价说："数不尽的钟塔，其声音回荡在西欧，日以继夜，成为其历史的世界感的一个最美的展示。"②

时间的支配性来自机械钟的精准化与普及化。在机械钟未发明之前，计时单位通常到小时（时辰）。最初的机械钟也只

对中国人来说，时间包含着天地人交感运行的秘密，天文时间更是包含天机，不可泄露；而对基督徒来说，天文时间是全人类共有的公共时间。

台中自然科学博物馆里的水运仪象台，按照1：1比例复原

① 芒福德：《技术与文明》，陈允明等译，中国建筑工业出版社 2009年版，第 14页。
② 斯宾格勒：《西方的没落》，陈晓林译，黑龙江教育出版社 1988年版，第 11页。

有一个时针，随着计时精度的增加，1550 年左右增加了分针，1760 年左右增加了秒针。时间计量得越精准，社会生活的节奏就越快。从前 1 小时只能容纳一个事件，现在每一秒都有事件发生。工业革命强化了时间的意义以及守时的重要性。大工业生产提高了效率，而效率只有在时间可以精确计量之后才有意义。为了效率，所有的生产者都必须遵从机器的逻辑，而机器的逻辑首先就体现在钟表上：这台精密制造的机器，运动不息，不舍昼夜。它暗示了时间独立于人类的生活之外，客观而永恒地流逝，暗示了时间就是金钱，效率就是生命。1500 年左右，德国纽伦堡的钟表匠亨莱因（Peter Henlein）发明了发条，代替重锤作为动力，从而使机械时钟体积变小，可以进入家庭甚至随身携带。19 世纪后期，更为小巧的手表出现，逐渐取代怀表。怀表、手表先是作为达官贵人的奢侈用品，继而成为人人可得的日常用具。在这个过程中，时间逻辑被隐蔽而又深刻地印入了现代人的心灵之中，时间赢得了它对于现代生活的支配权。

工业革命强化了时间的意义以及守时的重要性。

时间逻辑被隐蔽而又深刻地印入了现代人的心灵之中，时间赢得了它对于现代生活的支配权。

伦敦大英博物馆收藏的最早的机械钟

一旦新物理学把全部的物理问题还原为时间与空间的函数关系问题，对时间的实际计量就成为首先必须解决的技术问题。

在机械钟的精准化过程中，近代科学的先驱伽利略和惠更斯（Christiaan Huygens,1629—1695）发挥了重要的作用。伽利略最早发现摆的等时性，为钟表的发展提供了科学原理上的支持。惠更斯则亲手制造了第一个摆钟，计时精度大大提高。伽利略之前，精确的时间计量技术尚不具备。为了证明摆的等时性，以及斜面运动是匀加速运动，他不得不用自己的脉搏来计算时间。然而，时间计量技术的不足并没有阻碍他对运动的数学化处理。笛卡尔第一次将空间等同于广延，从而成功地将空间数学化，伽利略则第一次将时间数学化。反过来，自然数学化运动又推动了时间计量技术的发展，因为一旦新物理学把全部的物理问题还原为时间与空间的函数关系问题，对时间的实际计量就成为首先必须解决的技术问题。

基督教的普世主义单向线性时间观、机械钟表技术的发展、科学革命中时间的数学化、工业革命中效率观念的凸显等诸多复杂因素共同编织了时间化的现代世界图景。今天的人们用"进步""发展"等词汇对社会现象表达正面肯定，用"节省时间""高效率"等词汇表达对新技术的赞美，用原子钟作为全世界共同的时间标准，全都是世界图景时间化的表现。

四、机械化

现代世界图景的机械化（Mechanicalization）有两个意思，一个是通过机械类比或隐喻来理解世界，一个是用力学方式解释世界。近代早期，机械类比与力学本身成长为新物理学的主干相伴而行。那个时候力学与机械学还没有区分开来。等到牛顿力学与笛卡尔的机械论分道扬镳，并且成为现代物理学公认的基础之后，机械化更多指的是（牛顿）力学化。

在古希腊，机械与自然相对；在现代，机械与有机体相对。机械的本义是人工制作的东西，用以克服自然，资助人力。作为制作出来的东西，机械总是预设了一个制作者，一个他者。正因如此，把整个宇宙设想为一架机器，存在逻辑上的矛盾，因为宇宙作为"至大无外"的存在者总体，逻辑上已经排除了"他者"的存在。整个宇宙要么永恒不变，要么自我生长。自古以来，各民族的创世神话采纳的是"自我生长"的有机体模式，通过生殖，一个神生出另一个神。希腊神话如此，中国创世神话也是如此。柏拉图在《蒂迈欧篇》里提供了一个创世故事，说创造者把形式注入纯粹的原材料之中，创造了今天我们看到的这个感性世界。但连柏拉图自己都承认，这个故事不能完全自圆其说，因为在这个创世故事里，形式、原材料以及创造者本人都是现成的，其来源无从追溯，因此，这个创世故事顶多是我们这个感性世界的受造故事，而形式、原材料似乎是永恒的、非受造的。后来，亚里士多德就不讲创世，而是明确主张宇宙是永恒不灭的。

在希腊，机械与自然相对；在现代，机械与有机体相对。

把整个宇宙看成一架机器的机械类比概念是基督教所独有的。基督教的创世理论破除了上述机械宇宙论可能产生的逻辑矛盾：基督教的上帝是一个绝对的超越者，他创造了这个世界，但他自己并非这个世界的一部分，因此，通过上帝之手，世界完全可以成为一架机器而不产生任何逻辑矛盾。不过，虽然有这种逻辑可能性，但只有少数早期的基督教神学家曾经开启过这种可能性。3世纪后期的基督徒作家拉克坦修（Lactance）说过上帝是世界机器的设计者。12世纪学术复兴之后，亚里士多德的目的论的、有机论的物理学（自然哲学）被整合进基督教神学之中，成为教会官方认可的、占支配地位的自然观。但是，

把整个宇宙看成一架机器的机械类比概念是基督教所独有的。

反亚里士多德的唯名论者如奥雷姆明确提出宇宙的钟表隐喻。技术史家林恩·怀特（1907—1987）说："正是在奥雷姆（1382年死于利雪主教任上）这位伟大的教士和数学家的著作中，我们第一次看到了宇宙作为一个巨大机械钟表的隐喻。这个大钟由上帝创造和驱动，因此所有的轮子都尽可能和谐地运行。"①

作为机械类比的机械自然观在16、17世纪兴起，有两大背景。第一个背景是，中世纪机械技术革命为欧洲人造就了丰富而多样的机械技术经验。柯林武德在评论近代机械自然观时曾经说过："文艺复兴的机械自然观从其根源上讲也是类比的，但它以相当不同的观念为先决条件。首先，它基于基督教的创世和全能上帝的观念。其次，它基于人类设计和构造机械的经验。除了很小的范围外，希腊人和罗马人都不是机械的使用者：他们的石弩和水钟不是他们生活中足够显著的特征，不足以影响到他们对自己与世界的关系的构想方式。但16世纪时工业革命正在上路。印刷机和风车，杠杆、水泵和滑轮，钟表与独轮车，以及在矿工和工程师中使用的大量机械，构成了日常生活的特征。每一个人都懂得机械的本质，制造和使用这类东西的经验已经开始成为欧洲人一般意识中的一部分。导向如下命题就很容易了：上帝之于自然，就如同钟表制造者或水车设计者之于钟表或水车。"②过去由于对中世纪欧洲技术史特别是机械技术革命了解不够，中国学术界往往没有意识到这一背景。林恩·怀特在他那本经典著作《中世纪技术与社会变迁》中总结道："也

---

① Lynn White，*Medieval Technology and Social Change*，Oxford University Press，1966，p.125.
② 柯林武德：《自然的观念》，吴国盛译，北京大学出版社2006年出版，第10页。

许开始于 983 年塞尔基奥（Serchio）的漂洗机，11 和 12 世纪
已经将凸轮运用于大量操作之中。13 世纪发现了发条和踏板，
14 世纪将齿轮发展到了难以置信的复杂水平；15 世纪通过精
致的曲轴、连杆、调速器极大地便利了将往复运动转换为连
续转动。考虑到人类历史向来的缓慢节奏，这场机械设计的
革命发生之迅速令人震惊。"[1] 机械自然观有其机械技术革命
的背景。

　　第二个背景是，亚里士多德物理学正在瓦解之中，新的实
验科学要求对自然界进行干预和控制而不是听任自然。干预和
控制通过两种路线进行，一是炼金术和自然魔法，一是机械力
学。每一种支配和征服自然的手段背后，都预设了一个自然的
模型。在炼金术士看来，上帝是一个炼金家，宇宙是一个大熔炉；
而在机械论哲学家看来，上帝是一个钟表匠，宇宙是一台大钟
表。科学革命时期，这两条路线均非常活跃，最终机械力学占
据上风，取得最后的胜利。

　　科学革命时期最为显著的机械类比是宇宙的钟表隐喻。机
械钟表是中世纪机械技术革命最优秀、最引人注目的成果，其
制作之精密是一切机械之冠，堪为一切机械之代表。哥白尼的
学生、德国学者雷提卡斯（Georg Rheticus，1514—1574）在读
到哥白尼的手稿后感叹道："既然看出这一运动能解释无数现
象，难道就不应当承认大自然的创造者上帝具有普通造钟匠的
技巧吗？因为造钟人都很谨慎地避免在钟的机件里加进多余的
轮子，或者只要稍微改变另一个轮子的位置，其机能就可以发

在炼金术士看来，
上帝是一个炼金
家，宇宙是一个大
熔炉；而在机械论
哲学家看来，上帝
是一个钟表匠，宇
宙是一台大钟表。

---

[1] Lynn White, *Medieval Technology and Social Change*, Oxford University
Press，1966，p.129.

挥得更好。"①1605 年，开普勒在给朋友的信中写道："我的
目的在于证明，天上的机械不是一种神圣的、有生命的东西，
而是一种钟表那样的机械（凡相信钟表有灵魂的人应该把钟表
匠的光荣给予钟表本身），正如一座钟的所有运动都是由一个
简单的摆锤造成的那样，几乎所有的多重运动都是由一个最简
单的、磁力的和物质的动力造成的。"②笛卡尔在《谈谈方法》
（1637）中谈到心脏时说："我刚才说明心脏运动，是由那种
可以用眼睛在心脏里看到的器官结构必然引起的，是由那种可
以用手指在心脏里摸到的温度必然引起的，是由那种可以凭经
验认识到的血液本性必然引起的，正如时钟的运动是由钟摆和
齿轮的力量、位置、形状必然引起的一样。"③

笛卡尔把机械类比的思想全面贯彻到由宇宙到人体的各个
层面，明确提出身体即精致的机器。他在《谈谈方法》中说："我
们知道人的技巧可以做出各式各样的自动机，即自己动作的机
器，用的只是几个零件，与动物身上的大量骨骼、肌肉、神经、
动脉、静脉等等相比，实在很少很少，所以我们把这个身体看
成神造的机器，安排得十分巧妙，做出的动作十分惊人，人所
能发明的任何机器都不能与它相比。"④

笛卡尔《哲学原理》是机械自然观的第一部权威文献，在
其中，既有宇宙的机械类比，也有力学解释的全套方案。他说：
"机械学的一切规则都是属于物理学的，它们只是物理学的一

---

① 转引自梅森：《自然科学史》，周煦良等译，上海人民出版社 1980 年版，
第 120 页。
② 转引自霍尔顿：《物理科学的概念和理论导论》，人民教育出版社，第
68 页。
③ 笛卡尔：《谈谈方法》，王太庆译，商务印书馆 2000 年版，第 40 页。
④ 同上，第 44 页。

部或一种，因此，一切人工的事物也同时是自然的。因为由一定数目的轮子所构成的钟表，其标时作用是很自然的，正如一棵树由某一粒种子生出后，结下特种的果实，是一样自然的。熟悉自动机的那些人，在知道了一架机器的用途，并看到其各部分以后，就容易由此推断出别的未经见过的机械的制造法，因此，在考察了自然物体的明显可感的部分和结果以后，我也就试着来确定它们的原因和不可觉察部分的特征。"⑤ 笛卡尔在这里明确宣布，亚里士多德意义上的人工物与自然物的对立是不存在的，机器作为人工物与树作为自然物本质上是一样的；他还表明，通过了解机械的部件及其结构，就可以了解整个机械，这种办法对于了解自然物一样有效。

宇宙的机械类比有助于机械力学被确立为物理学的核心学科。如果自然界一切事物本质上都是机器，那么采纳力学的方法对它们进行研究就是必然的要求。笛卡尔的力学／机械学的一般原理是：自然界除了物质与运动外什么都没有；物质的本质是广延（空间）；运动的本质是位置变化，因而可以表述为空间与时间的函数；物理学是关于运动的研究，因而本质上是关于空间和时间的数学。笛卡尔力学／机械学的特殊原理是：物质运动的经验单元是微粒运动；微粒运动保持其运动方向和运动量不变，除非发生微粒之间的碰撞；碰撞是改变运动的唯一原因，除此而外，微粒之间并无内在神秘的吸引或排斥。

笛卡尔机械论的细节受到了这样那样的质疑，比如，如何通过单纯的广延来解释物质的不可入性？为什么物质微粒会结成一体、统一行动？为什么相同尺寸的物体在相同的碰撞之后

> 如果自然界一切事物本质上都是机器，那么采纳力学的方法对它们进行研究就是必然的要求。

⑤ 笛卡尔：《哲学原理》，关文运译，商务印书馆1958年版，第59~60页。

运动状态有不同的改变？但它的一般原则影响很大，得到普遍认同。正如波义耳清楚地意识到的，机械论观念的巨大优势在于"解释原则清晰而形象，所以运用时不致遭到误解。原则已经减少到两个——物质和运动，而这两者是可能设想的最原初的、物理上最简单的原则；借助它们，有可能解释各种不同的现象"①。

惠更斯把笛卡尔的世界图景机械化的宏大构想具体落实到光学和重力研究的细节上，把机械论哲学推向 17 世纪的顶峰。他坚定地继承了笛卡尔关于自然现象应该根据力学进行解释的哲学原则。他在《光论》（1690）中说："在真正的哲学中，我们通过力学来构想所有自然结果的原因。在我看来必须这么做，否则就没有希望理解物理学中的任何东西。"②

牛顿把力学公理化、系统化，补充和完善了若干新概念，并且将新物理学的原则成功地运用到行星运动、潮汐运动、落体运动等一系列特征运动之中，为新科学奠定了基础，提供了示范。但是，牛顿的理论有两个方面与机械论哲学有重大区别。第一，他引入了万有引力这种超距作用的概念以统一解释行星和落体的运动，明确否定了笛卡尔的以太涡旋假说。引力这种主动的本原的引入，与机械论哲学的严格被动原则相悖。第二，作为虔诚的基督徒，牛顿本人和晚年的波义耳一样，对机械论哲学保持一定的警惕，因为彻底的机械论最后必定会导致这样的问题：即便是上帝创造的机器，在被（上帝）发动之后，是否就不再需要上帝的干预了？上帝是否就对它的运行无可奈何了？所以，牛顿在成功地制定了一个自然的数学体系的同时，又反复强调上帝随时

---

① 戴克斯特霍伊斯：《世界图景的机械化》，第479页。
② 同上，第454页。

干预的必要性，反复强调单纯的力学体系不足以解释世界上的一切现象。然而，后来的历史发展表明，牛顿的这一护教方案是徒劳的：力学越成功，上帝越无用武之地。随着现代科学的发展，莱布尼茨安息日的上帝的形象逐渐取代了牛顿工作日的上帝的形象。

尽管有这些区别，我们仍然要说牛顿继承和光大了笛卡尔机械论的某些更本质的方面，让机械论以新的版本发挥更大的影响。由于牛顿力学的巨大成功，18世纪之后的物理学乃至整个科学都走上了牛顿所指引的道路。牛顿说："自然哲学的全部任务看来就在于从各种运动现象来研究各种自然之力，而后用这些力去论证其他的现象。"① 牛顿引入了"力"的概念，使力学的基本范畴由17世纪的物质和运动变成物质和力。力学由机械学变成了（中文语境中）名副其实的"力"学。牛顿的机械论世界观可以改称力学论世界观。18世纪之后，笛卡尔的机械论日渐式微，牛顿的力学论却如日中天。物理学之后的发展即是发展出各种各样的力学，如天体力学、流体力学、热力学、电动力学等。通过对不同领域的力学化，物理学保持了它的统一性。

> 由于牛顿力学的巨大成功，18世纪之后的物理学乃至整个科学都走上了牛顿所指引的道路。

从伽利略、笛卡尔到牛顿，撇开他们各自版本中有分歧的细节不论，撇开数学化是他们的共同要求不论，力学论世界观还有两个一以贯之的要点值得提出：一是外在化，一是还原论。

外在化一是指人与世界相互外在，即把世界看成一个独立于认识主体之外的客观对象，在认识这个对象时，人的主观情绪不可介入其中；二是指自然界的每一个物体之间都相互外在，除了碰撞等外部作用（牛顿的力后来也被纳入这个外部作用的

> 力学论世界观还有两个一以贯之的要点值得提出：一是外在化，一是还原论。

---

① 见《自然哲学的数学原理》第一版序，转引自《牛顿自然哲学著作选》，王福山译，上海译文出版社2001年版。

范畴），它们之间没有任何内在的有机联系。

力学还原论至少可以在四个层面进行表述：质还原为量，宏观还原为微观，整体还原为局部，复杂还原为简单。质还原为量，第二性的东西（颜色、声音、味道）还原为第一性的东西（广延、运动），这是数学化本身所必然要求的还原，前面已经讲过。宏观还原为微观，是近代早期微粒论、原子论的共同特点，承认我们感觉世界中的一切经验现象都有其微观的、不可直接观察的"机制"在起作用，科学的目的就在于寻找这样的机制。整体还原为局部，即把整体的功能还原为局部的结构，是对质还原为量原则的一种具体化，解剖学就是在生理学中完成这个层面的还原。复杂还原为简单，实际上是强调简单性原则，即一切自然现象都可以割断与其他事物的联系，被孤立起来进行专门化、专业化分析。这种还原论，不仅体现在自然科学领域，还体现在现代社会的运作过程中。

不仅物理学在其发展过程中始终遵循力学世界观的基本原则（数学化、外在化、还原论），其他学科也是如此。即便20世纪初的物理学革命改变了物理学的许多基本概念，但力学世界观的这些原则并未改变。从某种意义上讲，全部自然科学（以及社会科学）都是机械论的（mechanistic），现代世界图景都是力学化的（mechanized）。

从某种意义上讲，全部自然科学（以及社会科学）都是机械论的，现代世界图景都是力学化的。

世界图景的力学化一方面提高了现代生活的效率、现代社会组织的理性化，另一方面，在现代心灵中培养了无生命、无生机的意识。力学自然观所到之处，孤立、静止、片面的思维方式居支配地位。人们不再以同情的态度看待自己面对的一切。自古以来宇宙间无处不在的普遍联系被消解，寄托在这种关联之中的意义也随之消散。这是现代性危机的深层根源之一。

第五章

西方另类科学传统:

博物学

整个西方博物学（自然志）都是如下两个传统相
结合的产物：一个是百科全书式的写作传统，一
个是观察、记录和描述自然的传统。

　　在前面几章，我们勾勒了从西方理性科学到数理实验科学的发展线索。我们在第一章讲过，人们通常优先把科学视作现代数理实验科学，而在回溯数理实验科学的起源时，也会合理地把目光移向西方的理性科学传统。我们可以说，西方理性科学 – 近代数理实验科学代表了"科学"一词的严格指称，构成了"科学"一词的狭义定义。但是，如果我们只关注这个历史线索，即使就西方历史而言也是不够全面的，虽然它的确是历史主线。在本章，我们将讨论西方的另一个科学传统：博物学。由于博物学传统今日已经严重式微和边缘化，我们称之为另类传统（Alternative tradition）。关注博物学传统，对于理解近代科学的起源和西方科学的发展主线是必要的补充，对于解构现代性的强权和应对现代性的危机也有重要的理论和现实意义。不仅如此，把博物学视作一种合法的科学传统，有助于以宽阔的视野容纳非西方文明，为非西方文明之中的"科学"正名。通过博物学，我们可以扩展科学的含义，打造广义的"科学"指称，重建科学谱系。

关注博物学传统，对于理解近代科学的起源和西方科学的发展主线是必要的补充，对于解构现代性的强权和应对现代性的危机也有重要的理论和现实意义。

什么是博物学

"博物学"这个词来自西方，是民国初年对英文 natural history 的标准汉译。中国古代有"博物"这个词，但没有"博物学"这个说法。在中国传统文化中，"博物"是一个与"博学""通识"相近的教育理念，而不是一种知识类别，更不存在"博物学"这门学科。所以，严格说来，"博物学"是一个来自西方的词汇。

汉语"博物"一词作为西学翻译的术语，首先出现在英国传教士合信（Benjamin Hobson，1816—1873）的《博物新编》（1855）一书中。这本书分初集、二集、三集共三卷，介绍了西方现代物理学（热学、光学、电学）、化学、天文学、气象学以及动物志的内容。此处书名中的"博物"一词泛指自然科学，与 natural history 无必然关系。日本人最早把 natural history 译成"博物学"。1897 年出版的康有为的《日本书目志》中载有以"博物学"为题的日本著作七种，并特别加注，说博物学有开发民智的效果。[①] 蔡元培在《学堂教科论》（1901）一文中认为，博物学包括全体学（包括生理学）、动物学、植物学、矿物学（包括地质学）。杜亚泉在《博物学初步讲义》（1917）中说，"博物学者，即合动植矿物而研究之学问也"，又说"博物学

① 《康有为全集》第三集，中国人民大学出版社 2007 年版，第 287 页。

所研究者，以动植矿为范围，但通常以人身之生理卫生与动植
矿并重"，把博物学定义成动物学、植物学、矿物学以及人体
生理学的总称。中华博物研究会 1914 年在上海成立，下设植物、
动物、生理卫生和博物四部，1922 年改称中华博物学会。值得
注意的是，尽管它的研究内容以动植矿为主体，但学会的英文
名称却是 Natural Science Association of China。学会创办的第一份
以"博物学"命名的杂志《博物学杂志》（1914—1928）英文名
称也是 *Journal of Natural Science*。1918 年，武昌高等师范学校博
物学会创办《博物学会杂志》，英文名称是 *The Journal of Natural
History*。1924 年，随着武昌师范大学（原武昌高等师范学校）博
物系改名为生物学系，《博物学会杂志》也改名为《生物学杂志》。
1919 年，北京高等师范学校博物学会创办了《博物杂志》（*The
Magazine of Natural History*），约发行了 8 期，20 年代末停刊。这
些学会或刊物的英文名称，有时取 natural science，有时取 natural
history，体现了"博物"一词的广义和狭义两种用法。商务印书
馆 1915 年出版的《辞源》中有"博物学"条，其释义说："Natural
history 其说有广狭二义。广义谓研究自然界各种事物之学。狭义
为动物学、植物学、矿物学、生理学之总称。普通皆用狭义。"

　　"博物学"一词在上世纪 30 年代之后慢慢消失，主要原
因是，随着西方科学在中国本土的生根发芽，原先包含在博物
学名下的植物学、动物学、矿物学、生理学等各门学科进入专
业化发展轨道，从博物学中独立出去，使作为学术专业的博物
学逐渐成为一个空集。除了在专科化尚不明显的初等科学教育
中"博物学"或"博物"尚有留存外，这个术语逐渐被科学界
所遗忘。到了 80 年代，西学翻译进入新的繁荣时期，许多译

原先包含在博物学名下的植物学、动物学、矿物学、生理学等各门学科进入专业化发展轨道，从博物学中独立出去，使作为学术专业的博物学逐渐成为一个空集。

者甚至不知道民国初年用"博物学"来译 natural history 这段历史，往往直接译成"自然史"，结果出现了一批冠名为"自然史"的著作，形成了中国近代科学文化的一个历史断层。我一向主张保留"博物学"这个译名，以接续这段历史。但这个译名也有它的缺陷。缺陷之一是，"博物学"中既看不到 natural，也看不到 history，没有体现 natural history 是与 natural philosophy 相对的知识类型这个基本含义。缺陷之二是，"博物学"容易使人联想到中国传统的博物观念，使人误以为中国古代也有类似西方博物学的学科，从而抹杀了中西文化的差异。正是基于这两个缺陷，我的学生胡翌霖强烈主张译成"自然史"。① 是译成"博物学"还是译成"自然史"，在今天仍然是一个问题。

评价和选择一个术语的译名要考虑两个因素，其一是看它与这个术语本来的意思是否相符，其二要承认翻译不完全性，不要把对某一个基本术语的完整理解完全寄托在译名上。翻译不完全性通常有两种表现。一种表现是，一个词多义或在历史上词义有过变化，即使你精确把握了它的每一种含义，并且分别找到了对应的汉语词汇，你也很难用一个汉语词同时表达原文中包含的所有意思。比如 nature 有时指"自然"，有时指"本性"，你在汉语里找不到一个词能同时表达这两种意思。翻译不完全性的另一种表现是，由于语言所依托的文化存在相当大的差异，根本找不到精确对应的词汇。此外，翻译毕竟是在展示一种异域文化，它必定要在"陌生原则"与"同化原则"之间既保持

① 胡翌霖："Natural History 应译成'自然史'"，《中国科技术语》2012年第6期。

平衡又有所偏向。偏向同化原则，则容易忽视文化差异，错把他乡当故乡；偏向陌生原则，则不易于理解和传播。穷究义理的学者，对于专门词汇可以偏向陌生原则，以防误解。大众文化的传播者，可以偏向同化原则，以便传播。不同的原则偏向也与文化交流的水平有关。西学东渐的早期偏向同化原则，今天则偏向陌生化原则。过去外国人的名字译得跟中国人名一样，而今天我们更认同以音译为主，使人一看就知道是外国人。学科基本术语方面，早期也都采纳同化原则，比如形而上学、哲学、物理学、科学、民主，用字用词显得很中文，单纯音译像德先生（德谟克拉西）、赛先生（赛因斯）没有流传下来。用"博物学"译 natural history 也属于偏同化原则的译名。遵循同化原则的译名会丢掉不少原文中特别重要的信息。比如，形而上学（metaphysics）丢掉了"物理学之后"的意思，从而丢掉了它与物理学的联系；物理学（physics）丢掉了"自然学"的意思，从而丢掉了它与"自然"的联系。这些基本的西学术语译名表明，一个学科的基本术语单靠译名不能保全其原文中包含的信息，要通过补充阐释才能追根溯源。"博物学"今天重新被提出来，并非出于科学共同体学科分化的要求，而是有浓厚的大众文化背景。目前翻译出版的冠名 natural history 的书通常都不是科学专著，而是大众文化读本，因此取同化原则继续译成"博物学"还是合适的。在学术探讨中，可以根据具体情况通过加原文、加新译名等方式进行深层的复原和阐释。

　　在学术研究中，采纳陌生化翻译原则，我建议把 natural history 译成"自然志"。英文 natural history 来自拉丁文词组 naturalis historia。要准确把握这个词组的本来意思，需要考虑

遵循同化原则的译名会丢掉不少原文中特别重要的信息。比如，形而上学（metaphysics）丢掉了"物理学之后"的意思，从而丢掉了它与物理学的联系；物理学（physics）丢掉了"自然学"的意思，从而丢掉了它与"自然"的联系。

两个因素：第一，natural history 是与 natural philosophy（自然哲学）相对的一种认识方式和知识类型；第二，这个词组中的 history 指一种特别的对待事物的方式，不同于我们今日所理解的"历史"。就第一个因素而言，用"自然志"对应"自然哲学"很合适。就第二个因素而言，我们必须注意到 historia 并不是关于过去事件的"时间性"疏理，而是对具体个别事物"分门别类"的探究、调查、记录。中国传统中有"史"与"志"两种记事类型，其中"史"书强调历时意义上的纵向发展，"志"书强调共时意义上的分门别类，所谓"史以时系事，志以类系事"，所谓"志经史纬"。如果我们力求把这一层意思表达出来的话，把 natural history 译成"自然志"比译成"自然史"更准确。18 世纪之后，natural history 中的 history 慢慢具有了时间意义。之后的著作家有些的确是在"历史"的意义上使用 history 一词，此时可以具体问题具体分析，译成"自然史"。但是，我们需要注意到，即使在进化思想出现之后，natural history 的基本意思仍然是关于个别事物的现象描述，作为时间性的历史性是派生的。

这里还牵涉到对西方"历史"（history）观念的"历史性"的理解问题。我们需要知道，希腊人虽然贡献了 historia 这个词，但在根本上并不是一个有历史感的民族。[1] 他们的 historia 不是我们今天理解为"史"的东西，而是对个别事物、个别事实进行记录、描述的"志"。Historia 获得时间性的意义是在经过基督教洗礼之后的近代。霍布斯（Thomas Hobbes，1588—1679）曾经把 history 分成两大类，一类是 civil history，仿照 civil law（民法），或可译成"民志"，另一类是 natural history（自然志）。

① 参见我的《时间的观念》，北京大学出版社 2006 年版，第三章。

民志讲人类事务，自然志讲自然界。它们在近代获得时间性、历史性含义的时候，是相互促进、相互影响的。科学史家已经表明，在达尔文提出进化论之前一个多世纪，进化思想就已经风靡欧洲思想界。历史的观念与进化的观念在启蒙运动中齐头并进。

Natural history 是最顽固地保留了 History 的古义的词组。最早用 natural history 这个词做书名的罗马作家老普林尼（Gaius Plinius Secundus，23—79）把这个词理解成关于自然物的包罗万象的研究。这本以 *Naturalis historia* 命名的百科全书式的著作内容涉及天文学（卷2）、地理学（卷3~6）、人类学（卷7）、动物学（卷8~11）、植物学（卷12~19）、药用植物学（卷20~27）、药用动物学（卷28~32）、矿物学（卷33~37），既有自然物的研究，也有人工物的描述，可以译成《自然志》。如果考虑到他的 nature 并不限于自然物，也可以译为《博物志》。正如科学史家芬德林（Paula Findlen）所说："老普林尼对'自然'（nature）的定义包括了一切自然物和一切人工物，而'志'（history）的观念强调'描述'在理解自然中的重要地位，而没有任何特指'过去'的意思。老普林尼把自然志的统一体设想成他称为'事实'（factum）的东西，这不是我们现代任何一种意义上的事实，而是早期的一个术语，指通过各种按照当时的标准来说是可靠的技术来收集的信息（其中包括可信的传闻、权威的言辞，以及其他形式的间接证据）。通过个人的观察，其他人的报告，以及一百多位作者的著作，他在他的书里收集了两万条独立的信息。"①

"志"的观念强调"描述"在理解自然中的重要地位，而没有任何特指"过去"的意思。

---

① K. Park and L. Daston, eds., *The Cambridge History of Science*, vol.3, Cambridge University Press, 2006, pp.437-438.

222

凡以此冠名的百科
全书式著作，都应
该译成"自然志"
或"博物志"。

老普林尼对 natural history 的定义代表了日后两千年欧洲语言中这个词组的基本含义。凡以此冠名的百科全书式著作都应该译成"自然志"或"博物志"。比如，法国大博物学家布丰（Georges Louis Leclerc de Buffon，1707—1788）的 36 卷本 *Histoire naturelle*（1749—1788），包括地球志、人类志、动物志、鸟类志和矿物志，总称"自然志"或"博物志"是合适的。有些书名加上了地域限定，也可以如此翻译，比如 *Historia naturalis brasiliae*（1648，《巴西自然志》）、*Cosmopolitae historia naturalis*（1686，《世界自然志》）、*The American Natural History*（1855，《美洲自然志》）等。有些书只是对某一类现象进行"志类研究"，尽管书名中使用了 natural history，但意思完全等同于 history，natural 被虚化，翻译时则不应出现"自然"二字，比如 *The Natural History of the Birds of the United States*（1878，《美国鸟类志》）。有些志类研究的对象不一定是自然现象，也可能是社会现象、文化现象，此时更不应该加上"自然"二字，比如 *Introduction to the Natural History of Language*（1908，《语言志导论》）、*The Natural History of Atheism*（1878，《无神论志》）、*The Natural History of Innovation*（2010，《革新志》）。最近几年翻译成中文出版的 *A Natural History of Senses*（感官志）和 *A Natural History of Love*（情爱志），分别被译成《感觉的自然史》和《爱的自然史》，有点不知所云。很有意思的是，在上述不适合加上"自然"二字的书名中，把"志"替换成"博物志"都合乎中文表达习惯，比如《语言博物志导论》《感官博物志》《情爱博物志》等。这从另一侧面表明，natural history 译成"博物学"切中了中国文化的理路。

当然，老普林尼并不是自然志（natural history）传统的开创者。"志"（history）作为一种知识类型可以上溯到亚里士多德。它与作为理性科学之典型代表的自然哲学（natural philosophy）形成鲜明的对照。自然哲学是研究"本性"（自然）的，注重发现现象背后起支配作用的原理、原则、原因，希望通过观念的内在逻辑的推演，给出关于世界的系统的因果解释。透过个别"现象"看普遍"本质"是自然哲学的基本方法论。自然志传统与之不同。它首先是收集和鉴别"事实"，然后是对其进行描述和命名，最后是分类编目。它并不是要透过现象看现象背后的本质，而是要尽可能详尽地描述和了解现象本身。这种了解并不是着眼于原理的普遍性，而是着眼于现象和事实的个别性、独特性、不可还原性，以直接的体验和经验为最原初、最基本的依据。

　　亚里士多德无疑是理性科学的代表人物，但他也是西方志类研究（historia）的早期代表人物。他关于动物的志类研究著作有《动物志》（*History of Animals*）、《动物的器官》（*Parts of Animals*）、《动物的运动》（*Movements of Animals*）、《动物的进程》（*Progression of Animals*）、《动物的生成》（*Generation of Animals*）等，占了他全部遗作的近四分之一。当然，他是把自然志看成自然哲学的准备阶段，属于"非证明性知识"，认为自然志是一种比自然哲学低一级的知识形态。但是反过来，他的自然哲学重视范畴而不重视数学，与他的自然志准备不无关系。亚里士多德之后，他的学生、逍遥学派的继承人泰奥弗拉斯托斯（Theophrastus）著有《植物志》（*Historia plantarum*）和《论植物的原因》（*On the Causes of Plants*），被认为是西方植物学之父。

透过个别"现象"看普遍"本质"是自然哲学的基本方法论。自然志传统与之不同。它首先是收集和鉴别"事实"，然后是对其进行了描述和命名，最后是分类编目。它并不是要"透过"现象看现象背后的本质，而是要尽可能详尽地描述和了解现象本身。

与老普林尼同时代，还有一位著名的希腊"志"作家迪奥斯科里德斯（Pedanius Dioscorides，约40—90）。他的《药物论》（De material medica，On Medical Material），记录了550多种药用植物，被认为是现代药物学的先驱。古罗马著名医生盖伦也写作了大量药物学著作，与迪奥斯科里德斯一起开辟了"药用自然志"（Medical Natural History）传统。

如何处理自然哲学与自然志的关系，西方哲学史上有不同的观点。背后牵涉的是如何看待理性与经验在科学知识中的地位的问题。亚里士多德把自然哲学置于自然志之上，但又承认自然志的知识地位和意义，这与他关于理性与经验的特有立场有关。整个希腊理性科学传统都是把理性置于经验之上。柏拉图学派甚至完全否定经验在构造科学知识中的作用。亚里士多德当然也属于希腊理性科学传统，把理性放在至高无上的地位，但与柏拉图不同的是，他承认经验在低层次知识构建中的意义。

经验主义哲学的大翻身与基督教特别是唯名论的洗礼有关。在全知全善全能的、无限的上帝面前，人类理性肯定是有限的，人类不可能单凭理性就构建关于世界的真知识。在唯名论的纯粹意志的上帝面前，人类理性更是毫无用处：你根本无法凭借理性准确预测任何一件事情。正如休谟所说，就连太阳明天是否还从东边出来这样的事情，人类理性都无法保证。因此，对于唯名论者来说，经验才是人类知识的唯一来源。也就是说，只有去仔细观察，发现世界上究竟有些什么（上帝已经造就了什么），才能勉强编织出关于世界的暂时有效的知识图景。经验主义者都有怀疑论倾向，都相信知识只有暂时的有效性，而经验主义的神学来源就是唯名论。

如何处理自然哲学与自然志的关系，西方哲学史上有不同的观点。背后牵涉的是如何看待理性与经验在科学知识中的地位的问题。

正如休谟所说，就连太阳明天是否还从东边出来这样的事情，人类理性都无法保证。因此，对于唯名论者来说，经验才是人类知识的唯一来源。

在经验主义哲学的支持下，自然志研究获得了至少与自然哲学平等的独立地位。彻底的经验主义者强调直接的感觉证据胜过任何其他形式的知识，这为自然志研究作为合法知识的地位奠定了哲学基础。弗朗西斯·培根把归纳法确立为"新工具"，而归纳法作为知识生产的新工具把经验作为知识的来源和基础，以及知识生产的起点。因此，在培根的科学发展蓝图中，自然志（包括实验志、宇宙志）是知识增长的基础。培根把自然志看成是自然哲学的基础。他在《新工具》中说："在作为自然哲学之基础的自然志被较好地计划编纂完成后，也只有到了那个时候，我们才可以对自然哲学有好的期望。"[①]

什么是博物学？博物学是对英文 natural history（拉丁文 Naturalis historia）的传统汉译，是来自西方的一种科学传统，更准确的译名是"自然志"。博物学（自然志）是与自然哲学相对的知识类型，着眼于对个别事物的具体描述，不追究事物背后的原因。典型的博物学包括关于自然界中各种事物特别是动物、植物、矿物的观察记录、考察报告、文献典籍汇编。亚里士多德把博物学当成比自然哲学低一个层次但仍然合法有效的知识，培根则把博物学看成是知识的真正基础和出发点。

彻底的经验主义者强调直接的感觉证据胜过任何其他形式的知识，这为自然志研究作为合法知识的地位奠定了哲学基础。

---

① 培根：《新工具》第一卷第98条。

西方近代博物学的兴衰

整个西方博物学（自然志）都是如下两个传统相结合的产物：一个是百科全书式的写作传统，一个是观察、记录和描述自然的传统。前一传统是文人传统，后一传统或出自纯粹的知识兴趣，或出自医学上的实用诉求。文艺复兴之前，亚里士多德、泰奥弗拉斯托斯、老普林尼、迪奥斯科里德斯、盖伦这些著名的博物学家，都兼有这两个传统。

1 近代早期：从文艺复兴到 16 世纪

文艺复兴以来，有三个因素决定了博物学（自然志）的大繁荣。一是大翻译运动及印刷术的发明，使希腊罗马古典时期的志类著作大规模流布，带着复兴古典的热情的人文主义者们有可能校勘古典文本，光大古典志类研究。二是地理大发现及商业的繁荣，不计其数的新鲜事物从四面八方向欧洲汇聚，使志类研究由单纯的书本研究转向书本研究与实地观察相结合。三是医学教育开始重视药用植物志，并且越来越把植物志作为医学教育中必不可少的一部分，从而在大学体制里为药用植物博物学找到了位置，推动了植物博物学家的职业化。

老普林尼的《博物志》于 1469 年出版了第一个印刷本，

到 1600 年已经有至少 55 个印刷版本。同一时期，亚里士多德的《动物志》以希腊语版印刷出版。泰奥弗拉斯托斯的植物志著作本来只有很少的抄本，很难读到，这时也有了印刷本。这些著作的大量印刷发行，首先激起了人们的文献学兴趣。人们发现，普林尼《博物志》中关于植物的记载与迪奥斯科里德斯在《药物论》中的记载差距很大，因此很怀疑普林尼掌握希腊语文献的能力和程度。意大利医生莱奥尼切罗（Niccolò Leoniceno，1428—1524）在 1492 年发表的《论普林尼和其他医学实践者在医药学上的错误》（*On the Errors in Medicine of Pliny and Many Other Medical Practitioners*）中指出，普林尼的《博物志》中有两万多条事实上的错误。这篇文章引来了持续不断的争论。为普林尼辩护者说，这些错误主要应归于抄写者以及普林尼所依据的希腊文献本身的错误。这些争论推动了人们把视野由书本转向事物本身。尽管一开始的动机是为了校正古典文本，检验古代大师是否正确，并不是为了观察事物本身，但实地考察逐渐成为风气。关注的焦点逐渐由文本转向自然，这是文艺复兴时期人文主义者对博物学的主要贡献。

关注的焦点逐渐由文本转向自然，这是文艺复兴时期人文主义者对博物学的主要贡献。

　　在普林尼受到质疑的同一年，哥伦布发现了新大陆。之后的一个世纪里，旅行者和殖民者不断传回新的物种信息。对欧洲人来说，这些新的植物和动物物种闻所未闻，自然也不可能有任何历史资料记载。撰写新大陆的自然志和通志（general history）成为那个时期博物学的热门。西班牙历史学家奥维多（Gonzalo Fernández de Oviedo Valdes，1478—1557）1514 年来到美洲考察，于 1535—1549 年间出版了《西印度通志与自然志》（*General and Natural History of the Indies*）。这部博物学著作

228

提出了博物学面临的一个新问题，即如何对完全异域的事物进行客观、准确、可靠的描述。奥维多有意识地采纳公证员的技巧，以使其描述更可信赖。1570 年，西班牙国王菲利普二世命他的御用宫廷医生埃尔南德斯（Francisco Hernández，1517—1587）到墨西哥研究当地植物和动物。1577 年，埃尔南德斯返回西班牙，带回大量种子、根和植物标本，以及大量记录和绘图（有三位画家做他的助手）。可惜的是，此时菲利普二世对新大陆的博物志不再有兴趣，埃尔南德斯的手稿出版面临困难，直到 1615 年才出版了西班牙语版的《新西班牙的植物与动物》（*Plantas y animales de la nueva espana*），1628 年在罗马猞猁学院的赞助人切西公爵的赞助下出版了拉丁语版的《新西班牙药典》（*Rerummedicarum novae hispaniae thesaurus*）。

大学医学院里设立药用植物学教席，为植物博物学的发展提供了一个契机。迪奥斯科里德斯的《药物论》在 16 世纪前半叶开始成为许多意大利大学医学院的正式教材，受意大利的影响，自然志逐步成为整个欧洲医学教育课程体系中不可或缺的部分。意大利帕多瓦大学在 1533 年，博洛尼亚大学在 1534 年，瑞士巴塞尔大学在 1589 年，法国蒙彼利埃大学（Montpellier）在 1593 年相继设立了植物学教席。这个时期的医学院植物学教育，虽然也重视直接的野外观察，但仍然以讲授迪奥斯科里德斯的文本为主。

16 世纪中期开始，除了开辟植物园、引种新物种外，制作植物标本及绘画成为博物学的两大新技术。标本制作技术和绘画技术使新事物变成"文本"，以便长久保存，供不能亲临现场者分享。家产雄厚的博物学家大量收集标本并公开展示，博

标本制作技术和绘画技术使新事物变成"文本"，以便长久保存，供不能亲临现场者分享。

物馆于是诞生了。植物园和博物馆成为从事植物博物学研究活动的主要场所。

16 世纪最重要的两位博物学家，一位是意大利博洛尼亚大学的阿尔德罗万迪（Ulisse Aldrovandi，1522—1605），另一位是瑞士博物学家格斯纳（Conrad von Gesner，1516—1565）。

阿尔德罗万迪的主要成就在植物博物学方面，林奈（Carl Linnaeus,1707—1778）和布丰都推崇他为欧洲博物学之父，时人称其为"博洛尼亚的亚里士多德""普林尼第二"。他在博洛尼亚的标本收藏达到 7000 件，其中植物标本 4760 件留给了博洛尼亚大学。他的"自然博物馆"是当时欧洲藏品最多、访问量最大的博物馆。1568 年，他在博洛尼亚推动建立了欧洲第一个植物园，并担任园长。他还长年雇用一支画家和雕刻家队伍，描绘动植物标本，并制作成木刻画。他留下了近三千幅标本画，这些画作许多出自著名画家之手。他的主要著作 14 卷本《自然志》（*Natural History*）在生前只出版了 4 卷，余下 10 卷在他死后的 1606—1668 年间陆续出齐。

格斯纳的主要成就在动物博物学方面。他于 1551—1558 年间出版的 4 卷本《动物志》（*Historia animalium*）被认为是现代动物学的开端，是自亚里士多德以来动物学领域最重要的成就。四卷分别讲述四足动物、两栖动物、鸟类和鱼类。专门讲述蛇的第五卷在他死后的 1587 年出版。全部 5 卷《动物志》主要收集了出自《旧约》、亚里士多德著作、普林尼著作以及中世纪动物寓言集中的资料，加上格斯纳本人的观察材料。这部关于动物世界的百科全书式的著作为现代动物学奠定了基础，被认为是在古代、中世纪和近代科学之间架起了桥梁。值

博洛尼亚大学博物馆中的阿尔德罗万迪雕像

得一提的是，书中包含了 1200 幅手工上色的木刻画，体现了这个时代博物学家的新技能。除了动物博物学之外，格斯纳在植物学方面也有建树。他的《植物全书》（*Opera botanica*）直到他死后的 1571 年才全部出版，他为这本书亲手绘制了 1500 个画版。

到 16 世纪后期，推动博物学的两大动力之一的实用医学的动机慢慢隐退，而百科全书式的博学的爱好成为主要特征。阿尔德罗万迪明确宣称自己从事博物学的动机不是服务于医学而是哲学。1543 年，他还是博洛尼亚大学的药学讲师，到了 1559 年，他成了自然哲学讲师。这个变化反映了博物学力图从医学中独立出来，成为专门的知识门类。格斯纳虽然也是医生，但他更著名的角色是语言学家、目录学家。格斯纳 4 卷本的《世界书目》（*Bibliotheca universalis*，1545），介绍了当时所知的 1800 名希腊、拉丁和希伯来作家的一万多部著作，影响很大。

文艺复兴时期的博物学从属于人文主义的百科全书式写作传统，还不是日后以客观观察、中性描述为特征的博物学。

文艺复兴时期的博物学从属于人文主义的百科全书式写作传统，还不是日后以客观观察、中性描述为特征的博物学。法国哲学家福柯认为，文艺复兴时期的博物学与 18 世纪的博物学的根本不同在于，后者致力于对自然秩序的建构，因而关注分类问题，而前者的任务是去发现和破解自然界事物的相似性，因而并不关心也无须关心分类问题。阿尔德罗万迪"把人较低级的部位比作世界较可恶的部分：比作地狱、地狱的黑暗、该死的东西，这东西类似宇宙的废物"①，而法国博物学家贝隆 (Pierre Belon，1517—1564) 在《鸟类志》中说："当空气变得凝重并搅动时，风暴就开始了。当人的思想变得沉重和焦急不

———————————
① 福柯：《词与物》，莫伟民译，上海三联书店 2001 年版，第 31 页。

安时，中风病就发作了；接着乌云堆积，腹部膨胀，雷声炸响，膀胱破裂；当眼睛透出可怕的神色而眨巴时，闪电就咆哮了，雨落下来了，口吐着白沫，当精神在皮肤上裂开口子时，雷声又大作了；但接下来，天空又晴朗了。在病人中，理性又痊愈了。"[1] 福柯认为，阿尔德罗万迪的《蛇龙志》（*A History of Serpents and Dragons*）在这个时期的博物学著作中具有典型性。对这个时期的博物学家来说，"撰写一个植物或一个动物的历史，是一件描述其要素或器官的事，同样也是描述能在它上面发现的相似性、它被认为拥有的德性（virtue）、与它有所牵涉的传说和故事、它在讽刺诗（les blasons）中的位置、从它的实体中制造出来的药物、它所提供的食物、古人对它的记载，以及旅行者关于它可能说的一切。一个生物的历史就是那个物的本身，它身处把它与世界联系起来的整个语义学网络之内"[2]。

　　现代科学史家阿什沃思（William B. Ashworth, Jr.）认为，支配这个时期博物学发展的是博物学家的"征象式世界观"（emblematic world view），即世界是一张由相似性、类同性结成的联系之网，博物学家的任务就是在具体的事物中发现并记录这些相似性[3]。正因如此，文艺复兴时期的博物学著作更像文学作品而不像科学作品，而且通常被赋予很强的道德教化功能。阿尔德罗万迪写过《怪物志》（*Monstrorum historia*,

----

[1]　福柯：《词与物》，第31~32页。
[2]　同上，第170页。
[3]　Ashworth, W. B., "Natural History and the Emblematic World View", in Lindberg and Westman eds., *Reappraisals of the Scientific Revolution*, Cambridge University Press, pp.303-332.

1642），汇集文学作品、传说、民间迷信中关于动物怪物和人类怪物的种种说法，不管它能否令人相信。格斯纳的《动物志》中讲到狐狸时，不仅讲了狐狸的生理特征和外貌形态，而且讲了狐狸一词在欧洲各种语言中的不同拼写，还讲到与狐狸有关的格言、寓言和道德象征。

在结束关于文艺复兴时期博物学的概述之前，我们还应该特别提到弗朗西斯·培根在博物学上的贡献。培根的主要贡献不在于具体的博物学工作，而在于关于博物学的哲学呐喊。如前所述，培根把博物学（自然志）提高到一切科学必不可少的基础的地位，甚至认为"自然志"就是"自然哲学"。另一方面，培根强调科学事业的集体协作特征，这个特征在博物学上表现得尤其充分。博物学家们只有联合起来，才有可能写出一个地区的博物志，单靠个人的力量是做不到的。格斯纳完成《动物志》之后开始着手研究植物，主要依靠世界各地的年轻朋友们帮助提供标本。培根设想的科学从系统地收集材料开始，而博物学最能代表这种类型的科学。事实上，在数理科学领域，伟大的成就往往取决于天才的个人，群体协作并不是特别必要。培根所设想的科学不是数理科学，而是博物科学。与一般博物学不同的是，培根特别强调"实验志"，把实验报告列入"志"类研究之首，因此，培根可以看成是近代博物学传统与实验传统的交汇点。库恩在 1976 年发表的"物理科学发展中的数学传统和实验传统的对立"[①]一文中曾经提出"培根科学"的概念，以概括在科学革命时期那些不属于古典物理科学传统的零散的、探索性的实验科学。库恩没有意识到，培根实际上是以博物学的方式来鼓吹实验

与一般博物学不同的是，培根特别强调"实验志"，把实验报告列入"志"类研究之首，因此，培根可以看成是近代博物学传统与实验传统的交汇点。

① 参见库恩《必要的张力》。

科学。如果我们忽视博物学在科学革命中的地位和意义，我们就不能恰当评价培根在科学革命中的地位和意义。以数理传统为主导的科学思想史家都倾向于贬低培根在科学革命中的地位，比如，柯瓦雷认为，把培根作为现代科学的奠基人"简直就是个拙劣的笑话……事实上，培根对科学一无所知"，拉卡托斯（Imre Lakatos,1922—1974）认为"只有那些最偏狭和最没文化的人才会把培根的方法当真"[①]。但是，如果我们考虑到博物学作为科学革命时期不可忽视的科学传统，对于培根的评价就会大不一样。

培根不仅在《新工具》（*Novum organum*，1620）、《学术的进展》（*The Advancement of Learning*，1605）等著作中为博物学发出哲学的呐喊，而且身体力行从事博物学实践，写作了《风志》（*Historia ventorum*，1622）、《生死志》（*Historia vitae et mortis*，1623）和《浓稀志》（*Historia densi et rari*，1623），以及在他死后由他的秘书编辑出版的《林中林：百千实验中的自然志》（*Sylva Sylvarum*：*A Natural History in Ten Centuries*，1626）。《林中林》共分十章，每章一百个实验。材料多数来自前人的著作，如亚里士多德的《问题集》和《气象学》、普林尼的《自然志》、波尔塔的《自然法术》等，也有培根本人的实验和观察。

2. 17世纪

17世纪最伟大也最具代表性的博物学家是英国的约翰·雷（John Ray，1627—1705）。他是培根博物学–实验哲学纲领

① Marshall Clagett，*Critical Problems in the History of Science*，University of Wisconsin Press，1969，p. 66，20.

的忠实的、卓有成就的实践者。他 1644 年进入剑桥大学三一学院学习，同学中有牛顿的老师巴罗。他 1648 年取得学士学位，1651 年取得硕士学位，之后在三一学院担任教师，讲授希腊语、数学、人文学，1660 年按惯例接受神职任命。1662 年因不满英王查理二世对新教徒的宗教迫害而离开剑桥。在剑桥的十多年间，雷开始了对剑桥郡以及英国其他地区的博物学考察。1660 年，他匿名出版了《剑桥郡植物名录》（*Catalogus plantarum circa Cantabrigiam nascentium*）。1663 年至 1666 年，他随富有的贵族学生威路比（Francis Willughby，1635—1672）及另外两个学生一起到欧洲各国做博物学考察。此后，一直受威路比经济资助从事博物学研究和写作。考察欧洲回来之后的 1667 年，雷被选为皇家学会会员。雷与威路比曾经约定，雷主要做植物博物学，威路比主要做动物博物学。1670 年出版的《英格兰植物名录》（*Catalogus plantarum Angliae*），成为影响好几代英格兰植物学家的野外考察手册。威路比 1672 年去世后，雷接手了他的动物博物学考察工作。威路比去世前留下遗嘱，给雷一份年金以保障他的生活和工作。1673 年，他整理出版了欧洲考察报告《低地诸国以及德意法风物人情见闻录》（*Observations Topographical, Moral, and Physiological, Made in a Journey through Part of the Low Countries, Germany, Italy, and France*）。此后陆续出版了他的主要植物学著作三卷本《植物通志》（*Historia generalis plantarum*, 3 vols., 1686, 1688, 1704），以及整理威路比的材料出版了《鸟类学》（*Ornithologia*, 1676）、《鱼类志》（*Historia piscium*, 1686）、《四足动物与蛇类要目》（*Synopsis methodica animalium quadrupedum et serpentini generis*，1693）等。1691 年出版的《造物中展现的神的智慧》（*The Wisdom of God Manifested in the Works of the Creation*）一书流传甚广，是那个时代自然神论的代表作品。

17 世纪对数理实验科学来说是一个革命的时期，出现了许多传奇式的科学英雄，但对博物学而说，则只是一个承前启后的过渡时期。文艺复兴时期的博物学仍然从属于百科全书式的文人写作传统，对动植物的博物学研究带有明显的非专业特征，文学传说与科学事实交织在一起，而且未脱离道德教化功能。到 18 世纪，博物学成为独立的科学门类，主要由植物学、动物学、矿物学三大学科组成；博物学家接受专门化训练，有自己的专业共同体；道德化的自然形象被摒弃，象征、隐喻慢慢消退，代之以严肃、客观的观察记录和理性解读，博物学研究因之脱离了道德教化功能，以建立自然秩序为己任。17 世纪的博物学处在这两者之间，具有鲜明的过渡特征。

我们可以从雷身上发现这个世纪博物学的诸多过渡性特征。

17 世纪的博物学家主体仍然是大学医学院里的药用植物学教授、大学或宫廷植物园里的教师、律师、法官和神职人员。尽管博物学家们都强调博物学作为一种知识的独特地位，但博物学并没有作为一个独立的学科确立起来，博物学家也没有自己职业化的共同体。雷虽然一开始是剑桥大学的教授、神职人员，但一辈子大部分时间是一个像达尔文那样的自由职业者，靠着贵族学生威路比的资助从事博物学研究。

从博物学的研究内容上讲，经过文艺复兴时期博物学家的艰苦努力，收集和鉴别材料的工作已经比较完备。就植物学而言，雷在他的《植物通志》中说，瑞士植物学家鲍欣兄弟（Caspar Bauhin，1560—1624；Jean Bauhin，1541—1613）在他们的《植物图览》（*Pinax theatri botanici*，1623）中把前人已知植物的所有信息做了一个权威的综合。这部里程碑式的著作中包含了大约6000个植物物种，并且按照传统的分类方法做了初步的分类。这时的博物学家面对海量的物种信息，不可避免要处理分类和命名问题，但是雷认为，对于初入门者来说，了解和熟悉分类是必要的，但分类并不是博物学的主要任务，切不可指望把系统描述自然这样的宏大任务归结为分类，不能指望把自然还原到一个简单的范畴体系中。因此，雷虽然提出了分类问题，并且也提出了自己的自然分类设想，但并没有像18世纪的林奈那样专注于分类，并且提出一套卓有成效的单一的分类和命名体系。雷采用多重分类标准，有些与现代分类标准重合，有些又带有中世纪的传统。

在 1660 年之前，基督教世界基本上默认自然界中的物种不会随时间变化。

　　化石问题将变化的概念和时间维度引入了自然界，"自然志"开始走向"自然史"。在 1660 年之前，基督教世界基本上默认自然界中的物种不会随时间变化。无论亚里士多德还是《圣经》都支持这样的看法。但从 17 世纪后半叶开始，由于对化石的研究日渐深入，"志"的时间化开始了。罗伯特·胡克（Robert Hooke,1635—1703）利用他发明的显微镜观察化石，主张化石是过去的生物体被浸泡石化的结果，化石提供了地球上久远过去生命历史的线索。丹麦的斯丹诺（Nicolas Steno，1638—1686）也主张化石是古代生物遗骸和岩石沉积的结果，并且提出地球有自己的历史，通过地层的研究可以破译这个历史。与胡克和斯丹诺的"生物遗迹说"相反的，是"矿物自成说"，即认为化石像其他矿物一样，都是从地球岩石中自然生长出来的。约翰·雷一开始主张生物遗迹说，但后来出于宗教教义方面的考虑又有所动摇，没有明确表态。

在博物学的研究手段方面，文艺复兴时期采取了制作标本和绘画技法，17世纪更多地重视工具和实验的角色。特别是显微镜的使用，为博物学提供了更加锐利的武器。一方面，早期的显微镜放大了物体的细节，使身体较小的生物体特别是昆虫的研究揭开了新篇章；另一方面，随着显微镜放大倍率的提高，一个闻所未闻的微生物世界展现在人类面前。从这个世纪开始，显微镜逐步成为博物学家案头上的标准配置。如果说地理大发现揭示了生物在地域上的多样性，显微镜则揭示了生物在尺度上的多样性。

随着大量异域物种被欧洲博物学家所知晓，一方面，由于无法将这些新物种纳入传统的命名和分类之中，产生了对自然界中的事物进行普遍命名和分类的需要；另一方面，那些与欧洲文化传统相关联的自然物种的道德形象和道德教化功能逐渐丧失其意义，以文学和道德联想为基础的博物学研究导向，开始向详尽而精确地"描述""事物本身"的博物学新范式转变。正如英国历史学家基思·托马斯（Keith Thomas,1933—　）所说："博物学家不评定植物的可食性、美、用处，或者道德状况（所有这一切最终都被看成毫不相关），而是寻求植物的内在特性，只把结构当作区分物种的依据。"①但这种转变不是一步到位的。约翰·雷和他的学生威路比被认为是最早、最明确地迈出这一步的博物学家。在《鸟类志》一书中，他主张摒弃一切"象形

> 博物学家不评定植物的可食性、美、用处，或者道德状况，而是寻求植物的内在特性，只把结构当作区分物种的依据。

---

① 基思·托马斯：《人类与自然世界》，宋丽丽译，译林出版社2008年版，第58页。

文字、象征、道德、寓言、预言以及其他与神学、伦理、语法或者任何一种人类学问相关联的事物，而只呈现与自然志确切相关的事物"，但是在他们的著作中，象征的、道德寓意的文字仍然比比皆是，更不要说他晚年自然神学的重要作品《造物中展现的神的智慧》，直接把自然志与神迹结合在一起。

自然神学是一种运用经验和理性论证上帝存在及阐释创世之神学含义的神学派别，与之相对的是启示神学。以讲理性著称的托马斯·阿奎那支持自然神学。近代科学的先驱波义耳强烈主张用宇宙的秩序、和谐、精巧、华丽来论证上帝作为一位智慧设计者的存在。与波义耳同时，约翰·雷是自然神学的另一位重要的推动者。作为一种神学，自然神学既受到路德、加尔文这样的宗教改革思想家的反对，也被休谟和康德这样的启蒙哲学家所否定，但是，它在近代科学史上却扮演着重要的角色。在科学尚未显现出技术应用的巨大威力的近代早期，自然神学曾经是近代科学的先驱们致力于探索自然的精神动力和首要动机。在博物学领域，自然神学发挥的作用尤其巨大。生物学家迈尔（Ernst Mayr,1904—2005）甚至认为："进化生物学的发展在客观上曾大大得益于自然神学，自然神学所提出的问题涉及造物主的智慧，以及他使各种生物彼此适应和使之与环境适应的高明技巧。这就促进了自然神学家对我们现在所谓的'适应'现象进行观察、研究和阐述。当在解释中将'造物主之手'用'自然选择'来代替时，就可以把关于生物有机体的绝大多数自然神学文献几乎只字不易地转变成进化生物学的文献。"[①] 尽管自然神学最后被达尔文的

_____

① 迈尔：《生物学思想发展的历史》，涂长晟等译，四川教育出版社1990年版，第120页。

自然神学是一种运用经验和理性论证上帝存在及阐释创世之神学含义的神学派别。

尽管自然神学最后被达尔文的进化论所否定，但进化论的确立却得益于自然神学。

进化论所否定，但进化论的确立却得益于自然神学。

3. 18 世纪

在数理实验科学的历史上，18 世纪是一个相对平庸的世纪。牛顿伟大的革命与综合刚刚过去，19 世纪物理学新的综合尚未到来。但在博物学的历史上，18 世纪算得上是一个伟大的世纪。按照福柯关于近代博物学史的三分法，文艺复兴时期的主题是破解"相似性"（resemblance or similitude），17、18 世纪是所谓古典时期，其主题是追求"自然秩序"，关注"同一"和"差异"，19 世纪是所谓现代时期，其主题是引入"历史性"。福柯认为，正是追求自然秩序导致了严格意义上的博物学的出现，而到了 19 世纪，博物学被生物学所取代。这一取代不只是学科名称的变更（拉马克于 1800 年创造了"生物学"（biology）一词），而是对待有生命物的研究范式发生了改变。福柯的观点对西方近代博物学史的分期产生了重要影响。

18 世纪伟大的博物学家有瑞典的林奈和布丰。他们都典型地体现了福柯所说的追求自然秩序的研究动机。

林奈生于瑞典南部一个乡村牧师家庭，1727 年进入隆德大学（University of Lund）学习医学，次年转入乌普萨拉大学（University of Uppsala）。受父亲的影响，从少年时代开始，林奈就对植物着迷。在大学学医期间，他系统学习了博物学以及采制生物标本的知识和方法，成为小有名气的博物学家。1730 年左右，林奈立志毕生从事博物学研究，并且把重建分类体系作为自己植物学改革的主要目标。1732 年，受乌普萨拉科学学会资助，林奈跟随一个探险队前往瑞典北部的拉普兰

文艺复兴时期的主题是破解"相似性"，17、18 世纪是所谓古典时期，其主题是追求"自然秩序"，关注"同一"和"差异"，19 世纪是所谓现代时期，其主题是引入"历史性"。

（Lapland）地区进行野外考察，在这块方圆 4600 英里的荒凉地带，发现了 100 多种新植物。1734 年，他前往瑞典中部的达拉纳（Dalarna）地区考察。1735 年，他在荷兰的哈尔德韦克大学（University of Harderwijk）完成"疟疾成因"的论文答辩，取得医学博士学位。取得学位之后，林奈在荷兰莱顿等地继续游学三年，学习植物博物学。这个时期是他的著作高产期。他出版了一系列著作，包括他的主要著作《自然系统》（*Systema naturae*，1735）、《植物学基础》（*Fundamenta botanica*，1736）、拉普兰之行的考察报告《拉普兰植物志》（*Flora lapponica*，1737）、提出植物命名法的《植物学批判》（*Critica botanica*，1737）、《植物属》（*Genera plantarum*，1737）、《植物纲》（*Classes plantarum*，1738）等。1738 年回到祖国的时候，虽然他已经是声名远播的博物学家，但并没有取得合适的学术职位，只得行医为生。1739 年，他参与创立了瑞典科学院，并担任首任院长。1741 年，他受聘担任乌普萨拉大学实用医学教授，次年改任植物学教授，从此开始了终身的学术职业生涯。他吸引并激励了一大批学生投身于博物学事业，而学生们则从世界各地给他带回标本。中年之后不再从事野外考察的林奈，通过信件与全世界各地的博物学家保持联系，取得种子和标本。他继续出版著作。1753 年，他完成了划时代的 2 卷本《植物种志》（*Species plantarum*），书中检验了来自世界各地的 8000 个植物物种。他不断更新他的《自然系统》，第 1 版（1735）只有12 页，到第 10 版（1758—1759）时已是 12 卷 1384 页的皇皇巨著。1747 年他被任命为皇家医生，1762 年封爵。

　　林奈被誉为"分类学之父"。他在分类学上有两大贡献。

第一是建立了以植物的性器官为分类依据的植物分类法。这个分类方法基于植物特别容易被观察到的特征，所以具有很强的可操作性，不像过去的分类法过于复杂烦琐。林奈按照雄蕊和雌蕊的数量、形状、比例、位置等特征，将全部植物划分成24个纲、16个目、1000多个属、10000多个种。林奈意识到这种性分类法本质上是一种人为分类法，单一的分类原则使用起来比较方便，但只能部分地表达自然品性。

第二大贡献是为一切物种建立了拉丁语双命名法。双命名法规定第一个名是属名，第二个是种名。属名为名词，首字母大写，种名为形容词，首字母小写。林奈的时代，同一物种有许多来自不同文化传统的俗名，有时同一名称又指称不同的物种，学者们对于新物种的命名也无统一标准。之前的博物学家也曾提出过不同的命名法，但都不够简明合用。1753年出版的《植物种志》正式提出双命名法，结束了生物命名问题上的混乱局面，成为博物学家公认的普遍适用的物种命名法。《圣经》说上帝造物，亚当命名，林奈因而被称为"亚当第二"。有了统一的物种命名法，博物学家才有可能建立自己的学科范式，博物学才有可能摆脱业余的、民间的、地方性的知识形态，进入职业的、专门化的、普遍的科学形态。

布丰出生于法国勃艮第一个贵族家庭，从小表现出对数学的特殊爱好。1734年，他凭借概率论的数学论文入选法国科学院力学部成员。此后六年，他同时在数理科学和博物学两方面发展自己的兴趣：1734年翻译了黑尔斯（Stephen Hales，1677—1761）的《植物静力学》，1740年翻译了牛顿的《流数法与无穷级数》，对化学、动物生殖的显微研究亦有兴趣。

《植物种志》正式提出双命名法，结束了生物命名问题上的混乱局面，成为博物学家公认的普遍适用的物种命名法。《圣经》说上帝造物，亚当命名，林奈因而被称为"亚当第二"。

1739 年，他的学术兴趣由力学正式转移到植物学，时年接任皇家植物园（Jardin du Roi）园长一职。从 1740 年开始，近半个世纪，他每年春天回到蒙巴尔自己的庄园度过夏天，从事博物学写作，秋天回到巴黎管理植物园。他把植物园的规模扩大了一倍，并且大大增加了园里的收藏。1749 年，他的巨著《自然志》（*Histoire naturelle*）前三卷出版，使他成为那个时代著名的博物学家。他原计划花十年时间，完成这部从矿物到生物的"自然通志"，但最终耗费了近半个世纪，直至他生命终结。在他 1788 年去世的时候，《自然志》共出版了 36 卷（之后由一个专家小组花了 20 年又出版了 8 卷，使总数达到 44 卷），其中 1~3 卷（1749）论地球与行星的形成及动物、植物和矿物通论，4~14 卷（1753—1769）论述四足动物的生活习性，15~24 卷（1770—1783）论述鸟类的生活习性，25~31 卷（1774—1789）是关于各种自然现象的实验报告，32~36 卷（1783—1788）论述矿物史及电磁现象。1753 年，布丰当选为法兰西科学院院士。

巴黎国立自然博物馆中的布丰雕像

　　《自然志》被认为是自普林尼以来最伟大的博物学著作，这部用优美的法文写作的科学文献也是法语文学史上的杰作，赢得了广泛的读者。这部著作除了材料丰富精准，文字生动优美，在启蒙运动中影响广泛、深入人心，最大的贡献是初步描述了一幅自然界进化的整体图景。这是对此前占支配地位的《圣经》世界图景的大胆质疑和替代。他猜测地球经历了七个发展阶段：第一阶段是太阳与彗星相撞形成太阳系，炽热的熔岩冷却形成地球；第二阶段，地球表面发生造山运动，形成山脉与海床；第三阶段，海洋出现；第四阶段，海水冲蚀地表形成沉积层；第五阶段，出现陆地及陆上植物；第六阶段，陆上动物出现；第七阶段，人类出现。他还猜测地球的年龄超过 7.5 万年，地球上的生命至少在 4 万年前就已出现，自然的时间尺度远远大于人类历史的尺度。这个猜测与传统圣经年代学所信奉的 6000 年世界历史相差太大，布丰因此受到教会的警告。除了地球演化的图景之外，布丰还相信，物种可能以退化的方式演化，比如类人猿可能是人退化的结果，驴和斑马可能是马退化的结果。达尔文称他是"近代第一个以科学精神对待物种起源问题的学者"。布丰的伟大著作将"历史性"引入自然界，使"自然志"开始走向"自然史"。

布丰本来是一位卓越的数学家，但后来却以博物学家的声望传世，这件事充分显示了 18 世纪博物学的崇高地位。尽管培根已经为博物学做了强有力的哲学辩护，把博物学置于自然哲学之基础的地位，但是科学革命时期的数理科学家还是普遍看不起博物学。"牛顿说过：'博物学或许确实能为自然哲学提供材料；但是，博物学并不是自然哲学。'……他并不轻视博物学这样一种有用的学科分支……只不过他认为，这位哲学的卑贱婢女，虽然可以用来收集工具和材料以服务于她的王后，但如若她胆敢僭夺王位，自封为科学之王后，那她就是自忘身份了。"① 笛卡尔认为"博物学家对物质世界的迷恋是如此的错乱"②。然而，到了 18 世纪，博物学拥有了与数理科学／自然哲学分庭抗礼的能力，这与培根主义的持续影响有关。

除了地球演化的图景之外，布丰还相信，物种可能以退化的方式演化，比如类人猿可能是人退化的结果，驴和斑马可能是马退化的结果。

———————

① M.Feingold，"Mathematicians and Naturalists: Sir Isaac Newton and the Royal Society"，Jed Z. Buchwald and I. Bernard Cohen，eds.，*Issac Newton's Natural Philosophy*，Massachusetts：The MIT Press，2001，p.78.
② K. Park and L. Daston，eds.，*Cambridge History of Science*，vol.3，Cambridge University Press，2006，p.468.

布丰受培根经验主义的影响，对数学也有一种经验主义的理解。他认为数学只是人类心智的工具，并不代表实在，它很有用，不可缺少，但本身并不是真理。真理是事实，或者以概率的方式重复发生的事实。为了寻求真理，博物学是不二法门。布丰的经验主义还体现在对林奈分类体系的态度上。他不同意林奈的人为分类体系，认为自然界万事万物是连续分布的，并不存在明显的间断，因此，所谓纲、目、科、属、种都是人为引进的概念工具，并不是自然界中存在的事实。博物学的目标不是建立人工分类体系，而是找到自然界自身运作的秩序，这个秩序是有机体的秩序，体现在诸事物的联系之中。

> 他不同意林奈的人为分类体系，认为自然界万事万物是连续分布的，并不存在明显的间断，因此所谓纲、目、科、属、种都是人为引进的概念工具，并不是自然界中存在的事实。

如果说林奈的《自然系统》反映了18世纪博物学在分类学上的伟大成就，那么布丰的《自然志》则是18世纪博物学的集大成之作。林奈的工作是博物学走向专业化、学科化的里程碑，布丰的工作则是博物学之百科全书传统的延续。他们的工作共同构成了18世纪博物学的鼎盛景象，而他们之间潜在的矛盾，即专业化趋势与百科全书式文人传统的内在冲突，孕育了博物学的内在危机。

> 专业化趋势与百科全书式文人传统的内在冲突，孕育了博物学的内在危机。

法国百科全书派把人类知识分成自然哲学和自然志（博物学）两大类，其主编狄德罗反对数学的权威，强调博物学的独特地位，副主编、数学家达朗贝尔因此与狄德罗产生矛盾，最终辞去《百科全书》的副主编职位。"狄德罗与布丰保持着一致，认为数学不属于经验世界，而达朗贝尔则坚持认为数学根源于经验世界。"[1] 在启蒙运动中，博物学享有崇高的地位。卢梭

---

[1] 李文靖："几何学骑士遭遇博物家公民——为什么达朗贝尔1758年离开百科全书派"，《科学文化评论》2009年第3期。

在他的《植物学通信》中强调植物学是一门陶冶心灵的学问，影响了许多人。歌德承认，正是在卢梭的影响下，他也致力于研究地质博物学和植物博物学。

18 世纪是博物学大展宏图的时代。一方面，那个时代许多有影响的思想家推崇博物学，推崇它在认识论上的地位，认为博物学与自然哲学一样，是人类知识不可缺少的两大部门之一，有些甚至认为博物学高于数理科学。受这些思想家的影响，无数绅士、贵妇人积极从事博物学活动，在他们的私家博物馆、图书馆里大量收集鸟类、贝壳和植物标本，视博物学为展示贵族品位和财富的高雅活动。正是在这样的文化气氛中，布丰的《自然志》被广为传颂，风行一时。另一方面，经过几个世纪的积累，在植物学、动物学、矿物学三大领域均拥有丰富的经验材料，林奈和布丰的巨著都在相当大的程度上受益于他们的植物园和博物馆中的藏品，以及与他们有通信联系的世界各地的博物学家。

林奈的物种命名方法与分类方法的建立，以及布丰集大成的《自然志》的示范，使得博物学走上了科学发展的大道。但是，林奈与布丰的路线并不相同，他们之间也并不惺惺相惜。林奈认为布丰的散文花里胡哨，布丰认为林奈的东西枯燥乏味，彼此都不买账。不过，在他们的示范下，有些人像林奈那样，继续搞命名和分类工作，另一些人则像布丰那样，用优美的文字展现自然的秩序和美。英国博物学家吉尔伯特·怀特（Gilbert White，1720—1793）的《塞尔伯恩自然志与古迹》（*The Natural History and Antiquities of Selborne*，1789）① 追随布丰的脚

---

① 花城出版社出版的缪哲的译本名为《塞尔彭自然史》，受到中国文学爱好者的普遍喜爱。

步，既是博物学名著，又是英语文学杰作。怀特的成功说明，研究一个地方的博物志而不是自然通志同样有巨大的价值，而且预示了博物学的专门化、职业化时代的到来。

4. 19 世纪：黄金时代

美国历史学家沃斯特在他的《自然的经济学——生态观念史》（*Nature's Economy：A History of Ecological Ideas*，1994）中提出生态学有两个传统，一个他称为阿卡迪亚（arcadian）传统，即向往和赞美田园牧歌式的自然环境，倡导人类与自然和平共处，过简单和谐的生活，代表人物有《塞尔伯恩自然志与古迹》的作者吉尔伯特·怀特，《瓦尔登湖》的作者梭罗。另一个他称为帝国（imperial）传统，即通过理性的实践和艰苦的劳动建立人类对自然的统治，代表人物有林奈。这个关于两种传统的说法对于博物学也成立，特别是，生态学的早期历史其实就是博物学，而博物学的晚期历史就是生态学。或许可以说，18 世纪的博物学就是由布丰、怀特所代表的阿卡迪亚式博物学和林奈所代表的帝国博物学组成的。这两大传统在 19 世纪继续绵延。在这个世纪，阿卡迪亚式博物学家有美国的梭罗（Henry David Thoreau，1817—1862）、缪尔（John Muir，1838—1914），帝国博物学家有德国的亚历山大·洪堡（Friedrich Wilhelm Heinrich Alexander von Humboldt，1769—1859）、英国的库克船长（Captain James Cook，1728—1779）、皇家学会会长班克斯（Sir Joseph Banks，1743—1820）。

19 世纪的博物学有三个显著特点：一个是博物学的专业化、分科化；二是博物学在学术体制中逐渐式微，但在民间仍

生态学的早期历史其实就是博物学，而博物学的晚期历史就是生态学。

瓦尔登湖畔的梭罗像

然盛行；三是"历史"的观念融入"自然"的观念，自然志成
为自然史，并诞生了达尔文的进化论。

　　博物学的分科化与整个科学的分科化是同步的。迈尔认为，
"科学的职业化在法国约在 1789 年革命之后才开始，德国也大
致如此，然而在英国则迟到 19 世纪中叶"[①]。之前的博物学家
大多既搞植物学，又搞动物学，虽说可能有所侧重，但这两个方
面并没有截然分开。随着积累的材料越来越多，1800 年之后再
也没有博物学家能够兼通植物、动物和矿物三大领域。博物学首
先分成了动物学（zoology）、植物学（botany）、地质学（geology）。
接下来，动物学又分成鸟类学（ornithology）、鱼类学（ichthyology）、
昆虫学（entomology）等，植物学也可以进一步分出显花植物学
和隐花植物学等。博物学家也发现，只有专注于少数几个科的物
种才有可能提高自己的专业水平。分科化体现在学术刊物和学会
的名称上。1788 年成立的林奈学会是一个博物学学会，1807 年
成立的伦敦地质学会、1826 年成立的伦敦动物学会则是专业学
会。到了 19 世纪 60 年代，有近 100 种动物学杂志、80 种地质
学杂志、65 种植物学杂志、75 种博物学杂志出版发行。地质学
最先明确从博物学中分离出来，与生物学慢慢拉开距离。

　　到了 19 世纪后期，随着博物学的分科化，"博物学"一
词慢慢被抽空，仅存的名头越来越狭义化，即主要指动植物分
类学，以及对身边常见观赏性动植物如鸟和昆虫的研究。"博
物学家"则越来越包含"业余爱好者"的意味。

　　正如科学史家法伯（P.L.Farber，1944—　）所说："专业
化让许多研究者用新的学科专业而不是传统的术语来定位自己。

到了 19 世纪后期，
随着博物学的分科
化，"博物学"一
词慢慢被抽空。

---

① 迈尔：《生物学思想发展的历史》，第三章第 6 节。

随着细胞学、胚胎学、遗传研究被体制化，旧的'博物学'范畴和'博物学家'的名头在含义上开始转移。那些使用实验方法而且通常在实验室、研究所、大学系科里工作的研究者，拒绝老派的'博物学'标签，使用新的术语来指称他们的专业领域（如胚胎学），或者用另一个一般的名字'生物学'来替代。'博物学'和'博物学家'（naturalist）专指从事收藏或田野工作的事和人。博物学开始与系统学、进化形态学（即系统发育的重构、进化史）以及分布研究联系在一起。"①19世纪70年代，赫胥黎就主张应该用"生物学"一词替代"博物学"来指称对生物世界的整体研究，因为博物学这个词被太多人用来表达太多不同的含义。作为一位有影响的教育改革家，他的意见在英国很快被接受。大学越来越多开设"生物学系"，对从前归于博物学分支的众多学科进行整合。事实上，从19世纪30年代开始，美国大学就为将来要学医的学生开设生物学课程，实际起到了整合生命科学的作用。

博物学在大学等学术机构里开始边缘化的时候，在公众中却声誉日隆。

博物学在大学等学术机构里开始边缘化的时候，在公众中却声誉日隆，主要表现在自然博物馆兴盛，民间博物学组织日益发达，博物学出版物拥有大量读者。因此，1880—1900这二十年间被科学史家法伯称为博物学的黄金时代。1881年，位于伦敦南肯辛顿的大英博物馆自然博物馆分部对外开放，吸引来大批观众。大英自然博物馆在过去几百年间积累了大量收藏，但之前担任馆长的科学家通常只把藏品向专业研究者开放，对于向公众开放没有兴趣。博物学家理查德·欧文（Richard Owen，1804—1892）推动了这个新馆的建设。1868年，美国

① P. Farber, *Finding Order in Nature*, *the Naturalist Tradition from Linnaeus to E. O. Wilson*, The John Hopkins University Press, 2000, p.85.

自然博物馆在纽约建成，一开始就强调向公众开放。1889 年，巴黎博物馆将馆藏的动物标本藏品单独陈列。同年，维也纳帝国自然博物馆开张。到 1900 年，德国有 150 个自然博物馆，英国有 250 个，法国有 300 个，美国有 250 个。此外，动物园和植物园持续增多。到 19 世纪 90 年代，全世界有超过 200 个植物园。大众博物学出版物也持续增多。公众对博物学的热情和支持在 19 世纪末达到顶峰。

　　导致博物学的名头在科学界被虚化和狭义化的，除了分科化之外，更重要的是实验生理学传统逐渐成为生命科学的主导方法，博物学慢慢丧失其在生命科学中的主导地位。剩存的博物学家不得不把实验生理学与分科化的博物学相结合，创造一种与传统博物馆编目和田野研究不同的研究范式。

　　从近代早期开始，实验生理学就以与博物学完全不同的方法研究生命体。这个传统注重运用实验的方法，研究生物体的微观结构，以及生物体结构与功能的关系。它与近代数理实验

美国自然博物馆，
纽约

试验生理学与近代数理实验科学关系密切，可以视为数理实验科学在生物学领域的支流。

科学关系密切，可以视为数理实验科学在生物学领域的支流。由于这种密切关系，实验生理学很容易借鉴在物理科学中行之有效的实验和数学方法，甚至把生命过程看成一种特殊的物理化学过程，直接运用物理学和化学中已经取得的成就。实验生理学最早体现在人体解剖学中。维萨留斯《人体结构》（1543）的出版，塞尔维特、哈维关于人体血液循环的发现，是实验生理学最早的成就。显微镜的发明为实验生理学提供了强有力的实验工具。19世纪细胞学说的建立为统一的生命科学奠定了基础，也使实验生理学传统渐成生命科学主流。19世纪巴斯德、科赫的微生物学，马让迪、贝纳尔的生理学，使实验生理学传统大放异彩。生命科学的这些新发展为人类健康和经济发展做出的巨大贡献也使博物学传统相形见绌。

但是，19世纪的博物学取得了生命科学中一个巨大的成就，那就是达尔文的进化论。按照迈尔的说法，达尔文的进化论提供了两个重要的论点：第一，所有生物拥有共同的起源；第二，现存生物的多样性是自然选择的结果。这两个论点揭示了生物界的统一性，是生命科学继续发展的基础和平台。然而，达尔文是一个传统的博物学家。他赖以取得这个伟大成就的，不是实验生理学的方法，而是传统博物学的方法。进化论是西方博物学传统孕育出来的最伟大的科学理论。

进化论把时间的观念、历史的观念引入自然界，这是西方思想史上一个划时代的成就。希腊文化作为现代西方文明的两大来源之一本质上是非时间性、非历史的。追求确定性是希腊思想的主要目标。进化论以一种特有的方式把变化的观念引入西方人对实在的理解之中。对于中国人而言，宇宙间充满变化

进化论把时间的观念、历史的观念引入自然界，这是西方思想史上一个划时代的成就。

是不言而喻的，本着变化的心态看待人生也是理所当然。自古以来，中国人就讲"苟日新，日日新，又日新"，因此把变化的观念引入自然观、宇宙观、世界观之中，在我们看来一点也不新奇。然而，容易被我们忽略的是，进化论是在什么样的背景框架之下、以什么方式被引入的。

为了理解进化论在西方思想史上的意义，我们首先需要了解"存在之链"（Chain of Being）的观念。自柏拉图、亚里士多德以来，西方思想中有一个若隐若现的"存在之链"的观念始终支配着西方人对于存在、世界、宇宙的理解。按照思想史家拉夫乔伊（Arthur Lovejoy，1873—1962）在他的《伟大的存在之链》（*The Great Chain of Being*，1936）中的归纳和总结，存在之链指的是，世间万物从矿物、植物、动物、人类、天使到上帝，组成了一个有等级结构、连续而且充满的链条。"存在之链"作为一种理性原则包含充实原则（Principle of Plenitude，又译丰饶原则）、连续原则（Principle of Continuity）和等级原则（Principle of Gradation）。其中充实原则指的是应该存在的都实际存在，没有缺环，或者反过来说，实际存在的都是应该存在的，都是合理的，这里可以引出莱布尼茨的充足理由律。连续原则指的是相邻存在者之间连续过渡，没有跳跃，古老的格言"自然无飞跃"反映的就是这个原则。等级原则指的是不同存在者在存在之链中占据不同的等级地位，最高的是上帝，最低的是尘土。存在之链的思想既给出了宇宙的秩序，也通过宇宙论定位为每个存在者的存在提供意义。

存在之链的观念可以上溯到古希腊。柏拉图最早把存在者分成可理解物和可感物，并且在存在论中把可感物置于低等的

> 存在之链指的是，世间万物从矿物、植物、动物、人类、天使到上帝，组成了一个有等级结构、连续而且充满的链条。

位置。亚里士多德的目的论自然哲学也根据存在者对自身目的因的实现程度将其划分为不同的存在等级。亚里士多德在他的动物志著作中，按照动物灵魂的完善程度来排定它们在自然阶梯上的位置。近代早期的新柏拉图主义者整合了基督教的创世思想，把"存在之链"观念正式确定下来。

存在之链观念指导了西方的博物学实践。亚里士多德根据移动能力和感觉能力将动物与植物区分开来，又按照生殖模式和血液拥有情况（他把所有无脊椎动物划为无血的）对动物进行高低等级划分，形成了"自然阶梯"的观念。自然阶梯成为后世博物学研究的基本框架，博物学家的任务就是观察和收集各式各样的存在者，然后把它们恰当地编入自然阶梯之中。林奈的《自然系统》把全部博物学领域分成矿物、植物和动物三大类，正是继承了这个"自然阶梯"的框架。

传统上，存在之链是一条静止的链条。上帝在创世的时候已经准备了所有的可能性，因此存在之链是一条逻辑之链、理性之链、结构之链，不会随时间而变化。教会也接受了物种不变的思想。从 18 世纪起，存在之链开始被时间化。莱布尼茨在 17 世纪末期就相信，许多过去的物种现在已经绝迹，而现存的许多物种在过去是不存在的。他还猜测地球上最早的动物可能生活在海中，陆上动物是从海洋生命发展而来的。狄德罗也主张这种物种起源于少数原始物种的理论。前批判时期的康德为存在之链的时间化贡献了力量。他认为，上帝创世提供了无限的可能性，但这无限的可能性并没有一步到位，而是需要在时间中逐步转化为现实。他的《自然通史》提供了这样一幅发展变化的宇宙图景。事实上，到了 18 世纪启蒙运动的时候，自然

> 传统上，存在之链是一条静止的链条。上帝在创世的时候已经准备了所有的可能性，因此存在之链是一条逻辑之链、理性之链、结构之链，不会随时间而变化。

进化发展的思想已经成为多数启蒙思想家的共识。法国的莫佩尔蒂督（Pierre Maupertuis，1698—1759）和狄德罗提出了现有物种起源于少数原始物种的理论。霍尔巴赫（Baron d'Holbach，1723—1789）说自然中没有永恒不变的形式。布丰在他的《自然志》中明确描绘了自然界进化发展的图景，并且小心翼翼地主张生物物种也是可以变化的。布丰的伟大著作影响了许多人，客观上促进了进化思想的传播和成熟。

18 世纪和 19 世纪之交最重要的进化论者是法国的拉马克（Jean Lamarck，1744—1829）。拉马克自学成长，与卢梭有过交往。1778 年出版的 3 卷本《法国植物志》引起布丰的关注。在布丰的提议下，拉马克被选为巴黎科学院院士并且成为皇家植物学家，1788 年成为皇家植物园植物标本管理员，1794 年出任国立自然博物馆的低等动物学教授。他的《无脊椎动物的分类系统》于 1801 年出版，第一次提出了生物进化的思想，首创了"脊椎动物"和"无脊椎动物"的概念，并且首次引进了"生物学"（biology）一词。1809 年，拉马克的巨著《动物学哲学》出版，系统阐发了拉马克主义的进化理论。按照这种理论，生物的进化遵循由低级到高级、由简到复杂的阶梯发展序列，但在发展过程中不是直线发展，而是不断分叉，形成树状谱系；进化的机制是由生物体内部的进化倾向与外部的环境影响共同造就。他的获得性遗传理论认为，生活环境的变化必定会引起动物生活习性的变化，而生活习性的变化必定会导致器官的"用进废退"现象。器官的这些变化被遗传给后代，于是逐渐形成了新的物种。拉马克的进化机制理论虽然被现代科学证明是错误的，但是生物内在进化倾向理论还是为同时代以及后代的许

到了 18 世纪启蒙运动的时候，自然进化发展的思想已经成为多数启蒙思想家的共识。

拉马克的进化机制理论虽然被现代科学证明是错误的，但是生物内在进化倾向理论还是为同时代以及后代的许多人文学者所激赏。

多人文学者所激赏。柏格森的"创造进化论"，以及芒福德的"人类主动进化"理论，都有拉马克的影子。

拉马克的进化思想受到了法国著名比较解剖学家居维叶（George Cuvier，1769—1832）的强烈批评。在进化思想史上，居维叶的角色有点像哥白尼革命中第谷的角色。第谷本人虽然反对哥白尼体系，但他杰出的观察工作为哥白尼体系提供了有力的支持。居维叶也是，虽然反对进化论，但其杰出的比较解剖学工作为进化论提供了强力支持。他1795年被任命为法国国立自然博物馆的比较解剖学教授助理。他提出了比较解剖学中的动物肢体的相关原则和存在条件原则。根据相关原则，一个动物的各个器官之间有着密切的相互关系，由一个部分可以推断另一个部分。根据存在条件原则，动物的各器官的结构和功能只有满足某种条件才有可能存在，因此根据未知动物的局部结构，参照已知动物，可以推知未知动物的其他器官和功能。以比较解剖学作为利器，居维叶提出了一套动物分类系统。这套分类系统以动物的解剖结构为标准，因而能指出动物之间的亲缘关系。当居维叶把比较解剖学用于化石研究时，他建立了古生物学。他发现古生物与现存生物一样都可以纳入他的分类系统；他还发现地层越古老，化石越简单；地层越年轻，化石越复杂，越接近现存生物。这个事实本来可以导向生物进化论，而他却采取了灾变论的解释。在他1822年发表的《地球表面的革命》一书中，他提出地球上曾经发生过四次大洪水，最近一次就是《圣经》上所说的六千年前的诺亚洪水。居维叶的灾变说后来遭到英国地质学家赖尔（Charles Lyell，1797—1875）的挑战。赖尔明确反对地质学界长期流行的地球岩石成因的灾变说，主张地质渐变的思想。他的《地质学原理》（1830—1833）建立了渐变论的地质学理论，对达尔文影响很大。

达尔文（Charles Robert Darwin，1809—1882）和华莱士（Alfred Wallace，1823—1913）创立的基于自然选择的生命进化论是进化论的新版本，对进化思潮起到了推波助澜的作用。他们两人都有海外博物学考察的丰富经历，而且，正是他们成果丰硕的博物学考察以及著名博物学家的名声帮助进化论赢得了声誉。1831 年 12 月 27 日至 1836 年 10 月 2 日，达尔文跟随皇家海军贝格尔号军舰环地球航行，在巴西、加拉帕戈斯群岛等地做了近五年的野外考察，积累了丰富的博物学资料。沿南美东海岸南下的时候，达尔文注意到物种随地域分布而变化具有明显的规律：有亲缘关系的物种总是分布在邻近的地域，随着距离的增大，一个物种为另一个物种所代替；两地距离越远，物种的差异越大。在南美西海岸的加拉帕戈斯群岛，达尔文发现此处的大部分生物都与大陆上的类似，但各岛又有自己特有的物种，即使同一物种，在各岛上也呈现出微小的差异。物种的巨大丰富性和连续性使达尔文对上帝创造论产生了怀疑。在赖尔地质学方法论的影响下，达尔文产生了生物逐渐进化的思想。回国之后，达尔文出版了一系列考察报告，包括《珊瑚礁的构造和分布》《火山岛屿地质观测》《南美地质观测》三部地质考察报告。这些地质报告为达尔文赢得了地质学家的声誉，1838 年，他被选为地质学会秘书。同年，他阅读马尔萨斯的《人口论》，人类为了生存资料而竞争的思想给他留下了很深的印象，启发了他在生物界提出自然选择机制。

达尔文在伦敦郊外唐村的住宅，《物种起源》在这里完成

　　此后二十年，达尔文过着衣食无忧的乡村绅士生活，埋头著书立说。1842 年，他写出了一份 35 页的关于生物进化理论的提纲。1844 年，他写出了 230 页的《物种起源问题的论著提纲》。达尔文逐渐意识到，生物界存在着极为巨大的繁殖力和大量变种，但是只有那些在生存斗争中有适应能力的变种才能存活下来，得以拥有最多的后代，其余的变种被淘汰，这就是自然选择的过程。为了证明这一过程，达尔文亲自进行家鸽育种实验。1858 年，华莱士从马来半岛来信，随信附了一篇论文，题为"论变种无限地离开其原始模式的倾向"。华莱士的文章几乎重复了达尔文关于自然选择下的生物进化的想法，这促使他抓紧时间写作关于进化论的著作。《物种起源》于 1859 年出版，广泛引证了生物在人工培育下的进化现象、在自然条件下的多样性分布、生物化石所呈现的时间上的进化现象，以说明在自然选择作用下的物种进化规律。《物种起源》的出版使进化论深入人心，但自然选择理论并没有被广泛接受。达尔文当时面临两个致命的困难。一个是物理学家威廉·汤姆逊（William Thomson，1824—1907，

即后来的开尔文勋爵）提出的地球年龄问题。这位热力学理论的重要奠基者运用地球冷却理论计算过地球的年龄，结论是2000~4000万年。可是这个时间对于进化过程来说显然是太短了。另一个难题是工程学教授詹金（Fleeming Jenkin，1833—1885）提出的。他根据当时广为流传的融合遗传理论证明，新的微小变异均会在与正常个体的交配中完全淹没。这两个难题达尔文都无法解决，以致他在《物种起源》再版时观点变得越来越不明朗。事实上，开尔文勋爵在计算地球年龄时忽略了地球内部会不断生成新的热量，因而把地球年龄计算得太小，而融合遗传问题得等到孟德尔的遗传理论出现才能破解。

达尔文的著作虽然使物种进化成为共识，但他提出的自然选择的进化机制却受到种种质疑，基本上没有被同时代人所采信，他的热情支持者像"达尔文的斗犬"赫胥黎（Thomas Huxley，1825—1895）也是如此，连达尔文自己晚年也开始倾向拉马克的用进废退机制。这个局面直到20世纪30年代仍然没有改观。老赫胥黎的孙子、英国著名进化生物学家朱利安·赫胥黎（Julian Sorell Huxley，1887—1975）用"达尔文主义的日食"来描述19世纪后期自然选择机制受到普遍反对的情景。20世纪30至40年代，遗传学与达尔文进化论进行了新的综合，自然选择学说才真正被确定为进化的首要机制。

19世纪进化论的主流是发育进化论（developmental evolutionism），即把物种进化与个体发育相类比，认为进化如同发育一样，沿着一条线性的由简单到复杂、由低级到高级的路径前行。这种进化论也被称为进步进化论，其代表人物有英国的博物学家、出版家钱伯斯（Robert Chambers，1802—

达尔文的著作虽然使物种进化成为共识，但他提出的自然选择的进化机制却受到种种质疑，基本上没有被同时代人所采信。

1871)。在其匿名著作《创世的自然志遗迹》(*Vestiges of the Natural History of Creation*,1844)中,钱伯斯提出,在上帝颁布的进步法则的支配下,生命由低级向高级发展。1866年,德国博物学家海克尔(Ernst Haeckel,1834—1919)在他的《普通形态学》中提出了生物重演律(recapitulation law),认为个体发育是物种发育的简单而迅速的重演。海克尔在发育进化论意义上传播进化思想,使进化论在德国深入人心。科学史家鲍勒(Peter.J.Bowler,1944—   )说达尔文的《物种起源》实际上发动了一场"非达尔文革命",即促使人们接受了发育进化论而不是自然选择的进化论,赫胥黎和海克尔这些达尔文进化论的坚定传播者、捍卫者,也被鲍勒称为"伪达尔文主义者"。

作为近代博物学最高成就,进化论虽然没有对人类的日常生活和健康改善做出什么贡献,但描绘了一幅生命世界的统一图景,为生物学的统一性奠定了基础,并且越出生物学的范围,对人类的世界观产生了惊人的影响。

进入20世纪,博物学继续在普通民众中拥有众多热情的实践者,在初等科学教育中继续拥有自己的位置。随着通讯交通工具的进步,博物学实践获得了新的可能性。出现了越来越多的国家公园、野生动物保护地、动物园、植物园,不仅为公众提供了休闲之地,也是从事博物学实践的好场所。单反相机、视频录像技术的大众化,为大众博物学活动提供了新的技术支持。今天的业余博物学家在获取资料方面,有着前所未有的便利条件。

在学术界,传统的博物学家转向生态学,强调定量研究、假设-检验方法论,把野外观察与实验室工作相结合。直到上世纪80年代,博物学仍然出现在大学的课程列表上,但内容已经多是

利奥波德在沙乡
的小木屋，威斯
康星河畔

生态学、环境科学、保护生物学、进化生物学等。利奥波德的《沙乡年鉴》、卡逊的《寂静的春天》这两部绿色运动的经典著作都可以看成是博物学著作。哈佛大学有两位知名的生命科学家或可看成是当代博物学家的典型代表。恩斯特·迈尔，1925年成为德国柏林博物馆的鸟类博物学家，1931年去美国自然博物馆负责鸟类收藏，1953年担任哈佛大学比较动物学博物馆馆长。他于1942年出版的《系统分类学与物种起源》一书是现代综合进化论的经典著作之一。爱德华·威尔逊（Edward Wilson, 1929— ）主要研究蚂蚁博物学，同时开创了岛屿生态地理学这门新学科。他用实验证明了，决定一个岛屿上生物物种数目的主要因素是岛屿的面积，以及与陆地的距离。他还用动物行为学来研究人类的社会行为，创立了社会生物学。他的自传冠名《博物学家》（*Naturalist*），反映了他的自我定位，以及对博物学传统的坚定捍卫，上海科学技术出版社的中译本将书名译成"大自然的猎人，"完全不知所云，而且强行删除了威尔逊的这一微妙但极具历史意义的自我定位。

在学术界，传统的博物学家转向生态学，强调定量研究、假设－检验研究，把野外观察与实验室工作相结合。

博物学的当代意义

博物学是人类在与自身所处的生存环境直接打交道的过程中积累起来的环境知识和生活知识，因此具有鲜明的地方特征和多样性特征。进化生物学家迈尔说得好："原始人都是天生的博物学家。"原始的博物学是人类在直接的生活经验中获得的生存知识，包括天文、气象、水文、地理、植物、动物、工艺制作等。它具体而多样，带有强烈的本土色彩。它既是技术性的，能够指导操作实践，又是宗教性的，体现强烈的价值观念。原始的博物学知识由于直接来自生活经验，并且历经成千上万年的磨合，对于当地人而言是最有效、最可靠的知识。在有些自然条件极其恶劣的地区，用现代技术"武装到牙齿"的现代人都难以生存下去，本地土著依靠他们的博物学知识，却可以世代在那里繁衍生息。

作为对自然的记录、感受、鉴赏的博物学传统在不同的文化中形成了不同的类型。西方近代博物学的兴盛与近代数理实验科学的发展相伴随，其"帝国博物学"传统与近代求力科学一脉相承，因此最终与数理实验科学相融合。帝国博物学的目标是完成对自然资源的完备记录，从而征服和控制自然资源，这完美体现了近代科学秉承的"求力意志"。为了完成这一目标，

西方近代博物学的兴盛与近代数理实验科学的发展相伴随，其"帝国博物学"传统与近代求力科学一脉相承，因此最终与数理实验科学相融合。

它必定要采纳专业化、职业化方案，而专业化的结果是使博物学成为一个空集，使植物学、动物学、矿物学等分支学科走上了与数理实验科学相融合的道路。"阿卡迪亚博物学"传统在夹缝中生存，但一直不曾断绝，成为现代绿色运动的精神来源之一。

今天提出"回归博物科学"，主要是针对近代数理实验科学带来的问题：这种单纯征服型的、力量型的科学已经极大地显露了它的局限，引发了一系列现代性危机。为了克服这些局限和危机，可以采取两条路线，一条是回归古希腊的理性科学精神，一条是回归博物学精神。我们在本书第二章谈到了第一条路线，这里谈一下第二条路线。

回归博物学精神有三个要义。第一个要义是一反近代求力意志主导下的数理实验科学主流传统，树立博物学固有的敬畏自然态度。数理实验科学把自然看成无生命的客观对象，是人类予取予夺的资源库，并且鼓励人类以一种挑衅的方式介入自然过程，从中谋取额外的利益。这种自然观导致了人对于自然的"傲慢感"，对其他物种的"优越感"，培养了一种对于自然万物的"无情之心"。这种"无情之心"是今日各种环境问题、生态问题的深层根源。博物学就其本源而言，是对自然的忠实记录。作为记录者，博物学家对自然保持高度虔诚的态度，视自然为神圣的、超越的存在。他们对待自然物的态度是有情的，对自然物本身有一种深切的热爱、同情（交感）和理解。这种态度恰恰是数理实验科学所忽视的。

第二个要义是沟通科学与人文。随着近代科学的学科分化，职业分工越来越细，科学与人文之间渐行渐远，需要一个新的

博物学就其本源而言，是对自然的忠实记录。作为记录者，博物学家对自然保持高度虔诚的态度，视自然为神圣的、超越的存在。他们对待自然物的态度是有情的，对自然物本身有一种深切的热爱、同情（交感）和理解。

契机来弥补它们之间的裂痕。而博物学从其根源上讲，就是将科学和人文融为一体的。当博物学家记录自然物的时候，他们眼中的自然物并不是被消除了质的多样性的数学存在，而是活生生的饱含意义的存在者。直到林奈的"帝国博物学"出现，博物学家都是在记录一个充满意义的世界，植物、动物都有象征意义：有些植物不吉利，有些植物可以驱邪、带来好运；有些动物可爱，有些动物懒惰。在漫长的西方博物学史上，关于动植物的命名、分类、描述，都折射出西方文明教化的方案、社会管理的逻辑，以及道德与宗教的含义。博物学从来都是事实与价值合一、科学与人文合一的。今天的主流数理实验科学已经导致人与自然的严重分裂、事实与价值的严重分裂，回归博物学可以纠偏。

第三个要义是沟通东西方文化，为中国传统文化的复兴提供话语框架。以西方土生土长的理性科学、数理实验科学为主线写作的科学史必定是西方中心主义的，非西方文化只是可有可无的补充。如果我们坚定地相信，唯有科学才是标定人类文明的尺度，那么，我们就有必要广义地理解科学，否则非西方文明永远争取不到一个平等的位置。如果我们坚定地相信，唯有通过科学才能实现中华文明的伟大复兴，那么，我们就必须广义地理解科学，否则我们只是加入了西方科学的发展进程。正如我们将在下一章说明的，中国古代如果说有科学的话，那最多是博物科学而非数理实验科学。

在漫长的西方博物学史上，关于动植物的命名、分类、描述，都折射出西方文明教化的方案、社会管理的逻辑，以及道德与宗教的含义。

重建科学谱系

在简单介绍了作为西方另类科学传统的博物学之后，我们可以进一步对"科学"做一些扩展理解。对于我们中国人来说，扩展科学的定义主要是为了把"科学"的概念用于描述中国传统文化，或者更一般地，用于描述所有的非西方文明。为了使我们的定义扩展得合理有度，我们先追溯一下"科学"一词的本来含义。

正如我们在第一章已经指出的，在欧洲语言中，"科学"一词源于希腊文单词 episteme，而 episteme 的意思是"知识"。然而，什么是"知识"？

从根本上讲，"知识"是"人"特有的存在方式。人是一种与环境共处的存在者，而共处就需要对作为他者的环境有所关怀，有所了解。从最广泛的意义上讲，知识（科学）是对于事物的熟悉和了解：它是人在与环境的交往过程中习得的，并且有助于这种交往，还具有可分享、可传播的特征。这个关于知识（科学）的定义可以称为存在论意义上的知识（科学），是最宽泛的定义。它既包括理论知识，也包括实践知识，既包括今日所谓的自然知识，也包括社会和人文知识。

在存在论知识的意义上，技术／技艺也是一种知识。技术

从根本上讲，"知识"是"人"特有的存在方式。人是一种与环境共处的存在者，而共处就需要对作为他者的环境有所关怀，有所了解。

的目的在于改变环境，以使我们与环境更好地相处，而改变必须建立在对环境的熟悉和了解之上。我们通常认为技术先于科学，科学滞后于技术，这是就纯粹的、理论的、反思性的"科学"而言。作为存在论知识的科学并不滞后于技术，而是与技术同在。技术作为一种目的意向行为，总是预先构造了一个技术能够通达的世界，因为任何目的意向行为总是在一个特定的世界之中才能通达，对这个世界的知识是技术行为得以可能的前提。当然，这种知识通常并不是具备独立形态的理论知识，技术也不是从理论知识中推导或派生出来的，相反，这种存在论知识寓于技术行为之中，并不与行为本身相分离。举例说来，打制石器者，必定有对于石头的硬度、石头的纹理以及撞击的角度和劲道的知识，但不必有关于石头成分的物理化学知识以及打制过程的力学知识。古人类学家已经发现，打制石器并没有我们想象的那么容易，简单地用一块石头猛击另一块石头造不出石器工具来。"为了有效地进行工作，打石片的人必须选择一块形状合适的石头，从正确的角度进行打击，为了能将适当分量的力施于正确的地方，打击动作本身需要多次实践……制造工具需要有一种重要的运动和认识能力的协调。"① 虽然学骑自行车不是在学习自行车运行的力学原理，学弹钢琴不是学习钢琴的声学知识，甚至主要也不是乐理，但我们仍然是在"学习"，在这些"学习"中我们的确获得了"知识"。

存在论知识首先是一种默会的知识（tacit knowledge）或者隐性知识，是"只可意会不可言传"的当下领悟，因此没有也无

（旁注）存在论知识首先是一种默会的知识或者隐性知识，是"只可意会不可言传"的当下领悟，因此没有也无须获得自己独立的"文本"。

① 利基：《人类的起源》，吴汝康等译，上海科学技术出版社2007年版，第30页。

须获得自己独立的"文本"。与身体控制和身体操作相关联的知识，技艺（technics）、技能（skill）、手艺（handicraft），均属于这种不脱离身体、无独立文本的存在论知识，如果我们把"科学"一词的使用范围延伸到这里，那么，"科学"的起源就跟"技术"的起源一样古老。在这个意义上，科学与技术并没有什么区别。"知"和"行"原始的合一。这是科学谱系的一个极端。

相对于"默会知识"（隐性知识）的是"文本知识"（显性知识，explicit knowledge），也就是那些可以单独表达出来，从而可以或多或少脱离具体情境（context）独立传播的知识。从历史上看，这样的"文本"在文字出现之前是口头文本，文字发明之后是文字文本。相比而言，口头文本的文本独立性不够强，容易随着当下的情境和现实生活的变迁而变化。尽管如此，口头文本依然保有一定的独立性，在传播过程中保有一定的稳定性，因而可以作为塑造和维系文化传统的基础。口头文本表达的是集体的经验和价值观，为一个族群日常生活和社会行为提供合法性依据。文字文本一开始只是将口头文本记录下来，只是媒介的改变。但是，文字文本由于更具独立性和稳定性，因而使对知识本身的审视和批判成为可能。"文字因此能够进行储存，取代记忆成为知识的主要储存库。其革命性影响在于使知识的断言能够得到检查、比较和批评。有了对事件的文字记述，我们就能把它与关于同一事件的其他（包括更早的）文字记述进行比较，其所能达到的程度在纯粹的口头文化中是无法想象的。这种比较鼓励了怀疑态度。"[①] 此外，从社会学

文字文本一开始只是将口头文本记录下来，只是媒介的改变。但是，文字文本由于更具独立性和稳定性，因而使对知识本身的审视和批判成为可能。

---

① 林德伯格：《西方科学的起源》，张卜天译，湖南科学技术出版社2013年版，第11页。

意义上讲，基于文字的独立文本的出现，必定导致知识阶层的出现。掌握文本知识的最早的知识分子是祭司和巫师。文字文本的出现，使知识阶层分化出来。

作为完整的意义表达体系的语言（区别于个体的说话）本身就是一套文本知识：会使用一种语言，也就掌握了一套相应的文本知识。因此，只要你会说话，你就已经掌握了一整套可以传授的文本知识，而这些知识不必依赖你的"身体力行"。通过语言和文字，我们超越了原始的知行合一的状态。如果我们要区别科学与技术的话，那么，是否拥有文本可以作为一个标准。

在文本知识里，我们还可以进一步划分。从知识内容上讲，有自然知识和社会知识（比如如何待人接物）之分。从知识的功能上讲，有实用知识与理论知识之分。实用知识用来解决当下的、具体的问题，理论知识超越了具体的问题，具有普遍性和系统性，以及独立的可辩护性。

从知识的类型上讲，可以分为两类：一类是面向过去和当下的，主要记述已经出现过的事物，并对其进行分类；另一类是面向未来的，主要是推理和预测。第一类知识就是本章讲述的"志类"知识，今天称为"历史"。博物学或自然志就属于这类知识。第二类知识，从已知推及未知，从现象推及本质，从知其然至于知其所以然，被认为是知识的高级形态。西方理性科学是这类知识的典型。通常所谓科学，指的就是这类知识。科学史家诺伊格鲍尔（otto Eduard Neugebauer, 1899—1990）说："为河流命名以及崇拜风神并不是水力学的开端。同样，天文学也不起源于对星星的不规则构形的认识，或是有关天体或星

（边注）

通过语言和文字，我们超越了原始的知行合一的状态。如果我们要区别科学与技术的话，那么，是否拥有文本可以作为一个标准。

为河流命名以及崇拜风神并不是水力学的开端。同样，天文学也不起源于对星星的不规则构形的认识，或是有关天体或星星的神性的发明。

星的神性的发明。科学的天文学起始于对天象进行预测的尝试，比如说对月相的预测，不管预测出来的结果有多么粗糙。"①诺伊格鲍尔认为做命名、记述和分类工作的博物学不是科学，只有预测的知识才是科学。这可以说是科学谱系的另一个极端。

关于预测的知识，我们可以将其分为基于既有知识的经验推理和基于规则和规律的逻辑推理。而经验推理又可以分为类比推理和归纳推理。很显然，基于经验的推理和预测，更多地依赖于面向过去的历史知识和博物知识。

迄今为止，为了讲清楚"科学"的含义，我们引入了一系列范畴：默会知识与文本知识、自然知识与社会知识、实用知识与理论知识、博物学知识与预测的知识、经验推理的知识与理性推理的知识。根据这些范畴，我们可以以知行合一的默会知识为一端，以纯粹理性的演绎知识为另一端，排列出一个"科学"指称的谱系来。需要特别强调的是，这些范畴划分只是一种方便的抽象，它们之间边界模糊，彼此渗透。即使就上述"科学"的两个极端即默会知识与演绎科学而言，现代科学哲学也揭示出它们之间存在着深刻的内在关联。

科学（知识）谱系图

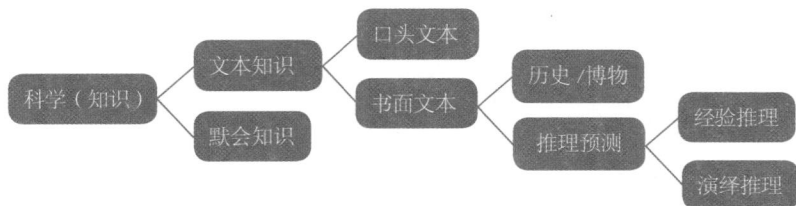

---

① 查尔斯·辛格：《技术史》第一卷，上海科技教育出版社 2004年版，第542页。

　　在这个谱系中，除了占据最右边的西方特有的理性科学之外，博物学特别值得我们注意。正如有人类的地方就有技术，有文明的地方就肯定有博物学。诸多非西方文明在理性科学方面并无突出表现，但都有发达的不可替代的博物学。

第六章

传统中国的科学

古代中国有没有科学？这个问题本质上是一个定义问题，而不是历史经验问题；是一个观念问题，而不是事实问题；是一个哲学问题，而不是历史问题。

在梳理了西方语境下的"科学"概念之后，我们最后来谈谈古代中国的"科学"问题。

经过前几章的辨析，我们可以清楚地看到，现代中国人所说的"科学"来自西方。科学由古代希腊基于自由人性的自由的学术，转变为现代基于求力意志的求力的科学，完全是西方语境下自我演绎、自我进化的一种特定文化现象，与包括中国在内的其他非西方文明并无直接关联。

然而，由于科学在全球化的今天表现为一种普遍有效的力量，人们很容易错误地把"科学驱动社会发展"作为一个贯穿全部人类历史的普遍模式，很容易到前现代的各民族历史中去寻找相应的推动社会发展的"科学"。中国古代有无科学的问题就在这个背景下出现了，并且受到当代中国学者和普通人的持续关注。在前面几章，我们已经清楚地表明，"科学驱动社会发展"只是一种现代性特有的现象，不具有普遍的历史意义；科学产生于古代希腊，经过基督教的洗礼之后成为现代社会的决定性力量，并不是各民族、各文明普遍存在的文化现象；但是，有鉴于这个问题特别受到中国读者的关注，有鉴于现代性本身面临的问题需要

科学由古代希腊基于自由人性的自由的学术，转变为现代基于求力意志的求力的科学，完全是西方语境下自我演绎、自我进化的一种特定文化现象，与包括中国在内的其他非西方文明并无直接的关联。

寻求新的解决方案，我们在本章将继续深入寻求这个问题。我们将特别追问，如果我们认为中国古代有科学的话，是何种性质的科学，以及，这种性质的科学将为克服现代性危机提供什么样的启示。

李约瑟难题

中国古代有没有科学？这是一个在今天经常引起争论的问题。我曾经写过文章[①]，指出"有无"问题本质上是一个定义问题，而不是历史经验问题；是一个观念问题，而不是事实问题；是一个哲学问题，而不是历史问题。基于不同的科学定义，可以得出不同的解答。讨论有无问题的意义不在于得出一个有或无的答案，而在于推进对"科学"的理解。

中国古代无科学，曾经是中国学界的公论和共识。中国现代史上最早的科学杂志《科学》创刊号（1915）上有任鸿隽先生的文章"说中国无科学之原因"。1922年，冯友兰先生发表文章，题为"为什么中国没有科学"[②]。1945年，竺可桢先生发表文章，题为"为什么中国古代没有产生自然科学"[③]。他们都把"中国古代无科学"作为当然的前提。

到了20世纪50年代，李约瑟提出了一种新的说法："中国古代科学技术很发达，为什么没有产生近代科学？"在《中

中国古代无科学，曾经是中国学界的公论和共识。

① 吴国盛："边缘与中心之争"，《科学对社会的影响》2000年第4期。
② 原载《国际伦理学杂志》第32卷第3期（1922年4月），收入《三松堂全集》第11卷，河南人民出版社2001年版，第31～53页。
③ 1945年8月22日在浙江大学的演讲，原载《科学》第28卷第3期（1946年4月），收入《竺可桢全集》第二卷，上海科技教育出版社2004年版，第628～635页。

国科学技术史》第一卷的开篇，李约瑟提出一连串的问题："在
科学技术发明的许多重要方面，中国人又怎样成功地走在那些
创造出著名'希腊奇迹'的传奇式人物的前面，和拥有古代西
方世界全部文化财富的阿拉伯人并驾齐驱，并在3到13世纪
之间保持一个西方所望尘莫及的科学知识水平？……欧洲在16
世纪以后就诞生了近代科学，这种科学已被证明是形成近代世
界秩序的基本因素之一，而中国文明却未能在亚洲产生与此相
似的近代科学，其阻碍因素是什么？"①

　　李约瑟肯定"中国古代科学很发达"，让中国人心里很舒服，
所以他的说法在中国流传甚广。此后半个世纪，中国人都讲中
国古代有科学，而且很发达。直到20世纪90年代，国内一些
年轻的科学史家和科学哲学家开始质疑李约瑟难题，引发了中
国古代有无科学之争。2000年8月20日，中国科学院自然科

剑桥李约瑟研究
所外景

---

① 李约瑟：《中国科学技术史》第一卷，科学出版社、上海古籍出版社
　1990年版，第1～2页。

学史研究所召开"中国古代有无科学问题座谈会",争论双方的主要代表人物悉数出场,将这场争论推向高潮。①

但是,时至今日仍然值得研究的是,当任鸿隽、冯友兰、竺可桢和李约瑟谈及中国(古代)无科学或有科学的时候,他们心目中的科学是什么意思?如果没有搞清楚他们的科学定义而只是记住了他们的结论,那无助于深入讨论问题。

任鸿隽在文章中说,科学有广义与狭义之分。广义的科学就是系统的知识,狭义的科学"其推理重实验,其察物有条贯";今天世界上通称的科学,指的是狭义的科学,所谓狭义的科学,就是西方近代实验科学。

冯友兰的文章没有谈及科学的定义,但是通过分析我们可以看出,他所说的科学也是近代科学。文章一开始他说,中国的历史与文艺复兴之前的欧洲历史相比,类别虽不同,水平差不多,但是今天的欧洲已经是新的,而中国仍然是旧的,因此落后了。为什么落后了?因为没有科学。因此,冯的文章"为什么中国没有科学"应该理解成"为什么近代科学没有在中国产生"。

竺可桢的文章也没有谈及科学的定义,但可以看出他谈论的也是"为什么近代科学没有在中国产生"。他先是援引了许多学者的观点,指出中国没有科学并非中国人能力欠缺,而是因为历史条件不具备。比如钱宝琮、李约瑟和魏特夫认为是中国农业社会制度太过强大,陈立认为是宗法社会制度太过强大,压抑了工商业的发展,而工商业的发展是欧洲产生近代科学的条件。接着文章问道:"究竟哪一种势力能最有效地建树了帝

---

① 参见田松:"科学话语权的争夺及策略",《读书》2001年第9期。

王的政权，摧残了商业的发展，毁灭了近代科学的萌芽呢？"表明意欲探讨的仍是近代科学为何没有在中国产生。

如果任鸿隽、冯友兰和竺可桢三位大家的文章说的都是"中国无近代科学"，那他们的"无科学"立论与李约瑟难题就没有矛盾。在中国无近代科学方面，李约瑟跟任鸿隽、冯友兰、竺可桢的观点是完全一致的。李约瑟观点的新奇之处在于，认为中国古代不仅有科学，而且很发达。那么，李约瑟所说的科学是什么意思呢？

李约瑟观点的新奇之处在于，认为中国古代不仅有科学，而且很发达。那么，李约瑟所说的科学是什么意思呢？

这恰恰是李约瑟的毛病所在，他没有说清楚他所谓的科学是指什么。我认为，他至少有三个让人困惑之处。第一，他经常将科学与技术两个词合在一起使用，让人觉得他是把科学与技术混为一谈，让技术混充科学。如果他说中国古代有技术，而且远比西方发达，我想这或许说得过去，但是他说中国古代有科学，而且非常发达，就让人非常困惑。第二，他用来对"发达的"中国古代"科学"进行整理的框架和范畴，完全是现代西方的科学分类概念，比如第三卷论数学、天文学、地学，第四卷论物理学，第五卷论化学和化工，第六卷论生物学、农学和医学，这给人一种印象，中国古代的科学其实就是近代意义上的科学。如果中国近代没有能够产生近代科学，何以古代反而有近代科学，而且很"发达"呢？第三，他似乎认为全人类的科学都有一个统一的发展模式，即由原始型、到中古型，再到近代型，只不过，欧洲人在经历了原始型和中古型之后就发展到了近代型，而中国人却停留在原始型和中古型中不再往前发展。这种普遍主义的历史叙事模式显然太过欧洲中心主义，太把欧洲的模式当成全人类的普遍模式。

用这种欧洲中心主义的历史叙事模式来弘扬中国古代文明的
成就，以克服欧洲人的傲慢自大，从而克服欧洲中心主义，
让人觉得非常混乱。

纵观历史上的"有论"和"无论"，其实都没有说清楚（或
者没有说到），在什么意义上中国"古代"有科学，在什么意
义上中国"古代"无科学。把这两个问题说清楚了，李约瑟难
题也就破解了。

1. 中国古代无科学

我认为，无论在近代数理实验科学的意义上，还是在西方
理性科学的意义上，中国古代都无科学。

正如我们在前面几章反复辨明的，西方理性科学是自古希
腊以来一直贯穿西方文明发展过程的主流知识形态。在古代，
它的典型学科是数学、哲学；在中世纪，它的典型学科是神
学；在近代，它的典型学科是自然科学（数理实验科学）。近
代数理实验科学是在西方特殊的历史条件下生成的理性科学新
形态。有理性科学，不一定会产生实验科学（比如古代希腊），
但没有理性科学，一定不会产生实验科学。一百年来关于中国
为何没有产生近代科学的讨论，都没有注意到这一点。

我认为，"李约瑟难题"的提出，根本原因在于李约瑟本
人没有充分认识到中西方文明本质上的差异。如果我们把西方
文明和中国文明比作各自园地（历史条件）中生长的两棵大树
的话，那么这两棵树的品种并不相同。为了方便，我们可以把
西方和中国的文明之树分别比作一棵苹果树和一棵桃子树。近
代科学（苹果）是西方文明之树结出的果实，不可能从中国文

有理性科学，不一
定会产生实验科学
（比如古代希腊），
但没有理性科学，
一定不会产生实验
科学。

明的桃树上结出来。李约瑟那一代人大概以为西方文明之树与中国文明之树本质上是一样的"果树"，会结同样的果实，只是因为土壤、水分、阳光等外部原因才造成科学之果有大有小、结果时间有迟有早。他们都忽略了这两株文明之树的品种和基因本来就不同。数理实验科学的起源问题本质上是一个西方文明脉络中的话题，是"苹果树"如何通过改良品种、优化土壤结出硕果的问题。至于"桃树"何以结不出"苹果"，只需知道它是"桃树"不是"苹果树"就行了。

近代科学的出现以两种基因和两种土壤作为先决条件。两种基因是指希腊的理性科学基因和基督教基因，两种土壤是指技术革命的土壤和社会革命（资本主义革命）的土壤。

一百年来，西方科学史界对于近代科学的起源问题已经做了相当专门而深入的研究。我主张近代科学的出现以两种基因和两种土壤作为先决条件。两种基因是指希腊的理性科学基因和基督教基因，两种土壤是指技术革命的土壤和社会革命（资本主义革命）的土壤。过去一个世纪以来，中国学者比较多地关注社会制度这个土壤问题，但对两大基因则关注甚少。然而，土壤可以决定大树是否能够发育长大，但不能决定植物的品种。

伍尔索普牛顿故居里的苹果树，传说牛顿在苹果树下悟出万有引力定律

　　西方近代科学是两希文明相结合的产物。首先，它是希腊科学复兴的产物；其次，它经受了基督教的洗礼，与原本的希腊科学有很大的不同。近代科学与希腊科学的共同点是理性思维和演绎数学，不同点是近代科学以人为本，希腊科学以自然为本，近代科学以征服自然求得力量为目标，希腊科学以顺从自然求得理解为目标。我也把近代科学称为求力的科学，希腊科学称为求真的科学。要解释清楚如何从求真的科学发展为求力的科学，就必须考虑基督教的洗礼以及中世纪后期复杂的思想革命。严格说来，"没有基督教就没有近代科学"。我们中国文化对宗教本来就不大感兴趣，再加上半个世纪以来无神论的意识形态教育，使我们对近代科学起源的这一维度闻所未闻，偶尔听说，也觉得匪夷所思。

　　决定近代科学出现的根本基因是希腊理性科学。中国文化中没有出现理性科学这一基因，是特别值得我们探讨的问题。冯友兰先生在他的文章中用中国人求内心求享受求自然、西方人求外物求力量求人为来解释中国为何无科学，我觉得有些大而化之，但是他提出的"中国没有科学，是因为按照她自己的价值标准，她毫不需要"，我深以为然。他说："地理、气候、经济条件都是形成历史的重要因素，这是不成问题的，但是我们心里要记住，它们都是使历史成为可能的条件，不是使历史成为实际的条件。它们都是一场戏里不可缺少的布景，而不是它的原因。使历史成为实际的原因是求生的意志和求幸福的欲望。"我在本书第二章把这里"求生的意志和求幸福的欲望"扩展地解读为"人性理想"，并且试图从人性理想的差异出发，解释中国文化中为何没有出现理性科学。

要解释清楚如何从求真的科学发展为求力的科学，就必须考虑基督教的洗礼以及中世纪后期复杂的思想革命。严格说来，"没有基督教就没有近代科学"。

现在我们再来看李约瑟难题就会发现，如果他所谓的科学指的是西方历史上出现的主流科学，那么中国古代根本就没有科学，更谈不上"中国古代科学很发达"。他的问题"为什么近代科学没有在中国产生？"也很好回答：因为中国文化中根本就没有科学的种子（基因）。

2. 中国古代有科学

在中国古代有无科学之争中，有一种说法叫作"说有容易说无难"，意思是说，你找到一个就可以说有，而你没有找到却不能说无。经过上述分析之后，如今这个说法可能要倒过来，叫作"说无容易说有难"。说桃树上没有苹果，这很容易。我没有找到，我也敢说没有。现在要说中国文明的园地里也有科学，反而不容易了。一个简单的办法是把技术也叫作科学，而且这很可能就是李约瑟的思路。

把技术与科学混同，对于理解现代科学而言有一定的合理性。在第四章我们已经看到，现代科学的本质是求力的科学，因而必然要转化为技术。把现代科学与现代技术合称，不仅是汉语的习惯，也是近几十年来科学技术原勘（Science and Technology Studies）界引入的新概念：技科（Scientech）。但是，这种科技一体化的局面是19世纪中期之后才出现的新现象，并不是贯穿人类历史的普遍现象。除了从古希腊起源的西方文明有科学之外，所有的非西方文明虽然有各自的技术传统，但都没有西方意义上的科学传统。如果不扩展科学的含义，直接把科技混同的模式用于前现代时期，那肯定是混淆视听。

由于技术出现在所有的文明之中，因此，我们似乎可以把

除了希腊起源的西方文明有科学之外，所有的非西方文明虽然有各自的技术传统，但都没有西方意义上的科学传统。

它比喻成文明园地中的草。然而，在中西两大文明的园地里，除了两棵大树和茂密的小草之外还有没有别的东西是我们忽视了的呢？经过上一章对西方博物学史的考察以及对科学谱系的重构，我们的确可以回答说"有"。很显然，在理性科学与技术之间，还有一大类知识存在，这就是博物学（自然志）。我们或许可以用"小树"来比喻博物科学。下面我们就来阐明，在博物学作为科学的意义上，中国古代有科学。

中国古代的博物学

一切文明，无论中国的还是西方的，非洲的还是美洲的，都积累了与"外部环境"打交道的成功经验。这些经验有些表现为技术，有些表现为知识。上一章我们已经表明，从技术到理性科学，可以展开一个知识谱系。考虑到知识体量，我们也可以说，这个谱系构成了一个金字塔：塔基最宽大、体量最大，是技术，塔尖体量最小，是理性科学。塔中间是博物学。

我们在上一章指出，博物学（自然志，natural history）代表的是与自然哲学（natural philosophy）相对的知识类型。这种知识类型注重对具体事物的具体考察，而不是研究事物的一般本质。作为唯象研究，着眼于采集、命名、分类工作，而非观念演绎。这种知识类型极为古老，像技术一样遍布所有文明地区，即使在西方有理性科学这样的参天大树，仍然有强大的博物学传统。在传统中国，也有发达的博物学传统，并且具有自己鲜明的特色。因此，我在"博物科学"的意义上主张中国古代有科学。

1. 概念界定

当我们说中国古代有发达的博物学时，需要做一些概念上的澄清和界定。

首先，我们必须清楚地意识到，今天我们谈论的"博物学"本质上是一个来自西方的概念，是在西方强大的理性科学背景下被辨识出来的一种知识传统。但是，我们不必因此就拒绝这个概念。作为被卷入现代性和现代化浪潮的非西方人，正像我们无法拒绝来自西方的技术一样，我们也无法拒绝来自西方的种种现代性观念和现代学术术语。相反，我们只有在现代学术术语框架中，才能更好地重新认识我们自己的古老传统，并且完成中国和西方的文化视域融合。正像"国学"只有在"西学"东渐的背景下才会出现一样，谈论中国古代的"科学"也必定是在现代性话语体系中才有意义。

正像"国学"只有在"西学"东渐的背景下才会出现一样，谈论中国古代的"科学"也必定是在现代性话语体系中才有意义。

其次，我们必须认识到，由于中西知识分类体系的巨大差别，古代中国并没有与近代西方的 natural history 完全对应的、现成的博物学学科。我们谈论中国古代的"博物学"，必定是根据西方的"博物学"概念对中国古代相关学术进行重建的结果。在这方面，我们的工作与李约瑟的中国科技史研究并无区别。区别在于，李约瑟试图到中华文明的汪洋大海中打捞西方意义上的"数理实验科学"，而我们试图去打捞西方意义上的"博物学"。不过，用"博物学"这张网，可以打捞出更多的东西，而且原汁原味。

我们谈论中国古代的"博物学"，必定是根据西方的"博物学"概念对中国古代相关学术进行重建的结果。

有了这样的认识，我们就会发现，中国古代的博物科学并不限于标有"博物"字样的学术文本，反之，标有"博物"字样的学术文本也不一定都该归入"中国博物学"的范围。这是因为，中国古代有"博物"观念但无"博物"学科，而"博物"观念亦有广义和狭义之分。广义的"博物"指学问广博、见多识广，是"博学"的同义词，因此，许多名为"博物"的文本，相当于"百科全书"，与我们所说的"博物科学"不一定相关。比如张华的《博物志》，是博学意义上的知识汇总，包括山川地理知识、珍禽异兽知识、古代神话故事、历史人物传说、神仙方术故事五大类，其中只有前两类属于"博物学（自然志）"的内容，后三类与博物学关系不大。新世纪以来，国内有些历史学家提出魏晋时期是博物学的兴盛时期，以陆玑、张华、郭璞等人的著作为代表，这里所谓"博物学"也是在"博学"意义上的"百科全书"，并不能等同于我们所说的博物科学（自然志）。

狭义的"博物"出自孔子《论语·阳货》，"多识于鸟兽草木之名"，又称"多识"，指拥有一定的动植物知识。狭义的"博物"与动植物博物学非常接近，无疑属于"中国博物学"的范围，但中国博物学并不限于"多识"传统。实际上，中国的天文、地理、农学、医学，其主体都属于博物学（自然志）。

博物学（natural history）有两个要素。第一个要素是history，它有别于philosophy这种追究原因、本原的理性知识类型，着眼于对现存事物进行唯象描述、命名、分类（志 / 史）。第二个要素是 nature，即区别于 civil history（民志）这种对人事的研究，着眼于对自然事物的研究。就第一个要素而言，用博物学来重建中国古代科学传统比用数理实验科学来重建具有先天的优势，因为中国古代哲学传统较弱，但有强大的史志传统。中国学人善于记事，对事物分门别类，发掘事物之间的联系，不善于对本质、道理进行抽象演绎，因此在研究自然界的事物时，采取的主要是志 / 史的方法而不是思辨推理的方法。

用博物学来重建中国古代科学传统比用数理实验科学来重建具有先天的优势，因为中国古代哲学传统较弱，但有强大的史志传统。

就第二个要素而言，"博物学"显然是一个外来的概念框架，因为中国缺乏独立的"自然"（nature）概念。由于没有独立的自然界概念，就不存在一个独立的自然知识门类。与西方"自然知识"相关、相类似的知识，分散在中国传统学术体系的各个门类中。传统的经、史、子、集四部文献中均有博物学（自然志）的内容。

2. 李约瑟范式及其局限

过去半个多世纪以来，中国科技史界基本上按照李约瑟的范式，以现代科学的分科原则对中国古代类似"自然"知识进行分类整理，分数学史、天文学史、地学史、物理学史、化学史、生物学史进行研究。这个范式也是西方科学史界在 20 世纪前半叶的基本研究范式，即秉承实证主义的科学观，对西方历史上与现代科学接近的实证知识进行编年式收集和整理。在科学编史学意义上，这个时期是"科学家的科学史"当道的时期。从上世纪 60 年代开始，第一批拿到科学史博士学位的职业科学史家开始登上历史舞台，接替此前一直活跃的作为科学家的科学史家，开辟了"科学史家的科学史"的新纪元。他们做的第一件事情就是激烈地批判老一代的"辉格史"（Whig Party）做派。所谓"辉格史"做派，指的是英国历史上的辉格党派历史学家的编史态度，即喜欢把历史写成本党政见节节胜利的历史。英国历史学家巴特菲尔德（Herbert Butterfield，1900—1979）在他 1931 年出版的《历史的辉格解释》一书中创造了"辉格史"一词，把忽视过去与现在的差异、以今日之观点来编织历史的做法统称为辉格史。毫无疑问，"科学家的科学史"都是辉格史，都把科学的历史写成朝着现代科学

英国历史学家巴特菲尔德在他 1931 年出版的《历史的辉格解释》一书中创造了"辉格史"一词，把忽视了过去与现在的差异性、以今日之观点来编织历史的做法，统称为辉格史。

已经达到的成就进步的历史，接近现代科学的被认为是伟大的成就，偏离者被认为是失败，无关者则被忽视。新一代职业科学史家一开始就高调反对辉格史，强调科学史作为历史不能过分强调过去与现在的相似性，相反，应该发现过去的异质性，应该把历史事件置于当时的历史情景中来理解。这种反辉格史的编史原则塑造了科学史研究的新范式，为科学史研究赢得了自主性。虽然半个世纪过去了，科学史家也发现彻底地反辉格是不可能的，因为"一切历史都是当代史"（克罗齐）、"每个时代都要编写它自己的历史"（斯塔夫里阿诺斯），但是这一概念的提出敦促历史学家时时反省自己的编史原则，警惕勿过分用今日之概念框架去硬套历史，仍旧算得上是一个重要的编史学里程碑。

李约瑟范式是典型的辉格史，即按照今天占主导地位的数理实验科学的标准去重新整理中国古代的自然知识成就，其结果比起西方语境下的辉格科学史劣势更加明显。原因在于，中国古代基本上没有数理实验科学传统，勉强依照数理实验科学的框架去爬梳中国古代历史，编成的中国科学史必然具有以下两个特点：第一，以技术充科学；第二，汇集了各种各样脱离原始语境的理论、观点和言论，获得一堆为我所用的历史碎片。以他生前未完成的七卷本《中国科学技术史》（*Science and Civilisation in China*）为例，我们来简单分析一下李约瑟范式的局限性。

第一卷《总论》（*Introductory Orientations*，1954，中译本 1975、1990）基本上是一部"中国历史概论"加上中西文化交流史的内容。第二卷《科学思想史》（*History of Scientific*

Thought，1956，中译本 1990）基本上是一部"中国思想史概论"加上中西思想观念比较的内容。这两卷主要为不甚了解中国的西方学人提供基本的知识背景。在第二卷里，李约瑟从未明确定义他所使用的"科学"一词。在他谈论"儒家对待科学的矛盾态度""道家的科学观察""佛教对中国科学的影响"等重大问题时，仿佛这个词的意思不言自明一样。

在第三卷《数学、天文学与地学》（*Mathematics and the Sciences of the Heavens and the Earth*，1959，中译本 1976、1978）中，"数学"章列于各门专科史之首。对此李约瑟解释说："由于数学和各种科学假说的数学化已经成为近代科学的脊梁骨，我们在评价中国人在各门科学技术中的贡献时，首先从数学入手应该是适当的。"[①] 然而，问题恰恰在于，这个"适当性"只是针对现代西方科学而言，在中国的自然知识中，数学并没有优先性，中国的自然知识也没有显著的数学化特征。相反，正如许多中国数学史家已经揭示的，中国的数学本质上是计算"技术"，是完全服务于行政管理和经济管理工作的实用技术，根本没有独立知识的地位。中国数学的主要经典《九章算术》，"从其萌芽起直到定稿，没有离开过政府的经济管理部门（国家图书馆也可能藏有），为经济工作服务，是一部实用性很强的书"[②]。因此，我们可以说，中国传统数学"有术无学"，本质上是一门技术，不是西方意义上的数理科学。

李约瑟按照西方现代数学的分类模式，对中国数学分几何

> 在中国的自然知识中，数学并没有优先性，中国的自然知识也没有显著的数学化特征。

> 中国传统数学"有术无学"，本质上是一门技术，不是西方意义上的数理科学。

① 李约瑟：《中国科学技术史》第三卷数学分册，科学出版社 1978 年版，第 1 页。
② 李迪：《中国数学通史》（上古到五代卷），江苏教育出版社 1997 年版，第 109 页。

学和代数学进行"打捞",但连他自己都承认,"中国从未发展过理论几何学,即与数量无关而纯粹依靠公理和公设作为讨论的基础来进行证明的几何学"[①],"代数学是 16 世纪才发展起来的"[②]。他采用的方案是收集有相似性的历史碎片,比如把《墨经》中的定义(作为演绎体系的思想萌芽)、勾股计算术(作为毕达哥拉斯定理)、平面面积和立体体积的计算、π 的计算等作为中国传统几何学的内容,但这些东西之间的内在联系则完全无法顾及。

要想保持中国算术的原初面貌,我认为应当注意中国古代算术的博物学特征,即所有的数学典籍都是某种"算题志"(History of Calculation Problems)或"算例志"(History of Counting Cases),由具体的实际计算案例构成,而不是关于数字计算之普遍原理的推演。汉代成书的《九章算术》共载 246 个算题,这些算题分成九章:第一章谓"方田",列 38 道题,处理田地面积计算问题;第二章谓"粟米",列 46 道题,处理各种粮食折换问题;第三章谓"衰分",列 20 道题,处理按不同比例分配物品问题;第四章谓"少广",列 24 道题,处理已知田地面积求方田边长的问题;第五章谓"商功",列 28 道题,计算工程土方;第六章谓"均输",列 28 道题,处理按路途远近摊派徭役的问题;第七章谓"盈不足",列 20 道题,处理隐蔽复杂而又条件相关的问题;第八章谓"方程",列 18 道题,处理关系复杂且包含正负数的问题;第九章谓"勾股",列 24 道题,处理长度测算问题。前六章反映社会生活的某些

要想保持中国算术的原初面貌,我认为应当注意中国古代算术的博物学特征,即所有的数学典籍都是某种"算题志"或"算例志"。

① 李约瑟:《中国科学技术史》第三卷数学分册,第202页。
② 同上,第251页。

环节中算术的应用，后三章分述某类通用算法，但仍不脱离具体应用。后世出现的算术著作，基本上照此方式撰写。南宋算家秦九韶的《数书九章》列算题81个，分9类，每类9个算题，分别是大衍、天时、田域、测望、赋役、钱谷、营建、军旅、市易，除大衍属通用算法，其余均关联特定生活场景。元代朱世杰的《算学启蒙》上中下三卷共20门。上卷8门是：纵横因法、身外加法、留头乘法、身外减法、九归除法、异乘同除、库务解税、折变互差；中卷7门是：田亩形段、仓囤积粟、双据互换、求差分和、差分均配、商功修筑、贵贱反率；下卷5门是：之分齐同、堆积还源、盈不足术、方程正负、开放释锁。关联生活场景的实用计算技术占多数。很显然，中国算术经典多数不是按照算术的内在理路进行展开，而是按照实际应用类别进行分类。这表明了中国传统算术的高度外部化、社会化特征——它不是一个独立的知识类别。

李约瑟及过去一个世纪的多数中国数学史家通常忽略中国算术的"有术无学"以及"实用算志"特征，直取算术之"术"即算法，以证明其"术"远远走在世界前列，以深度阐释其"术"对于现代数学的启发性意义，但这样写出的"中国数学史"更像是"中国计算长技录"。由于中国算术"有术无学"，其历史多个别积累和孤案改进，而无一脉相承的内在推进；由于其实用算志特征，它从无独立发展的机会，更多的是随社会生活的波动而沉浮。要是我们记住"有术无学"和"实用算志"这两个特点的话，"中国为什么没有发展出现代数学？"就不再是一个问题：中国古代没有作为科学的数学，其数学无法摆脱实用需求而独立发展，怎么会凭空诞生现代数学呢？

由于中国算术"有术无学"，其历史多个别积累和孤案改进，而无一脉相承的内在推进。

290

今后的数学史研究，可以考虑从"实用算志"这个角度，着眼于再现古代算术在古代社会中的实际角色和地位，破解中国传统算术为何一直徘徊不前、最终停滞的历史之谜。

我认为，过去一百年来中国数学史界已经依照现代数学的眼光对传统算术中包含的算法进行了足够深入的挖掘，取得了令人瞩目的成就。尤其是著名数学家吴文俊先生的大力支持，使这一"数学家的数学史"研究范式硕果累累。今后的数学史研究，可以考虑从"实用算志"这个角度，着眼于再现古代算术在古代社会中的实际角色和地位，破解中国传统算术为何一直徘徊不前、最终停滞的历史之谜。

第三卷《数学、天文学与地学》之"天文学"章，讲到了中国历史上的宇宙论模型、中国星表星图、天文仪器、天象记录以及历法天文学，但没有指出中国天文学的根本动机和目标并不是探究天体运行的规律。正如我在本书第二章第6节已经讲过的，中国天文学只是貌似西方意义上的科学的天文学，实则是中国传统礼学的核心科目之一。虽然为了预报日月食这样重大的异常天象，皇家天文学家也致力于日月运行周期的推算，但他们并不相信日月运行遵循着客观必然的规律，也不以探求这种客观规律为天文研究的最高使命。

李约瑟关于天文学部分的叙述基本脱离了中国天文学的历史语境，只谈与西方天文学相似的仪器、观测数据等硬事实。

李约瑟关于天文学部分的叙述基本脱离了中国天文学的历史语境，只谈与西方天文学相似的仪器、观测数据等硬事实，以致无法解释为何到了清朝，中国传统天文学会彻底垮台，让位于西方天文学。至于把宣夜说这样在历史上与中国天文学毫无关系的宇宙理论拿出来，以表明中国古代竟然有西方布鲁诺之后才有的无限宇宙理论，则完全是一种历史错位（anachronism）。

第三卷《数学、天文学与地学》之"地学"诸章，对中国丰富多样的地学知识做了极大的压缩。地学被按照西方现代科学的分类方法分成地理学、地质学、地震学和矿物学。以地理学为例,可以看出作者完全按照他那个时代西方地理学的架构剪裁中国的历史资料。作者意识到:"想要对地理知识在中国的积累增长情况作一番有系统的论述,将会远远超出我们写作计划的范围。涉及这个题目的文献,无论在中文著作和西方著作中都是很多的,但是,与其说它们属于科学史,倒不如说它们属于历史本身。"① 涉及地学的古典文献实在是太过丰富了,如何从中国地理学文献的汪洋大海中打捞科学史的内容呢?李约瑟的回答是锁定制图学,因为制图学被认为是科学的地理学,而被他称为"宗教的或象征性的寰宇志"则属于非科学的。在这个辉格史的编史学原则下,中国的地理学史最后缩小成对网格法制图传统的追溯。事实上,制图学只是地理学史的一小部分,而中国因为既没有几何学传统,也无地圆概念,并无西方意义上的制图学。相反,气候学、地貌学、区域描述、人地关系、民族地理学、人文地理学这些在中国古代极为丰富的地理学内容却被李约瑟的辉格史眼光所忽略。

第四卷《物理学与物理技术》(*Physics and Physical Technology*)共分三册,其中第一分册是《物理学》(*Physics*,1962,中译本 2003),第二分册是《机械工程》(*Mechanical Engineering*,1965,中译本 1999),第三分册是《土木工制学和船舶制造》(*Civil Engineering and Nautics*,1971,中译本 2008)。后两个分册纯粹是技术史的内容,第一分册则是按照西方现代物理学的分科方式,分静力学、动力学、热学、光学、声学、磁学、电学等次级学科在中国古籍中打捞相应的内容,

---

① 李约瑟,《中国科学技术史》第 3 卷地学分册,科学出版社 1976 年版,第 1 页。

这样打捞出来的只可能是历史碎片，因为中国缺乏独立的自然（physis）概念、缺乏追究事物之内在本质即事物之本性的物理学（physics）传统，更不存在近代科学革命之后出现的新物理学。

第五卷《化学和化学工艺》（*Chemistry and Chemical Technology*）更是如此，以在中国传统生活的各个层面出现的化工技术为主体，共五个分册。其中第一分册《纸与印刷》（*Paper and Printing*，1985，中译本 1990）涉及造纸与印刷技术，第二分册《炼金术的发现与发明：金丹与长生》（*Spagyrical Discovery and Invention*：*Magisteries of Gold and Immortality*，1974，中译本 2010）、第三分册《炼金术的发现与发明：历史概观，从朱砂长生药到合成胰岛素》（*Spagyrical Discovery and Invention*：*Historical Survey*，*from Cinnabar Elixirs to Synthetic Insulin*，1976）、第四分册《炼金术的发现与发明：设备与理论》（*Spagyrical Discovery and Invention*：*Apparatus and Theory*，1980）、第五分册《炼金术的发现与发明：内丹》（*Spagyrical Discovery and Invention*：*Physiological Alchemy*，1983，中译本 2011）均记叙炼丹术，表现了李约瑟本人对炼丹术的巨大兴趣；第六分册《军事技术：投射武器与攻守城技术》（*Military Technology*：*Missiles and Sieges*，1994，中译本 2002）、第七分册《军事技术：火药史话》（*Military Technology*：*The Gunpowder Epic*，1987，中译本 2005）、第八分册（续军事技术，未完成）、第九分册《纺织技术：纺纱与缫丝》（*Textile Technology*：*Spinning and Reeling*，1988）、第十分册（续纺织技术，未完成）、第十一分册《冶金》（*Ferrous Metallurgy*，2008）、第十二分册《陶瓷技术》（*Ceramic Technology*，2004）、第

十三分册《采矿业》（*Mining*，1999）涉及的是各项专门技术。这一卷以技术代科学的倾向十分明显。

第六卷《生物学和生物技术》（*Biology and Biological Technology*）共六个分册，其中第一分册《植物学》（*Botany*，1986，中译本 2006）、第二分册《农学》（*Agriculture*，1984）、第三分册《农用工业与林业》（*Agroindustries and Forestry*，1996）、第四分册（续农学，未完成）、第五分册《发酵与食品科学》（*Fermentations and Food Science*，2000，中译本 2008）和第六分册《医学》（*Medicine*，2000，中译本2013）以农学和医学为主要内容。原因在于：一方面，中国的农学和医学本来就自成一体、文献系统而且保存完善，无须费力在史海中打捞；另一方面，写作此卷的年代比较靠后，参与写作的科学史家更多的是新一代科学史家（比如白馥兰），因此，第六卷的辉格史味道大大减弱。但是，中医部分原计划仍按照西医的分科方式，列内科、外科、产科、妇科、儿科、皮肤科、眼科、耳鼻喉科、牙科、精神病科进行叙事，已经出版的第六分册只是中医概论，尚未进入分科阶段。

李约瑟这部巨著的价值毋庸置疑，其辉格史编史纲领也结出了丰硕的成果，但是新一代的科学史家应该突破这个范式，尝试以"中国古代的科学本质上是博物学"这一新纲领来重写中国古代科学史，开辟中国传统科学史研究的新范式。

3. 以博物学眼光重建中国科学史：天地农医

中国是一个史学大国，中国学术有强烈的史－志风格，就此而言，对中国传统的自然知识进行整理，使用博物学框架比

对中国传统的自然知识进行整理，使用博物学框架比使用数理实验科学的框架更为贴切和自然。

使用数理实验科学的框架更为贴切和自然。

　　李约瑟范式的中国科学史编史方式是，按照现代科学给出的数（学）、（物）理、化（学）、天（文学）、地（学）、生（物学）的分科方式先进行分科史研究，然后简单汇总。这样整理出来的历史成就不是活在中国的历史之中，而是活在现代科学之中；这样编写出来的科学史不是历史学家的历史，而是科学家的历史。在这种传统的科学家的辉格史编史方式之外，我们可以而且应该尝试提出另一种编史方式，即按照中国古人看待世界的方式来组织传统的自然知识——正如前面所说，这些自然知识多数首先是博物学（自然志）知识而不是数理实验科学知识——也就是用博物学的眼光重建中国科技史的叙事方式。必须强调的是，这种叙事方式不会只重视中国古代的植物志、动物志的内容，而是会以博物学的眼光看待全部中国传统自然知识。在这种眼光下，不仅植物志、动物志、矿物志是博物学，天学、地学、农学、医学都是博物学（自然志）。

　　中国古人有天地人三才之说。三才说虽然不是存在者划分的原则，而是人与世界的构成性原则，即"人法地，地法天，天法道，道法自然"的天人关系原则，但以此框架来整理中国古代的自然知识是比较合适的，因为与西方的"自然界"相对应的就是中国的"天地万物"。中国科技史界传统上把农医天算作为中国古代四大杰出科学学科。我认为，农学和医学之为传统典范学科显而易见，无须多言，但是正如前面所说，算学在中国历史上并不是一门独立的学科，突出算学显然是按照现代科学的眼光和标准。若按照博物学（自然志）的眼光来看待中国传统自然知识，以天学、地学、农学、医学四大学科为代

若按照博物学（自然志）的眼光来看待中国传统自然知识，以天学、地学、农学、医学四大学科为代表更为恰切。

表更为恰切。

　　我在本书第二章已经提到，中国古代的天文学本质上不是研究行星运行规律的数理科学，而是天界博物学、星象解码学、政治占星术、日常伦理学。诚然，从数理科学的角度也能够发掘整理出一套天文学史来，但这样编写出来的中国古代天文学史更多属于现代天文学，而非属于中国历史。"天文"在古汉语中的意思是"天象"，即天空之景象。天学家的任务首先是忠实记录"天象"，其次是解读天象中包含的寓意，以供治理国家者参考，也供普通老百姓安排日常生活。"天垂象，见吉凶，圣人象之。"为什么要忠实地记录天象呢？因为天象中包含着可以用来指导人间生活的秘密。从博物学角度看，中国古代的天文学，观测、命名、分类是其基础和主体。这些工作当然也被传统的天文学史研究范式所重视，但受到重视的主要是其中对现代天文学有用的东西，而在现代天文学看来不太有用的工作就容易被简化甚至忽视。事实上，中国天文学的观测都是服务于最终的星象解读，即占星工作，观测的丰富性服务于占星文化的丰富性。如果把占星视为迷信、荒谬，就会不自觉地贬低与其对应的观测内容。新的博物学编史范式应力求还原历史的本来面目，把星占学作为中国古代天文学的有机组成部分来看待。

　　中国天文学的博物学本性使之留下了比西方天文学远为丰富的天象观测记录。希腊人视天界为不生不灭的区域，因此像太阳黑子、新星这样的天象从未有过记载，而彗星、流星则被视为大气现象，未有系统的记录。中国古代天文学则不然，出于敬天畏天的基本动机，中国天学家对于天空的任何变化都

"天文"在古汉语的意思是"天象"，即天空之景象。天学家的任务首先是忠实记录"天象"，其次是读解天象中包含的寓意，以供治理国家者参考，也供普通老百姓安排日常生活。

中国天文学的博物学本性使之留下了比西方天文学远为丰富的天象观测记录。

予以忠实的记录。从敦煌石窟中发现的一幅唐代绘制的星图标示了 1300 多颗星。现存苏州市博物馆的南宋石刻天文图（刻于 1247 年）被认为是按 1193 年绘制的一幅星图刻制的，上面刻有 1434 颗星。这是全世界 14 世纪之前仅有的留存至今的星图。长沙马王堆汉墓中出土的帛书《五星占》详细记录了公元前 246 年到前 177 年金星、木星和土星的位置，记载金星的会合周期为 584.4 日（今测值 583.92 日）。《汉书·五行志》对公元前 89 年的日食的记载非常详细，包括太阳位置、食分、初亏和复圆时刻等。从汉初到 1785 年，我国共记录日食 921 次（朱文鑫《历代日食考》），堪称世界之最。《汉书·五行志》中记录了公元前 28 年 3 月的太阳黑子现象。《汉书·天文志》记载了公元前 32 年 10 月 24 日的极光现象。马王堆出土的 29 幅彗星图表明当时对彗星的观测已非常细致，不仅注意到彗头、彗核和彗尾，还知道彗头和彗尾有不同的类型。《汉书·天文志》还记载了 134 年的一颗新星。科学史家席泽宗先生对于中国古代新星和超新星记录的考订，对现代天体物理学关于射电源的研究有重要的参考作用。"美国著名天文学家 O. 斯特鲁维等在《二十世纪天文学》一书中只提到一项中国天文学家的工作，即席泽宗的《古新星新表》。"① 可见，以现代科学的眼光看，中国传统天学有价值的部分也是其观测和记录，即博物学部分。1974 年中国科学院组织北京天文台等单位对我国古代天象记录，进行普查，历时三年，收集了 1 万多项对现代天文学有意义的记录，编成了《中国古代天象记录总集》（江苏科学技术出版社 1988 年出版），是一份极其独特而又珍贵的科学遗产。

① 江晓原："著名天文学家席泽宗"，《中国科技史料》第 14 卷第 1 期。

比起天学，中国地学内容更加丰富，不仅包括通常所说的地理学，而且包括对气象、水文、物候、地震、植物、动物、矿物等诸多现象的研究。"仰则观象于天，俯则观法于地"，把天文和地理并列为中国两大神圣知识。

成书于春秋中期的《诗经》有关于天象、地貌、动物、植物的生动记载，是中国最古老的博物学著作。成书于周朝初期（按王国维的观点）的《禹贡》按照当时所知的中国自然地理特征将国土划分为九个区即九州，是中国最古老也最系统的地理著作。成书于战国时期的《山海经》将全国划分为五个区域，对每个区域的山川地貌、植物动物、水系矿产做了描述记载，虽不乏神话志怪内容，仍然应被视为一部综合性地学著作。汉代史家班固的《汉书·地理志》是正史中第一部地理志，它偏重人文地理的风格，为后世的正史地理志竖立了榜样。郦道元（约466—527）的《水经注》记载了中国境内及周边1252条河流的源头、流向、支系、变迁等情况，对河流经过区域相关的自然地理和人文地理也着墨甚多，是我国水文地理的经典著作。盛唐时期，华夏文明声誉远播，引万邦来朝，使国人眼界大开。贾耽（730—805）的《海内华夷图》以1：180万的比例尺，绘制了东西约3万里，南北约3.3万里的世界地图。李吉甫（758—814）的《元和郡县图志》对全国10个道47个节镇的政区延革、户口变动、山脉走向、水道经流、湖泊分布，以及手工业特产、矿产、药材、绵绢等贡赋情况，均有详细记录，是后世地理总志的编撰典范。玄奘（602—664）的《大唐西域记》以地方志的形式介绍了他经过的110个国家和地区的地理、历史、语言、文化面貌，是关于中古时期中亚和南亚的重要历史资料。宋代

比起天学，中国地学内容更加丰富，不仅包括通常所说的地理学，而且包括对气象、水文、物候、地震、植物、动物、矿物等诸多现象的研究。

地方志兴盛，有一百几十种之多，全国总志《太平寰宇记》（成书于 976—984 年）达 200 卷，是唐代《元和郡县图志》地志传统的延续。明代徐霞客的《徐霞客游记》记述了作者 1613—1639 年间游历名山大川所见到的地理、水文、地质、植物等现象，观察系统细致，开地学实地考察传统之先河。对石灰岩地貌和喀斯特地貌的考察走在世界前列。

　　与天学一样，中国地学也不是单纯地记载形形色色的地表现象，而是赋予这些现象以意义，以构建和充实一个统一的世界图景和价值系统。祥瑞和灾异现象特别受到中国地学的重视。有些现象被认为具有正面价值，比如枯木逢春、海不扬波、天现彩云、禾生双穗、地涌甘泉、奇禽异兽、黄河载清，被称为祥瑞；有些现象被认为具有负面价值，比如地震、干旱、洪涝、蝗灾等，被称为灾异。按照天人合一的思想，祥瑞和灾异是上天对统治者发出的奖励或警告。董仲舒说："天地之物，有不常之变者，谓之异。小者谓之灾。灾常先至，而异乃随之。灾者，天之谴也。异者，天之威也。谴之而不知，乃畏之以威。"（《春秋繁露·必仁且知》）正因为灾异现象是上天对统治者发出的警告，所以特别受到重视，因而留下了大量灾异记录。这些记录因其完整、全面、系统，对现代科学有重要的参考价值。上世纪 50 年代，中国科学院地震工作委员会组织搜集整理中国历史上的地震记录，于 1956 年编辑出版了《中国地震资料年表》。年表搜集了从公元前 1189 年到公元 1955 年的地震记载 1 万 5 千多条，涉及地震 8000 多次。在此年表基础上，后来又整理出版了《中国地震目录》（1960、1970、1983）和《中国地震历史资料汇编》（1983）。这些资料整

与天学一样，中国地学也不是单纯地记载形形色色的地表现象，而是赋予这些现象以意义，以构建和充实一个统一的世界图景和价值系统。

理工作被认为是对现代地震学的重大贡献。中央气象局气象科学研究院组织编撰的《中国近五百年来旱涝分布图集》（1981）为研究中国气候变迁提供了重要的原始依据。宋正海在他主编的《中国古代重大自然灾害和异常年表总集》（1992）的自序总结了中国古代自然现象记录的五大特点：系列长、连续性好、地域广阔、内容多样、相关性综合性强。这五大特点恰当地说明了中国自然知识的博物学特征，以及中国博物学的优长之处。

　　除了自然地理、人文地理、地震、气象之外，地界博物学（舆地志）还包括物候、植物、动物、矿物、水文、海防等内容。其中植物和动物的博物学，除了包含在农学和医学之中的内容，还有为《诗经》做注的经学博物学。孔子认为读《诗》可以"多识于鸟兽草木之名"，这鼓励了后代儒生去积极认识各种动植物，因为"一物不知，儒者之耻"。经学博物学的第一部经典著作应属《尔雅》。成书于战国末年至西汉初年的这部著作是一部综合性的百科辞书，共计2091个条目，分为19篇：释诂、释言、释训、释亲、释宫、释器、释乐、释天、释地、释丘、释山、释水、释草、释木、释虫、释鱼、释鸟、释兽、释畜。前3篇是总论，后16篇是对古代中国人生活世界的全方位描画。《尔雅》将生物界划分为草、木、虫、鱼、鸟、兽、畜7个门类，记载了近200种植物、300多种动物，形成了中国最早的生物分类体系。西晋陆机（261—303）所著《毛诗草木鸟兽虫鱼疏》辑录了90余种植物、60多种动物，对《诗经》中出现的生物做了深入细致的描述。北宋人宋祁（998—1061）所著《益部方物略记》记载了中国西南地区的65种动植物，代表

植物和动物的博物学，除了包含在农学和医学之中的内容，还有为《诗经》做注的经学博物学。

了宋代动植物博物学的地方化、专门化特征。南宋罗愿（1136—1184）所著《尔雅翼》共 32 卷，按照《尔雅》的生物分类体系记载了 415 种动植物。南宋另一位史家郑樵（1104—1162）所著《昆虫草木略》记载了植物 340 种、动物 130 种，力图振兴"鸟兽草木之学"。清代吴其濬（1789—1847）所著《植物名实图考》收录了 1700 多种植物，书中插图精准、文字详细，是中国古代植物博物学的最高成就。

中国的地学博物学（舆地志）有很强的实用主义色彩，"地尽其利"是多数博物学著作者的目标。从中分化出来的农学和医药学最典型地体现了这一特点。

中国农学是典型的博物学，是关于栽培植物和驯养动物的博物学，也是农业生产技术的博物学。现存最早最完整的农学著作《齐民要术》约成书于北魏末年（533—544），作者是贾思勰（生平不详）。全书共 10 卷，其中卷一和卷二讲谷类作物，卷三讲蔬菜，卷四讲水果，卷五讲养蚕和种树，卷六讲家畜饲养，卷七、卷八、卷九讲农副产品的加工和保存，最后的卷十讲中国南方的热带植物资源，对农业生产和农耕生活的各个环节都做了比较系统的阐述，被誉为中国古代农业的百科全书。王祯（1271—1368）的《农书》成书于 1300 年左右，分《农桑通诀》《百谷谱》和《农器图谱》三个部分。与《齐民要术》相比，《农书》补充了南方农业技术，去掉了农产品加工和保存的内容，把粮食作物生产、蚕桑、畜牧、园艺、林业、渔业作为农学的主体，增加了农业生产工具的部分，因而更为全面、系统，是日后农书的典范。其中农器图谱图文并茂，是农书中的一大创造。百谷谱和农器图谱带有极其明显的博物学特征，注重精

中国的地学博物学（舆地志）有很强的实用主义色彩，"地尽其利"是多数博物学著作者的目标。

确描述和分门别类。徐光启（1562—1633）的《农政全书》是中国古代农学的集大成之作，分为农本、田制、农事、水利、农器、树艺、蚕桑、蚕桑广类、种植、牧养、制造、荒政共 12 目，将历代农书传统发扬光大。全书记载了 159 种栽培植物，有录自历史文献，也有亲自实地调查甚至实验，因此记述可靠，信而有征。

中国古代的医药学和农学一样，自成一体。其药学部分主体是地学博物学中的本草学传统，其医学部分则可归为人体博物学。

汉代成书的《黄帝内经》是现存最早的中医经典，分"素问"和"灵枢"两大部分，共 18 卷 162 篇。"素问"部分以论述阴阳五行、脏腑经络、病因诊断、养生保健等人体生理病理理论为主，"灵枢"则重点阐述针灸疗法，较少涉及具体的药物治疗方法。东汉末年张仲景所著《伤寒杂病论》（后人将全书分为《伤寒论》和《金匮要略方论》两部）提出了中医诊断学中的"六经辨证"（病分太阳、阳明、少阳、太阴、少阴、厥阴六类）和"八纲原理"（阴、阳、表、里、虚、实、寒、热），确立了中医传统的辨证论治的医疗原则。与《内经》不同的是，《伤寒杂病论》除了在中医诊疗原理方面做出了开创性的贡献，还收集了 269 个方剂，使用药物 214 味，对于药物的制作、煎法和服法都有具体说明。这两部中医经典对人的疾病拟了一个颇具中国哲学特色的分类学谱系，而分类依据一是观物取象，一是取类比象。隋朝太医巢元方所著《诸病源候论》成书于隋大业六年（610 年），记载了 1729 种疾病，对每一种疾病的病因、病理、病症、病变均有详细描述，是第一部疾病博物学著作。

虽然很少提及治疗方法，仍然为后世医家所看重，引为案头必备之书。

中国传统医学使用的药物包括植物、动物和矿物，但以植物为主，因此中药学著作多称本草。第一部传世的本草是成书于东汉的《神农本草经》，记载了365种药物，其中植物药252种、动物药67种、矿物药46种，按毒性大小分成上品、中品和下品。南北朝梁代的陶弘景编著的《本草经集注》记载药物730种，分玉石、草木、虫兽、果、菜、米食、有名无用7类。唐代官修《新修本草》（659年成书）收药850种，分玉石、草、木、兽禽、虫鱼、果、菜、米谷、有名无用9类，被称为世界上第一部药典。北宋唐慎微（1056—1136）编写的《经史证类备急本草》（1082年完成）记载药物1748种，对药物的形态、功效、来源产地、鉴别、炮制方法、服用方法等均做了详细说明。明朝人李时珍（1518—1593）编写的《本草纲目》（1578年完成）收药1892种，分水、火、土、金石、草、谷、菜、果、木、服器、虫、鳞、介、禽、兽、人，共16部（矿物4部、植物5部、动物6部），是中国古代药物学的集大成之作，代表了中国传统药学的最高成就。所有这些药典，都是某种意义上的药用植物志。

以博物学的眼光来检视以天、地、农、医为主干的中国传统自然知识，不会打捞出一堆历史的碎片。天、地、农、医仍然可以保持其固有的系统性和完整性。毋庸置疑，中国科技史界公认的明末四大科技名著《农政全书》《本草纲目》《天工开物》《徐霞客游记》全都是地道的博物学著作。对于未来的中国古代科学史研究而言，一种博物学的编史纲领是大有前途的。

以博物学的眼光来检视以天、地、农、医为主干的中国传统自然知识，不会打捞出一堆历史的碎片。天、地、农、医仍然可以保持其固有的系统性和完整性。

结　语

什么是科学？"科学"是日本学者西周时懋 1874 年翻译法文 science 时生造的一个词。随着西学东渐，这个词连同相应的知识、观念、制度一起传入中国。在现代汉语语境下，它主要指自然科学。

科学是一个来自西方的舶来品，要理解科学就必须回到西方的语境中。在西方历史上，科学有两个前后相继的形态，第一是希腊科学，第二是近代科学。希腊科学是非功利的、内在的、确定性的知识，源自希腊人对于自由人性的追求。这一科学形态的典型代表是演绎数学、形式逻辑和体系哲学。中国文化以仁爱精神作为人性的最高追求，因此，从一开始就与科学精神错过了。

近代科学继承了希腊科学的确定性理想，但增加了主体性、力量性诉求，成为今天具有显著的实际用途、支配人类社会发展、决定人类未来命运的主导力量。

近代科学的主要代表是数理实验科学。它通过实验取得科学知识的实际效果，通过数学取得科学知识的普遍有效性。数理实验科学的模式最早在物理学中取得成功，以牛顿力学为标志，后来相继在化学和生命科学中大展宏图。从 19 世纪开始，物理学、化学、生物学陆续转化为相应的技术，引发了相关的产业革命，兑现了数理科学早期的求力理想。当然，大规模地征服自然、改造自然也引发了环境危机、生态危机，这是人类当前面临的一大难题。为了解决这些难题，有必要关注另一种已经被边缘化的科学类型，即博物学。

"博物学"一词也来自西方，是日本学者对 natural history 一词的汉译。它是与希腊以来的自然哲学（natural philosophy）传统相对应的另一种知识（科学）类型，即着眼于事物的具体性（而非抽象概念）、探讨事物的直接经验特征（而非一般本质）的科学。Natural history 译成"自然志"也许更加合适。在人类的诸种文明中，自然志（博物学）比数理科学更为常见。数理科学是希腊人的独特创造，而每一种古代文明都有自己的自然志传统。自然志亲近自然、鉴赏自然，比数理实验科学更少侵略性，可以用来缓解人与自然之间的紧张关系。

中国古代没有出现数理实验科学，但不缺少自然志。作为中国古代科技成就之大成的明末四大科技名著《农政全书》《本草纲目》《天工开物》和《徐霞客游记》均是自然志作品。以自然志（博物学）的眼光重修中国古代科学技术史，可以获得更多的教益和启示。

追问和思考"什么是科学"的问题，在今天有三方面的重要意义。

首先，中国文化中既缺乏科学的基因，也缺乏科学发展壮大的土壤。中国人从 19 世纪后期开始接受西方的科学，实则是时代大变故造成的被动、无奈之举。驱使我们发展科学的仍然是富国强兵、民族振兴这样的功利主义动机，对真理的追求、对未知的好奇、以求知为乐趣的自由心态远远没有被充分激活。中国人要在未来引领世界文明的发展方向，对人类做出较大的贡献，就不能再满足于出于单纯功利主义的目的学习和运用科学，而是要习得居于源头处的希腊科学精神，改造我们的文化土壤，使科学能够在中华文化中生根发芽，否则，科学对于我们永远只是达成其他目的的手段、工具，无法成为有独立价值、自主发育生长的文化母体。这是本书用很大篇幅讲述希腊科学的用意。

其次，发源于西方的现代科学在给人类带来巨大力量的同时，也给人类造成了新的生存危机，这种危机最早被西方人意识到，他们迅速动员了自己文化传统中的各种思想资源以化解危机。然而，单纯作为手段和工具进入中国的科学，如同外来入侵的物种一样，没有天敌，没有制约因素，酿成了严重的危机却未能为国人所意识到，也无法动员自身文化中的资源以克制这种危机。盛行于 20 世纪中国社会的科学主义意识形态，以及当下愈演愈烈的环境危机，恰恰反映了中国人对现代科学的本质和来源缺乏基本的反思。就此而言，追问什么是科学，实际上具有极其紧迫的现实意义。

最后，正确评价中国传统文化事关中华文化的未来走向和复兴大业。如果我们不能清醒地意识到传统文化的哪些方面具有现代意义，哪些方面需要发扬光大，我们就不能将传统与现实进行有机整合。就科学而言，中国传统的优长之处在技术，在博物学（自然志），不在数理科学。如果一味考虑面子，挖空心思在中国传统文化中寻找数理科学方面的世界第一，那是自欺欺人，也不能真正找到中国传统文化与当代世界的交汇点。重写中国古代科技史，不仅是科技史学科发展的需要，也是中国当代科学文化建设的需要。

图书在版编目（CIP）数据

什么是科学 / 吴国盛著. —广州：广东人民出版社，2016.8
ISBN 978-7-218-11021-9

Ⅰ．①什… Ⅱ．①吴… Ⅲ．①科学学 Ⅳ．①G301

中国版本图书馆CIP数据核字（2016）第163066号

Shenme Shi Kexue

什么是科学

吴国盛　著

出 版 人：曾　莹

责任编辑：肖风华　梁　茵
特约策划：许韩茹
封面设计：利锐

出版发行：广东人民出版社
地　　址：广州市大沙头四马路10号（邮政编码：510102）
电　　话：（020）83798714（总编室）
传　　真：（020）83780199
网　　址：http://www.gdpph.com
印　　刷：北京鹏润伟业印刷有限公司
开　　本：715mm×955mm　1/16
印　　张：20.25　　字　数：240千
版　　次：2016年8月第1版　2016年8月第1次印刷
定　　价：49.80元

如发现印装质量问题，影响阅读，请与出版社（010-59096390）联系调换。
售书热线：（010）59320018